福建省高等学校省级实验教学示范中心
——厦门大学机电工程训练中心系列教材

U0751035

电工电路实验教程

陈 新 主编

厦门大学出版社

图书在版编目(CIP)数据

电工电路实验教程/陈新主编. —厦门:厦门大学出版社,2010.7(2012.1重印)
ISBN 978-7-5615-3627-8

Ⅰ.①电… Ⅱ.①陈… Ⅲ.①电工技术-实验-高等学校-教材②电子技术-实验-高等学校-教材
Ⅳ.①TM-33②TN-33

中国版本图书馆 CIP 数据核字(2010)第 143455 号

厦门大学出版社出版发行

(地址:厦门市软件园二期望海路 39 号   邮编:361008)

http://www.xmupress.com

xmup @ public.xm.fj.cn

沙县方圆印刷有限公司印刷

2010 年 8 月第 1 版   2012 年 1 月第 2 次印刷

开本:787×1092   1/16   印张:13.25

字数:339 千字   印数:2 001~4 000 册

定价:22.00 元

本书如有印装质量问题请直接寄承印厂调换

前　言

　　本书作为福建省高等学校省级实验教学示范中心——厦门大学机电工程训练中心系列教材之一，依附于《电路》、《电工学》等理论教材，针对专门的实验设备和仪器仪表编写而成。全书涵盖了电路实验和电工学实验的内容，其中以电路实验为主要部分。本教材由九大实验单元组成，单元中实验任务的安排由浅入深，从传统理论验证性的实验任务逐渐过渡到综合性、设计性的实验任务。适用于大学本科一二年级电类和非电类专业的实验课程使用，同时也可作为相关专业研究生的实验参考教材和资料使用。

　　第一、第二、第三章为实验操作前的准备单元，其中第一章是基础知识部分，对实验过程的规范操作、实验数据的记录和处理、实验报告的撰写提出相应要求。另外，实验室以及日常安全用电常识也是本章的重点之一。第二章是对 Multisim 10 电路仿真软件（2007 年版本）的介绍，要求通过学习能够初步掌握此仿真软件的操作和运用，为今后实验预习、拓展和开放实验的完成提供多种手段。第三章首先介绍了实验室的工作环境、工作台仪器仪表的构成及操作应用方法，然后通过一些实验训练的过程，使同学对常用电工仪表进一步了解，能更深入地掌握其工作原理和操作方法。

　　第四、第六和第七章是和理论课相配套的直流电路单元、暂态电路单元以及有源电路与双口网络实验单元，其中也包含了一些综合拓展性实验，目的是通过实验技能的训练，提高学生理论分析实际问题，解决问题的能力，培养工程意识。

　　第五章和第八章，主要为交流电路实验单元以及变压器与电机拖动实验单元，其中包含有验证性实验和实践性很强的实验项目。部分项目可作为开放性和拓展性实验，同学可根据自身的能力和兴趣，选择其中的实验在实验室工作台或利用计算机仿真软件进行操作实践。

　　第九章是电子技术实验单元，是为包含电子部分的《电工学》专业课程设置。这部分一共有五个实验，包括模拟电路和数字电路实验，是电子技术的基础实验内容。本单元每个实验都包含拓展实验部分，希望有能力和感兴趣的同学可以进一步探讨。

　　最后部分是五个附录，主要介绍实验室配备的数字万用表、双踪示波器、函数信号发生器和数字交流毫伏表等。内容包含其工作原理、内部电路构成和使用方法,通过常规电工实验仪器仪表的学习,为今后学习和工作打下扎实的基础。

全书共分为 9 章和 5 个附录,其中王晓红、陈新完成第四和第五章内容和图表的编写、校对工作,黄文娟、陈新完成第八章、第九章内容和图表的编写、校对工作,陈新完成第一章、第二章、第六章、第七章和附录的编写以及全书的最终校对工作,沈绿楠完成第三章的编写和部分章节图表的绘制、校对工作。全书的写作提纲及内容由李继芳审核修订完成。整个撰写过程得到了厦门大学物理与机电工程学院、机电工程训练中心和机电工程系的各位领导以及电工实验室全体同仁们的热心帮助,仿真软件得到 NI 公司的鼎力支持,在此特致以诚挚的感谢。

由于作者水平和经验有限,加之时间仓促,书中难免存在疏漏、错误和不足,敬请各位专家和读者指正。

作者

2010 年 8 月于厦门大学

目　录

第一章　　电工电路实验基础知识单元

1-1　　实验总体要求

电工电路实验是电类与少课时非电类各专业重要的实践性教学课程,通过它可对学生进行电路实验技能的训练,锻炼其实践动手能力,使其学会进行电路实验的基本方法,同时也使学生进一步加深对电路理论知识的理解和掌握,并且培养良好的实验习惯,树立实事求是、严谨认真的科学作风。

在课程中将主要学习有关电路实验的基础知识,包括测量及测量误差的概念、测量数据的处理方法,常用电路测量仪器仪表的结构、工作原理及其正确使用方法以及电路测量的基本技能和基本方法。

一、课程教学内容

本课程的教学分单元进行,即把若干个实验内容联系紧密、所用设备相近的实验组成一个教学单元,按照循序渐进的原则,逐步培养学生的实验能力。各单元的若干个实验中,根据理论课学习情况和同学的能力,分为必做内容和选做内容。选做实验可在实验课中进行,也可在实验室开放时间内完成。

各实验教学单元如下:

1. 电工电路实验基础知识单元;

2. Multisim 电路仿真实验单元;

3. 电工电路基本测量与常用仪表实验单元;

4. 直流电路实验单元;

5. 交流电路实验单元;

6. 暂态电路及频率特性实验单元;

7. 有源电路与双口网络实验单元;

8. 变压器与电机拖动实验单元;

9. 电子技术实验单元。

二、课程对实验技能的要求

培养和提高实验技能是电路实验课的基本目的之一。本课程对实验技能的基本要求如下。

1. 熟悉常用电工仪器仪表的用法

(1) 会正确使用电流表、电压表、万用表、功率表及其他常用的电工实验仪器仪表;

(2) 熟悉示波器(电子示波器、数字示波器)、函数信号发生器、稳压稳流电源、交流毫伏表等仪器的使用方法。

2. 掌握下列电路测量方法

(1) 电压、电流、功率的测量;

(2) 电阻、电感、电容、互感等元件参数的测量;

(3) 电信号波形的观察、测量;

(4) 电路元件或网络端口特性的测量;

(5) 会用实验手段验证一些定理和结论。

3. 掌握实验操作规则及方法

(1) 能正确地连接实验电路,线路布局合理,仪器设备摆放整齐;

(2) 能正确地读取、记录实验数据,并对观察到的实验现象有一定的分析判断能力;

(3) 初步具备发现和排除电路故障的能力;

(4) 能用 Multisim 仿真软件仿真各类电路。

4. 初步具备综合实验的能力

能根据给定的实验任务制订实验方案、设计实验线路、确定参数、选择仪器仪表、拟定数据记录表格并完成具体的实验操作。对实验中应注意的事项做到心中有数。

5. 实验报告规范

能写出合乎要求的实验报告。正确绘制各种图表,具有分析、处理实验数据的初步能力,结合已经学习的理论知识,能对实验结果作出较为合理的解释。

三、实验课的教学方法

实验课通常分为课前预习、进行实验和课后完成实验报告三个阶段。

1. 课前预习

课前预习是实验课的准备阶段。预习是否充分,关系到实验能否顺利进行及能否收到预期效果,因此,课前预习必须予以强调,引起重视。

课前预习阶段应完成下述工作:

(1) 认真阅读实验指导书中本次实验相关内容部分并复习有关的理论知识。弄清实验原理,明确实验的目的和任务,了解实验的方法和步骤,并了解实验过程中要观察的现象、要记录的数据及应注意的事项。

(2) 完成理论数据的计算以作为实验过程中数据的比较依据,有条件的可事先对实验电路进行仿真。仿真分析是运用专门仿真软件对实验电路特性进行分析和调试的一种虚拟实验手段,借助于仿真软件对实验电路反复更改、调整和测试,可指导真实实验,提高实验效率,是对实际实验的一种有益补充。

(3) 完成预习报告。预习报告包括实验报告中的实验目的、实验任务、实验原理、实验线路、注意事项等项目。预习报告是预习准备工作好坏的反映,实验前需将预习报告交指导教师检查。本次预习或预习报告不合格者不得进行实验。

2. 进行实验

学生需在指定时间到实验室完成实验,实验过程中应遵守操作规程和实验室有关规定。

实验一般按下述程序进行:

(1) 学生到指定的实验台进行实验前的准备工作,包括清点当天实验用仪器设备并了解仪器的使用方法,做好实验记录的准备工作,将设备摆放整齐,查看"设备使用记录"等。

(2) 指导教师讲解实验要求及注意事项。

（3）按实验线路图接好线路，经自查无误并请指导教师复查或同意后，方可合上电源。务必注意，切不可不经指导教师许可而擅自合上电源，避免出现人身和设备的安全事故。

（4）按拟定的实验步骤进行操作，观察现象，读取、记录数据。注意：实验数据需记录于预习报告的表格中，表格须用工具绘制，不可徒手画。数据不能用铅笔记录。

（5）完成全部的实验操作后，将实验数据交指导教师检查并由教师在原始记录上签字（实验者须对自己的原始数据负责，指导教师签字只表示确认实验者进行了该项实验）。注意：指导教师签字前不可拆除线路。

（6）切断电源并拆除实验线路。

（7）做好实验设备、实验台（桌、椅）及周围环境的清洁整理工作。

（8）填写"设备使用记录"本并请老师签字后，经指导教师同意后离开实验室。

3. 编写实验报告

实验后按下述的格式和要求在规定的时间内完成实验报告，并在下次做实验前统一缴交。实验报告是学生平时成绩的重要依据。不交报告者不能参加下一次实验。

四、实验报告的要求和格式

1. 实验报告的要求

实验报告是实验工作过程的全面总结，也是工程技术报告的模拟训练。每次实验后均应认真完成实验报告。实验报告要求用简明的形式将实验的过程和结果完整、真实地表达出来。实验报告的基本要求是文理通顺、简明扼要、书写工整、图表规范、分析合理、讨论深入、结论正确。实验报告应采用规定的报告用纸，并用钢笔或圆珠笔认真填写实验名称、实验时间等栏目。

2. 实验报告的格式

实验报告中一般应包括下列各项：

（1）实验目的；

（2）实验原理；

（3）实验设备；

（4）实验过程及电路；

（5）数据图表及计算示例；

（6）实验结果的分析处理；

（7）注意事项；

（8）结论、收获体会及建议；

（9）回答思考题。

（10）报告封面的格式详见附录五。

五、实验过程中若干重要问题的说明

1. 设备的使用

（1）实验前，要查看"设备使用记录"本，检查仪器设备的完好情况，发现问题应及时报告指导教师。

（2）使用实验设备前，要仔细阅读使用说明书，注意听指导老师的示范和讲解，掌握其操作方法和注意事项，不明操作方法不得动手。

（3）看清设备的种类和用途，如不能将直流仪表用于测量交流电量，反之亦然。

（4）设备的工作电压、电流不能超过额定值。

（5）将设备、元件的参数调整到实验所需值。恰当地选择仪表的量程。

（6）如果使用指针式仪表，应首先调整好仪表的指示零点。测直流参数时，注意极性的选择。

（7）实验时，设备和器材要布局合理，其原则是安全、方便、整齐、防止相互影响，同时应兼顾连线的合理性。

2. 实验线路的连接

（1）要按合理的步骤连接线路，一般做法是"先串（联）后并（联）"，"先主（回路）后辅（助回路）"，最后连接电源线。预习过程中，最好设计好实际接线图，实验时照图连线。

（2）养成良好的接线习惯，走线要合理。注意区分交、直流导线。导线的长短要合适，能用短线的地方不要用过长的导线。导线的连接不要过多地集中于某一点上，应适当予以分散。导线的连接点要牢靠，防止导线脱落。

（3）电路中的每个接线柱上一般不要多于两个接线插头。

（4）电源的正、负极（或火、地线）的引出线用红、黑色导线加以区分；三相交流电可使用三种颜色导线加以区分，中性线用黑色导线连接。

（5）线路连接后要仔细复查，合闸前要排除连线错误。

3. 图表、曲线的绘制

（1）原始记录纸上的实验线路和表格也需用作图工具绘制。

（2）波形、曲线必须绘制在坐标纸上。注意比例要适当，各坐标轴须注明其所代表的物理量的符号和单位，还要标明各波形、曲线所对应电量的名称。

（3）要求用曲线板绘制曲线，力求曲线光滑。

1-2　实验室安全用电常识

电力作为一种最基本的能源，是国民经济及广大人民现代日常生活不可或缺的。电本身看不见、摸不着，具有潜在的危险性。只有掌握了用电的基本规律，懂得了用电的基本常识，养成严格按规程操作的良好习惯，电才能很好地为我们服务。否则，会造成意想不到的电气故障，导致人身触电，电气设备损坏，甚至引起重大火灾、事故等。轻则使人受伤，重则致人死亡。所以，必须高度重视用电安全问题。

一、实验室安全用电守则

为了保证安全用电，防止触电事故的发生，要求实验前应熟悉安全用电常识，实验过程中严格遵守安全用电规则和操作规程。

1. 进出本实验室，禁止穿拖鞋或赤脚，应注意行走路线和留意周边物品，不要拥挤和碰撞，避免滑倒、碰伤身体和损坏设备。

2. 实验前，要先熟悉安全用电规定，了解并掌握相关仪器设备的性能规格和使用方法，检查实验器材和设备状况，包括导线的绝缘情况，熟悉实验台总电源开关位置及操作方法，清点设备数量，发现问题应及时报告。

3. 实验时同组同学应注意协调配合，接通电源前要事先征得他人同意。如果有人正在接线或改线时，不得擅自接通电源，尤其是交流电的实验电路，必须通过检查确认无误后方可通电实验。

4. 接线、拆线和改接线路须在断电下操作,即先接线再通电,先断电再拆线。在接线过程中,应尽量避免空甩线头的现象。多余不用的导线应拿开并整理好收入抽屉。

5. 在通电情况下,人体严禁触及电源和带电体,交流电实验时应严格遵循单手操作规范,杜绝双手带电操作。遇到漏电、触电和短路等危害情况,应立即断开实验台的总电源开关。

6. 实验过程中,若发现仪器和设备等异常情况时,如焦糊味、冒烟,甚至出现明火等,应立即断电,立即停止实验。

7. 发现人员触电,应立即切断电源,使触电者迅速脱离电源,报告教师处理。

二、实验室安全用电保护

1. 实验室用电电气保护

电工实验室提供有三相交流电源、单相交流电源和直流电源,它们通常都可以调节。实验台选用三相隔离变压器,将实验台上的用电与电网之间进行电气隔离。另外,实验室的用电大多还采用了多重的保护,一般有漏电保护、短路保护和接零保护。

(1)漏电保护

漏电保护的基本功能是当人体触电或设备漏电短路时,在电流强度和时间尚未达到伤害程度前而自动切断电源,保护人身或设备安全。使用交流电源的场所,一般都安装有漏电保护器。当负载相线与地线之间发生漏电或由于人体接触相线而发生单相触电时,漏电保护器就自动跳闸而断开电源,对人身安全起到保护作用。

专业实验台通常采用电流型和电压型两种漏电保护器,对实验过程中的任何漏电或单相触电,都能够断开电源并且告警。实验中,若漏电保护器动作,应查明故障并排除后,再按下漏电保护器的复位按钮,使其恢复保护功能并接通电源。

(2)短路保护

短路保护是利用线路电流增大到超过事先按最大负荷电流整定的数值时,引起动作的一种保护装置。实验室和工程设备通常采用熔断器做短路保护。使用熔断器应注意其额定电流与电路正常负载的正确配合,以免影响用电设备的正常工作。

(3)接零保护

接零保护是把仪器设备的金属外壳与中性线相连的保护方式。在实验室采用的三相四线制中性点直接接地的供电方式中,电器设备采用"接零保护"后,当电器设备绝缘损坏或发生相线碰到设备外壳时,因为电器设备的金属外壳已直接接到低压电网中的零线上,所以故障电流经过接零导线与配电变压器零线构成闭合回路,碰壳故障变成了单相短路,而金属导线阻抗小,这一短路电流在瞬间增大,足以使保护装置跳闸或熔断器迅速熔断而切断漏电设备电源,即使人体触及了电器设备的外壳也不会发生触电现象。

2. 实验室电气灭火保护

(1)电气火灾的产生原因

① 短路　由于某种原因造成电路的局部短路,使电流比正常值大若干倍,产生大量的热能而引起火灾。

②过负荷　过负荷时,流过设备和导线的电流较大,当故障时间过长,产生和积累热量而引起火灾。

③接触电阻过大　电路中接触部分的连接不牢固,形成较大的接触电阻,电流流过时,该处的温度增加,当热量会使金属溶化,发出火花时,就会引起火灾。

④电气设备产生的火花和电弧　电气设备产生的火花和电弧极易引起周围易燃品的燃烧和爆炸,尤其是油库、乙炔站等高危场所。

⑤熔断器选用不当　熔断器选择过大,超过了导线的承受能力时,则线路在出现过载后有可能失去保护作用,而引起火灾。

(2)电气火灾灭火知识

①当发生电气火灾时,首先应尽快切断电源。若电气开关本身着火,或已处在火中,开关的绝缘有可能损坏,关闭时应使用绝缘工具。

②关闭电源的操作,应从低压开始。首先关闭所有正在运行中的用电器(通过用电器的停止按钮进行),然后关闭负荷开关,切断高压电源的操作应先断开断路器,后断开断离开关。

③在无法切断电源时,带电灭火必须选择适当的灭火器。实验室均配备有二氧化碳、干粉等灭火器。也可用干燥的黄沙扑救,不允许用水和泡沫灭火器扑救。

1-3　测量的基本知识

一、基本概念及测量方法

1. 基本概念与测量单位

在测量过程中,人们借助专用设备,将测量得到的量与测量单位的量相比较,求出被测量的大小。测量的结果由两部分组成:数字值和测量单位的名称。

电量(包括电流、电压、功率、频率、相位、电阻、电容和电感等)测量仪表,不仅可以测量各种电量,而且通过相应变换器的转换,还可间接测量各种非电量(如温度、湿度、速度和压力等)。

电路测量中常用到的国际制单位见表1-3-1。在实际测量中,有时单位显得太大或者太小,因此可在这些单位中加上表1-3-2中所示词冠,用以表示这些单位乘以10的正次幂或负次幂后所得到的辅助单位,如1 A = 10^3 mA,1 μF = 10^{-6} F。

表1-3-1　电工测量常用的国际制单位

量	单位名称	代号	
		中文	国际
电流	安培	安	A
电压	伏特	伏	V
功率	瓦特	瓦	W
频率	赫兹	赫	Hz
电阻	欧姆	欧	Ω
电感	亨利	亨	H
电容	法拉	法	F
时间	秒	秒	S

表1-3-2　单位前词冠的含义

词冠	代号		因数
	中文	国际	
吉咖(giga)	吉	G	10^9
兆(mega)	兆	M	10^6
千(kilo)	千	K	10^3
毫(milli)	毫	m	10^{-3}
微(micro)	微	μ	10^{-6}
纳诺(nano)	纳	n	10^{-9}
皮可(pico)	皮	p	10^{-12}

2. 测量方法

测量方法的分类有多种多样。其中可以归纳为：根据测量时被测量是否随时间变化的，分为静态测量和动态测量；根据测量条件的，可分为等精度测量和非等精度测量；根据测量探头是否接触被测物体的，可分为接触式测量和非接触式测量；根据测量方法可分为直接测量、间接测量和组合测量；根据测量方式（仪表）可分为直读式测量、零位式测量和微差式测量。下面重点讨论后两种分类。

（1）测量方式

① 直接测量

将被测量与作为标准的量直接比较，或用标定好的测量仪表进行测量，不需要经过运算，就能直接得到被测量数值的测量方法称为直接测量。如使用电压表测量电路中电压，使用功率表测量电路的有功功率等。

② 间接测量

通过对被测量对应函数关系的量进行测量，然后根据其函数关系计算出被测量数值的测量方法称为间接测量。如测量出电路中的有功功率 P，电压 U 和电流 I，利用公式 $\cos\varphi = P/UI$ 计算出电路的功率因数；电路在线不能用欧姆表直接测量电阻，但可以测量该电阻上的压降和电流，根据欧姆定律 $R = U/I$，计算出电阻值。

从上述两个例子可以看出，和直接测量法相比，间接测量法过程繁长，较为耗时，在实际工程测量中很少使用，多应用在实验室中。

③ 组合测量

利用直接测量和间接测量两种方法同时得到的数据基础上，通过联立求解各个函数方程，计算出被测数值。

（2）测量仪表

① 直读测量

用直接显示被测量数值的仪表进行测量，能够直接在测量仪表上读取数值的测量方法称为直读测量法（直读法），测量仪表被称为直读式仪表。使用直读式仪表进行测量，读取电路中数值迅捷、方便，是电工实验中常用的仪表，如交直流电压表、电流表和功率表等。用直读法进行测量过程简单，操作方便，但由于仪表接入可能对电路参数产生影响以及仪表本身的原因，测量准确度不高。在一些要求比较高的场合，仪表要定期送专业部门进行校验。

② 比较测量

将测量结果与标准量进行比较后读出结果的测量仪表称为比较式仪表。使用比较式仪表测量要比直读式仪表测量过程复杂，一般比较式仪表的测量准确度要高些，常用于较为精确的测量中。如电桥、电位差计等均属于比较式仪表。

二、测量误差和仪器准确度

电工实验测量过程中，由于实验测量仪器的准确度有限，测量方法的不完善，实验条件的不稳定，实验操作者技术、经验等因素的影响，可使测量值与被测量的实际值（真值）不相同，只是近似值。这个测量所得的近似值与实际值之间的差值被称为测量误差，简称误差。

由于测量误差的存在，限制了测量的准确程度，因此在实验过程中，要尽量减少测量过程中所产生的误差，分析造成误差的原因，从正确选用测量仪表，到完善测量方法等途径来减少误差，并对误差范围做出估计。

1. 测量误差的来源与分类

(1) 测量误差的来源

① 仪器误差

这是由于测量仪器本身性能不完善及精度所限产生的误差。测量时仪器的指示值实际上是被测量的近似值,该误差为仪器所固有的,只能通过完善仪器性能,提高仪器精度来解决。

② 使用误差

又称操作误差。是由于在使用测量仪器的过程中,因为安装、调试和使用不当、不合理等所引起的误差,以及不同台仪器之间的误差。因此在使用仪器测量前,一定要熟悉仪器的性能要求和特点,掌握正确的操作方法。同时测量同一类数值时,应采用"一表制"来消除不同仪器之间的误差。

③ 人身误差

这是由于操作者的感觉器官和运动器官的限制所产生的误差。如今智能数字仪器的大量涌现,较好地解决这方面的误差。

④ 环境误差

它是因为在测量过程中受到环境的影响所产生的附加误差。比如测量现场的环境温度、电磁场强度、噪声和振动等,都可能对测量仪器产生影响。

⑤ 方法误差

又称理论误差。这是由于使用的测量方法不完善和测量所依据的理论本身的不严密所造成的误差。因此在较为复杂的测量过程实施前,应找到准确的理论依据,设计好测量流程。

(2) 测量误差的分类

① 系统误差

这是指在相同条件下重复测量同一量时,误差的大小和符号保持不变,或按照一定规律变化的误差。引起系统误差的原因有仪器、方法、人员和操作误差所引起的,其大小决定了测量的准确度。系统误差一般可以通过实验或分析方法,查明其变化规律及产生原因后,减少或消除误差。比如可以针对其变化规律,通过软件编程的方法加以补偿和修正。

② 随机误差

是指在相同条件下多次重复测量同一量时,误差的大小和符号无规律的产生变化,称为随机误差(又称偶然误差)。随机误差不能用实验方法消除,但从可以从随机误差的统计规律中了解它的分布特性,并对其大小及测量结果的可靠性作出估计,或将通过多次测量的数值,进行算术平均值来达到减小误差的目的。

③ 疏失误差

这是由于操作者对仪器性能的不了解、操作粗心,导致读数不准确而引起的误差,或测量条件的变化引起的误差。含有疏失误差的测量值称为坏值或异常值,必须根据统计检验方法的某些准则,去判断哪个测量值是坏值,然后去除。

在实际测量过程中,系统误差、随机误差和疏失误差之间的划分并不是绝对的,在一定条件下的系统误差,在另一条件下可能以随机误差的形式出现。比如,电源电压引起的误差,如考虑缓慢变化的平均效应,可视为系统误差,但考虑瞬时波动,就应视为随机误差。

2. 测量误差的表示方法

(1) 绝对误差

绝对误差也称为真误差,用公式表示为

$$\Delta X = X - X_0,$$

其中：

X—— 被测量的测定值；

X_0—— 被测量的真值；

ΔX—— 测量的绝对误差。

真值是客观存在的，但由于认识的局限性，使测定值只能无限接近真值。在实际测量中，常用直接上级计量检测标准测得的量值代表真值，称为实际真值。在实验室条件下，常用比被检查仪器的精度高 $1 \sim 2$ 级的计量仪器的示值作为被检查仪器的实际真值。比如，实验室常用便携式电压表（数字万用表），可以用台式的标准电压校正电源进行标定。

在高准确度的仪器中，常给出校正曲线，当知道测定值 X 之后，通过校正曲线，便可以求出被测量值的实际真值。

（2）相对误差

绝对误差不能确切地反映测量值的准确程度。比如测量 $100\ V$ 电压时绝对误差为 $1\ V$；测量 $10\ V$ 电压时绝对误差也是 $1\ V$，两次测量的绝对误差都是 $1\ V$，但因为第一次测量的误差为 1%，而第二次测量误差为 10%，显然第一次测量的实际结果比较准确。这就是相对误差的概念。相对误差用符号 γ 表示，它的定义是：测量的绝对误差与其实际真值的比值，即：

$$\gamma = \frac{\Delta X}{X_0} \times 100\%$$

相对误差通常用于衡量测量的准确性。相对误差越小，准确度就越高。

例 1-3-1　电路测量得到实际值为 $50\ mA$ 的电流，其仪器指示值为 $50.5\ mA$；实际值为 $10\ mA$ 的电流，其仪器指示值为 $9.7\ mA$。求两次测量的绝对误差和相对误差。

解　第一次测量时：

$$\Delta X_1 = X_1 - X_{01} = 50.5 - 50 = 0.5\ mA$$

$$\gamma_1 = \frac{\Delta X_1}{X_{01}} \times 100\% = \frac{0.5}{50} \times 100\% = 1\%$$

第二次测量时：

$$\Delta X_2 = X_2 - X_{02} = 9.7 - 10 = -0.3\ mA$$

$$\gamma_2 = \frac{\Delta X_2}{X_{02}} \times 100\% = \frac{-0.3}{10} \times 100\% = -3\%$$

以上结果可知：

①ΔX_1 为正值，说明测定值大于实际值；ΔX_2 为负值，说明测定值小于实际值。

②$|\Delta X_1| > |\Delta X_2|$，$|\gamma_1| < |\gamma_2|$，说明第二次测量的准确度小于第一次测量。

③绝对误差 ΔX 有单位，而相对误差 γ 没有单位。

3. 最大引用误差 γ_{nm} 与仪表的准确度

（1）最大引用误差 γ_{nm}

最大引用误差是一种简化的相对误差的表现形式。考虑到仪表的测量范围不是一个点，而是一个量程，为了计算和划分准确度等级的方便，通常取仪表的测量上限（满刻度值 X_n）作为分母，用整个量程中的最大绝对误差 ΔX_m 作为分子，由此得出最大引用误差的定义：

$$\gamma_{nm} = \frac{\Delta X_m}{X_n} \times 100\%$$

（2）电工仪表的准确度

电工仪表的准确度等级,分为 0.1、0.2、0.5、1.0、1.5、2.5、5.0 共七个等级。如果仪表为 α 级,则说明该仪表的最大引用误差 γ_{nm} 不超过 $\pm \alpha\%$。

在测量过程中,根据仪表的准确度就可以估算出测量误差。设某仪表的满刻度值为 X_n,测量值 X,则仪表在该测量值的误差为:

最大绝对误差 $\qquad\qquad \Delta X_m = X_n \times (\pm \alpha\%)$

最大相对误差 $\qquad\qquad \gamma_m = \dfrac{\Delta X_m}{X} = \dfrac{X_n}{X} \times (\pm \alpha\%)$

(在实际测量中,常常使用仪表的测量值 X 代替真值 X_n 进行相对误差的近似计算。)

一般 $X < X_n$,故 X 越接近 X_n 时,其测量精度越高。这就是为什么使用这类仪表测量时,应尽可能使用仪表满刻度的 2/3 量程以上的范围进行测量的原因。

例 1-3-2　用量程为 10 A,精度为 0.5 级的电流表测量 10 A 和 5 A 的电流,求测量可能产生的最大相对误差。

解　测量中可能产生的最大绝对误差:
$$\Delta X_m = X_n \times (\pm \alpha\%) = \pm 10 \times 0.5\% = \pm 0.05 \text{ A}$$

因而测量 10 A 电流时的最大相对误差:
$$\gamma_m = \frac{\Delta X_m}{X} \times 100\% = \pm \frac{0.05}{10} \times 100\% = \pm 0.5\%$$

而测量 5 A 电流时,则:
$$\gamma_m = \frac{\Delta X_m}{X} \times 100\% = \pm \frac{0.05}{5} \times 100\% = \pm 1\%$$

例 1-3-3　用量程为 100 V、准确度等级为 0.5 级和量程为 10 V、准确度等级为 2.5 级的两台电压表,分别测量 9 V 的电压。求两次测量时的最大绝对误差和最大相对误差。

解　用量程 100 V、0.5 级电压表测量时:
$$\Delta X_{m1} = X_{n1} \times (\pm \alpha_1\%) = 100 \times (\pm 0.5\%) = \pm 0.5 \text{ V}$$
$$\gamma_{m1} = \frac{\Delta X_{m1}}{X_1} \times 100\% = \pm \frac{0.05}{9} \times 100\% \approx \pm 6\%$$

用 10 V 量程、2.5 级电压表测量时:
$$\Delta X_{m2} = X_{n2} \times (\pm \alpha_2\%) = 10 \times (\pm 2.5\%) = \pm 0.25 \text{ V}$$
$$\gamma_{m2} = \frac{\Delta X_{m2}}{X_2} \times 100\% = \pm \frac{0.25}{9} \times 100\% \approx \pm 3\%$$

从以上两个例子可以发现测量值接近仪表显示满读时,测量结果误差最小,特别是在例 1-3-3 中,可见用大量程 $X_{n1} = 100$ V,高精度 $\alpha_1 = 0.5$ 级的电压表测量 9 V 电压时,产生的相对误差 $\gamma_{m1} \approx \pm 6\%$,而用小量程 $X_{n2} = 10$ V,低精度 $\alpha_2 = 2.5$ 级的电压表测量接近满刻度值的 9 V 电压时,产生的相对误差 $\gamma_{m2} \approx \pm 3\%$。

所以,使用电工仪表,为了提高测量的准确度,选择仪表量程比追求仪表精度更有效。而且仪表精度越高价格也就越贵,使用条件也更苛刻。一般 1.0 和 1.5 级的仪表已经能够满足通常的要求。

三、测量结果的误差分析和估算

电工实验离不开各种直接或间接的数值测量,在这过程中误差是不可能完全消除的,因此测量之后,应对测量结果进行准确度的估算和分析。对于误差估算,要抓主要方面:首先考虑的是测量仪器、仪表的准确度，仪表量程引起的基本误差，还有由于仪表本身内阻与电路参数配合等引起的方法误差。对于随机误差，一般不进行估算。

1. 测量结果的误差分析

（1）由测量仪器精度引起的基本误差

设仪器的精度为 α，量程为 X_n，则由仪器精度引起的基本误差为：

最大绝对误差　　　　$\Delta X_m = X_n \times (\pm \alpha\%)$

最大相对误差　　　　$\gamma_m = \dfrac{X_n}{X} \times (\pm \alpha\%)$

测量值 X 比量程 X_n 小的越多，相对误差就越大。所以为了减少这类测量误差，应尽可能使仪表工作在大于 2/3 量程的位置。

为了保证测量结果尽可能的准确可靠，国家标准规定，对于一般电测量仪表，主要有下面几方面要求：

① 足够的准确度。

② 示值变差要小。

③ 受外界影响小（好的抗干扰能力）。

④ 仪表本身消耗的功率要小。

⑤ 要具有适合于被测量的灵敏度。

⑥ 要有良好的读数装置。

⑦ 高的绝缘电阻、耐压能力和过载能力。

（2）由于仪表内阻与电路参数配合不当引起的方法误差

由于测量方法的不完善，所产生的误差称为方法误差。例如当采用伏安法间接测量电阻时，因为实际的电流表内阻不为零，实际的电压表内阻不是无穷大，测量计算得出的电阻值就含有方法误差。下面通过实例来分析采用伏安法实际测量电阻时的方法误差。

在测量时电压表和电流表有两种接法，如图 1-3-1(a)、(b) 所示，以电压表在电路所处的位置分为表前法（图 a）、表后法（图 b）。

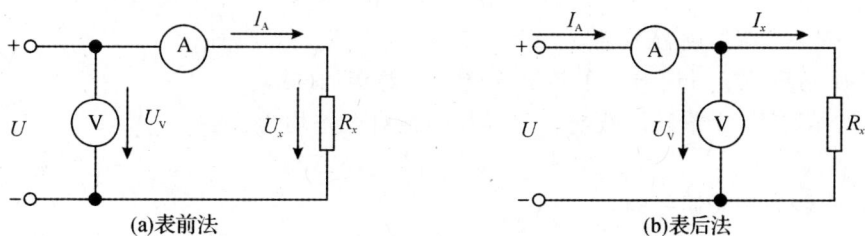

图 1-3-1　用伏安法测量电阻时仪表的两种接法

在图 1-3-1(a) 的测量电路中，电压表的测量值为 U_V，电流表的测量值为 I_A，按欧姆定律可得，被测电阻 R_X 的测量值 R'_X 为：

$$R'_X = \frac{U_V}{I_A} = R_A + R_X$$

式中：R'_X 是电流表内阻 R_A 与被测电阻实际值 R_X 之和，所以方法误差为：

$$\gamma_A = \frac{R'_X - R_X}{R_X} = \frac{R_A}{R_X}$$

当被测电阻 $R_V \gg R_X$ 时，γ_A 很小，此误差可被忽略。而在图 1-3-1(b) 的测量电路中，

$$R''_x = \frac{U_V}{I_A} = R_V \ /\!/ \ R_X = \frac{R_V R_X}{R_V + R_X}$$

被测电阻测量值 R''_x 是电压表内阻与被测电阻实际值的并联值，所以方法误差为：

$$\gamma_V = \frac{R''_x - R_X}{R_X} = \frac{-R_X}{R_V + R_X}$$

当被测电阻 $R_V \gg R_X$ 时，γ_V 很小，误差可被忽略。

综上所述：

① 表前法适合于测量高阻值的电阻。

② 表后法适合于测量低阻值的电阻。

当被测电阻 $R_V \gg R_X \gg R_A$ 时，表前、表后的方法误差均可忽略不计。

（3）测量方式引起的测量误差

使用电测量仪表时，必须使仪表处于正常的工作条件，否则将引起一些附加误差。如要使仪表按照规定的位置姿态放置；仪表要远离电磁场；测量前应观察仪表读数是否归零，对于数字仪表，一般有自动回零电路，如有显示数字，可将表笔短接，测量时再将底数扣除；对于指针式仪表，则可使用调零器使指针归零。

数字仪表读数时，应选择尽可能多的记录位数。量程太高，以致没有发挥仪表能够达到的准确度，是不可取的。

2. 误差的传递与合成

采用间接测量法时，间接测量的误差可由直接测量的误差按一定的公式计算出来，称为误差的传递。

（1）和、差函数的误差

设间接测量的量 Y 和两个直接测量的量 X_1 和 X_2 的关系为：

$$Y = aX_1 + bX_2$$

直接测量 X_1 和 X_2 时，对应的绝对误差为 ΔX_1 和 ΔX_2，则间接测量的绝对误差 ΔY 为：

$$\Delta Y = a\ \Delta X_1 + b\ \Delta X_2$$

若 $Y = aX_1 - bX_2$，则：$\Delta Y = a\ \Delta X_1 - b\ \Delta X_2$。

即和（差）函数的绝对误差等于各量的绝对误差相加（减）。

在最坏的情况下，无论和函数或者差函数的绝对误差均为：

$$|\Delta Y| = |a\ \Delta X_1| - |b\ \Delta X_2|$$

而和、差函数的相对误差为：

$$\gamma_Y = \frac{X_1}{Y}a\gamma_{X1} \pm \frac{X_2}{Y}b\gamma_{X2}$$

式中：γ_{X1}、γ_{X2} 分别为直接测量 X_1、X_2 时的相对误差。

从上式可见，在所有相加量中，数值最大的那个量的局部误差在合成误差中占主要比例，为了减少合成误差，首先要减小这个量的局部误差。特别要注意在差函数中，当 X_1 和 X_2 数值接近时，Y 很小，这时即使各量的局部误差都很小，而合成误差仍可能很大，要避免这样的间接测量。

（2）积、商函数的误差

设间接测量的量 Y 与两个直接测量的量 X_1 和 X_2 的关系为：

$$Y = X_1 \times X_2$$

X_1、X_2 的相对误差各为 γ_{X1}、γ_{X2}，则 Y 的相对误差为：

$$\gamma_Y = \gamma_{X1} + \gamma_{X2}$$

同样，商函数 $Y = \dfrac{X_1}{X_2}$ 的相对误差为：$\gamma_Y = \gamma_{X1} - \gamma_{X2}$

积（商）函数的相对误差，在最坏的情况下，等于各直接测量相对误差之和。

$$|\gamma_Y| = |\gamma_{X1}| + |\gamma_{X2}|$$

（3）误差的绝对值和几何合成

求合成误差时，当已知局部误差的符号时，可以把各误差作为代数量按以上公式合成。但在实际测量中，这种情况较少遇到。更多的情况是，只知道各局部误差的范围，而不知道它们确切的符号。这时可以用两种方法求合成误差：绝对合成法和几何合成法。

设各局部误差分别为 $\pm D_1$，$\pm D_2$，$\cdots$，$\pm D_k$，其中 $\pm D_k$ 表示绝对误差或相对误差。

① 绝对合成法：合成误差为：

$$D = \pm (|D_1| + |D_2| + \cdots + |D_k|)$$

用绝对合成法，是从最不利、误差最大的角度去合成误差，所得结果比较保守。因各局部误差同时在最坏情况的可能性极少，而某些局部误差有可能具有相反的符号而相互抵消一部分。这时用几何合成法来求合成误差较为合理。

② 几何合成法：合成误差为：

$$D = \pm \sqrt{D_1^2 + D_2^2 + \cdots + D_k^2}$$

例 1-3-4　有五个精度为 0.1 级，标称阻值为 1000 Ω 的电阻串联，求等效电阻的合成误差。

解：每个电阻的绝对误差为：

$$\Delta R_1 = \Delta R_2 = \Delta R_3 = \Delta R_4 = \Delta R_5 = \pm 0.1\% \times 1000 = \pm 1 \ \Omega$$

（1）用绝对合成法求合成误差

绝对误差：

$$\Delta R = \pm (|\Delta R_1| + |\Delta R_2| + |\Delta R_3| + |\Delta R_4| + |\Delta R_5|) = \pm 5 \ \Omega$$

相对误差：

$$\gamma = \pm \frac{\Delta R}{R_e} = \pm \frac{5}{5000} \times 100\% = \pm 0.1\%$$

式中：R_e 为串联等效电阻，$R_e = 5000 \ \Omega$。

（2）用几何合成法求合成误差

$$\Delta R = \pm \sqrt{\Delta R_1^2 + \Delta R_2^2 + \Delta R_3^2 + \Delta R_4^2 + \Delta R_5^2} = \sqrt{5} = \pm 2.2 \ \Omega$$

相对误差：

$$\gamma = \pm \frac{\Delta R}{R_e} = \pm \frac{2.2}{5000} \times 100\% = \pm 0.04\%$$

五个电阻的误差多半是有大有小，有正有负，不可能都是 +1 Ω 或 -1 Ω，因此用几何合成法求的合成误差较为合理。

四、实验数据处理

1. 有效数字

在实验过程中，由于测量总是存在误差，所以测量数据均用近似数值表示，这就涉及有效数字问题的讨论。

在测量一个电压时,测量结果是 6 mV,也可能记为 6.00 mV,从数值的观点来看,两者似乎没有区别,但从实验数据的意义来看,它们有根本的不同。记为 6 mV,表示小数点以后的数量是没有测出的量,它们可能是"0"或其他数值。而 6.00 mV 则表明,测到小数点后两位,且这两位均为"0",最后位则为存疑数。

由此可见,对测量结果的数值记录应有严格的要求,测量中判断哪些数应该记或不应该记的标准是误差。在有误差的那位数字以左的各位数字都是可靠数字,均应该记。有误差的那位数为存疑数,也应该记。而有误差的那位数字以后的各位数字都是不确定的,用任何数字表示都是无效的,故都不用记。因此在测量过程中,称从最左边的一位非零数字起,到含有误差的那位存疑数字止的所有各位数字为有效数字。

举例:① 测量电阻,记录值为 10.43 Ω,其中 1043 为四位有效数字。

②测量电压,记录值为 0.0063 V,其中 63 为两位有效数字。

因为:有关有效数字的定义指出最左面第一个非零数字(② 例中的 6)以左的不算有效数字。

③ 测量电流,记录值为 1000 mA,是四位有效数字,若以 A 为单位,则应写为 1.000 A,而不能写成 1 A,因为 1 A 只有一位有效数字,而实际测量精度为四位有效数字。

由此三例总结出有效数字记录测量结果时的几点注意事项:

(1)用有效数字来表示测量结果时,可以从有效数字的位数估计出测量的误差。少记有效数字的位数要来附加误差;多记有效数字的位数则又夸大测量精度。

(2)"0"在最左面不算有效数字,如"0.0063",前面三个"0"均非有效数字,若测量精度达不到,不能在数字右面随意加"0"。

(3)多余有效数字的舍人原则。小于5的数舍去;大于5的数舍去后进1;如等于5的数,要看前位数是偶数还是奇数,偶数则舍去,奇数则舍5进1。如数字为301.5,要求保留三位有效数字,则定为302。但若此数为302.5,保留三位有效数字,按上述原则,仍为302。

例 1-3-5　三个数分别为 26554、32.238 和 756.5,要求均保留三位有效数字。

解　$26554 \rightarrow 266 \times 10^2$

$32.238 \rightarrow 32.2$

$756.5 \rightarrow 756$

2. 运算中有效数字的位数的决定

在数据处理的过程中,常要对数据进行加减乘除运算。加减运算中,准确度最差的数据就是小数点后有效数字位数最少的那个数据,其他数据均保留小数点位数与该数据的(小数点后位数)相同。乘除运算中,有效数字位数取决于有效数字位数最少的那个数据。

例 1-3-6　运算下列数据:①1.369 + 17.2 + 8.64;②3.55 × 1.23;③0.385 × 9.712 × 26.164

解　①$1.369 + 17.2 + 8.64 \approx 1.4 + 17.2 + 8.6 = 27.2$

由于 17.2 准确度最差,故各数据均应保留有效数字至小数点后一位。

②$3.55 \times 1.23 \approx 4.37$

由于两个数据均为三位有效数字,故乘积保留三位有效数字。

③$0.385 \times 9.712 \times 26.164 \approx 0.385 \times 9.71 \times 26.2 = 97.9$

由于有效数字最少的为三位,故各数据均保留三位有效数字,乘积要保留三位有效数字。

3. 表格法

经误差分析和有效数字运算等处理后所得到的实验记录,有时并不能看出实验数据的变化规律或结果。因此必须对这些实验数据进行整理、计算和分析,才能从中找出规律,得出实验结果,这个过程称为实验数据处理。处理实验数据是实验报告的重要内容,也是实验课的基本训练之一。数据处理主要有表格法和图示法两种。

表格法是将实验数据按某种规律列成表格,是实验中常用的方法。采用表格法时应注意:

(1) 列项要全面合理,数据充足,表格的设计要注意数据间的联系及计算顺序,便于观察比较和分析计算、作图等。重复测量的数据,可列成纵列式,便于求平均值及检查数据。

(2) 列项要清楚准确地标明被测量的名称、数值、单位以及前提条件,状态和需要观察的现象等等。名称(或符号)、单位组成一个项目,写在表格首栏。若整个表格内数字的单位相同,可将单位写在表格的上方,不要重复写在各数值后面。

(3) 实验之前先计算出理论值或利用仿真软件对电路进行仿真,将结果记录在表格中,以便在测量过程中进行对照比较。

(4) 在记录原始数据的同时,要记录条件和现象,并注意有效数字的选取。计算过程中的一些中间量和最后结果,也可以一并设计进入记录表格。

4. 图示法

图示法可更直观地看出各量之间的关系和函数的变化规律,是处理实验数据的一种重要方法。图示法通常采用的是直角坐标法,一般用横坐标表示自变量,纵坐标表示应变量。将各实验数据描绘成曲线时,应参照理论分析的依据,不要画成折线,而应对数据点正确取舍,使最后连成的为一条平滑的曲线。

采用图示法的作用和优点:

(1) 直观形象地表现实验数据的变化规律,便于从中寻找实验规律和总结经验公式。

(2) 可以帮助及时发现实验中个别的测量错误,并通过所绘曲线对系统误差进行分析。

(3) 若图形是依据多个测量数据描出的光滑曲线,图形便有多次测量取平均值的作用。

(4) 可以从图形上得到没有直接测量或受条件所限无法直接测量的数据。

(5) 通过图形可以方便地得到一些有用的参数,如最大值、最小值、直线斜率等。

采用图示法时要注意:

(1) 采用坐标纸作图。曲线图幅度大小要适当,一般不要小于作业纸的 1/4 较合适。

(2) 必须标出实验数据的点。为了防止在同一坐标图中有不同的几条曲线的数据相互混淆,各数据点可以分别采用“×”或“·”等不同符号、不同颜色标出。

(3) 为了使曲线更加接近实际,能正确完整地反映函数关系的特点,要正确选择测试点。如对极值点、特征点或拐点处,应多选择一些测试点数据,对线性变化的区域则可少选些测试点。

(4) 在坐标纸上写上年级、班级、姓名、学号和日期,要表明画的是什么曲线,并可靠粘贴在实验报告上。

第二章　Multisim 电路仿真实验单元

2-1　Multisim 10 使用简介

通过学习掌握电子电路虚拟仿真软件,给学习电工电子技术带来极大的方便。当你学会和掌握了一款优秀的电子仿真软件,就相当于你拥有了一间具有先进水平的实验室,其电子电工元器件种类丰富,虚拟仪器品种齐全,可以随意进行虚拟仿真实验,是学习电工电子技术的一种重要辅助手段。

电子仿真软件 Multisim 技术初期是由加拿大 IIT 公司于 20 世纪 80 年代推出 EWB 5.0 版本的电子仿真软件为蓝本,它以界面形象直观、操作方便、分析功能强大、易学易用为突出优点,风靡全球。而后更新为 EWB 6.0,并取名 Multisim 2001 版本,2003 年升级为 Multisim 7.0 等。2005 年以后,IIT 公司隶属美国 NI 公司,2006 年 NI 公司首次推出 Multisim 9.0 版本,它与 Multisim 7.0 有着本质上的区别。2007 年初,再推出 NI Multisim 10 版本,最近已经能够见到 NI Multisim 11 版本。NI Multisim 10 功能强大,增加了 3D 元件和仿真实物虚拟仪表,能胜任各种电路的仿真和分析,更接近实际的实验平台。而且软件不仅仅局限于电路的虚拟仿真,其在 LabVIEW 虚拟仪器、单片机仿真等技术方面有更多的创新和提高,属于 EDA 技术的更高层次范畴。

Multisim 是一个强大而直观的软件包,为学生和工程师们提供一个简单易用的电路输入和仿真平台。它包括一个专业级别的 SPICE 仿真工具,具备强大的分析功能,以及诸如示波器和函数发生器等的虚拟仪器,来方便地对电路进行交互式仿真。与传统电工电路设计和实验方法相比,有以下特点:可以边设计边实验,实现两者同步进行,适时修改和调整电路方便;元器件及测试仪器齐全,方便对电路参数进行分析和测试,可以完成各种类型的电路设计与实验;元器件种类和数量不受限制,不怕损坏,可做极限实验,实验成本低,速度快,效率高;设计和实验的电路可直接生产使用。

2-2　电路图的输入

一、Multisim 界面环境

如图 2-2-1 所示,Multisim 10 用户界面包括如下几个基本部分。

图 2-2-1　Multisim 环境

主菜单栏(Menu Toolbar)：

　　与 Windows 应用程序类似，各种功能命令均可在此查找，其中包括有"文件"、"编辑"、"视图"、"放置"、"单片机"、"仿真"、"传递"、"工具"、"报告"、"选项"、"窗口"、"帮助"共 12 项。大多数命令的用法与 Windows 类似，其中需要特别说明的是：

　　(1)MCU 菜单：可提供单片机调试、导入、导出、运行等操作命令。

　　(2)Simulate 菜单：仿真菜单提供启、停电路仿真和仿真所需的各种仪器仪表；提供对电路的各种分析；设置仿真环境等仿真操作命令。

　　(3)Transter 菜单：传递菜单提供电路的各种与 Ultiboard 10 和其他 PCB 软件的数据相互传递功能。

设计工具箱(Design Toolbox)，也可称设计管理窗口：

　　用户可以使用设计工具箱来管理电路图中的各种部件。在 Visibility 标签页上，可以选择在工作空间的当前图纸上显示哪一层。Hierarchy 标签页包含一棵树，它显示了打开的设计中文件的从属关系。Project 标签页显示了当前项目的信息。你可以在当前项目现有的文件夹中添加文件，控制文件的访问，并将设计存档。用于宏观管理设计项目中的不同类型文件，如原理图文件、PCB 文件和报告清单文件，同时可以方便地管理分层次电路的层次结构。

电路图元器件(Schematic Components)：

　　元器件是所有电路图的基础，就是可以放置到电路图上的任意部件。Multisim 软件中定义了两种广泛的器件分类：实际器件和虚拟器件。理解这两种器件之间的区别对于我们充分发挥它们的优点是十分重要的。

　　实际器件之所以需要和虚拟器件分开来，是因为实际器件有一个不能修改的特定值，虚拟器件仅仅可用于仿真，你可以为其指定用户定义的任意特性。例如，虚拟电阻可以呈现任意电阻值。虚拟器件使用精确器件值进行仿真,以帮助用户检查计算。虚拟器件还可以是理想化的元器件,譬如图 2-2-2 中所示的 4 管脚的 16 进制显示码。

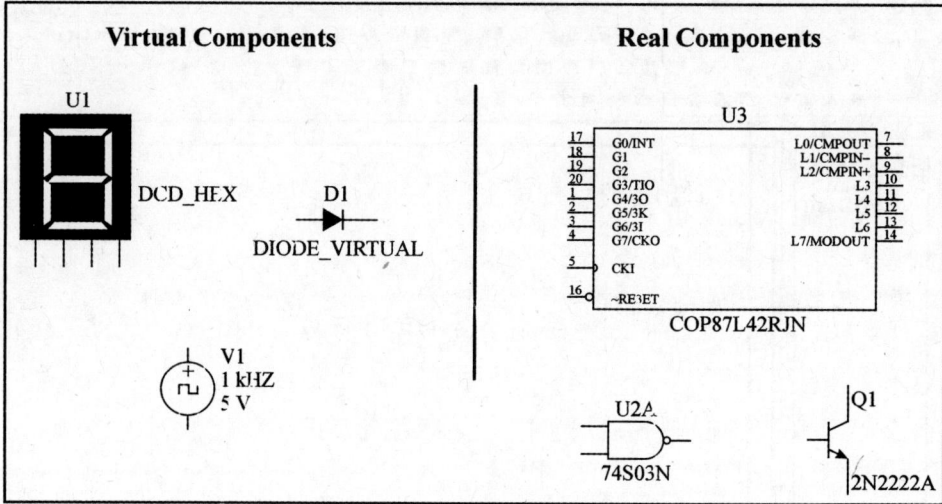

图 2-2-2　各种器件符号

U1:7 段显示码、D1:二极管、V1:电压源、U2A:与非门、U3:微控制器、Q1:晶体管

二、放置元器件

元器件工具栏(Component Toolbars):

　　使用元件工具栏,你可以快捷便利地放置电路元器件。使用元器件工具栏打开元器件浏览器,并指向一个完整的元器件种类,例如数字元器件、模拟元器件或者基本的无源器件(包含电阻电容)。如图 2-2-3 所示,元器件工具栏是默认可视的。

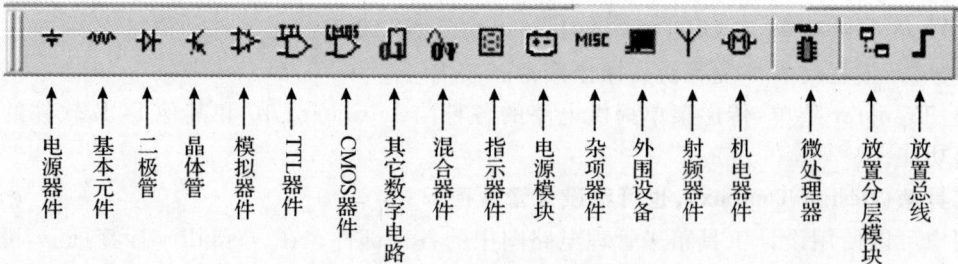

图 2-2-3　元器件工具栏

　　(1)电源库(Sources)

　　在元件选择对话框的 Family 栏中包括 6 种类型的电源,分别为 POWER_SOURCES(电源)、SIGNAL_VOLTAGE_ SOURCES(电压信号源)、SIGNAL_CURRENT_ SOURCES(电流信号源)、CONTROL_FUNCTLON_BLOCKS(控制功能模块)、CONTROLLED_ VOLT-AGE _SORCES(受控电压源)、CONTROLLED_CURRENT_SORCES(受控电流源)。每一系列又含有很多电源或信号源,考虑到电源库的特殊性,所有的电源皆为虚拟组件。在使用过程中要注意以下几点:

　　①交流电源所设置电源的大小皆为有效值。

②直流电压源的取值必须大于零,大小可以从微伏到千伏,而且没有内阻。如果它与另一个直流电压源或开关并联使用,必须给直流电压源串联一个电阻。

③许多数字器件没有明确的数字接地,但必须接上地才能正常工作。数字接地端是该电源的参考点。

④地是一个公共的参考点,电路中所有的电压都是相对于该点的电位差。在仿真软件Multisim10 的设计电路中,可以同时调用多个接地端,他们的电位都是 0 V。并非所有电路都需接地,但下列情况应考虑接地:

a. 运算放大器、变压器、各种受控源、示波器、波特图仪和函数发生器必须接地;对于示波器,如果电路中已有接地,示波器的接地端可不接地。

b. 含模拟和数字元件的混合电路必须接地,可分为模拟地和数字地。

⑤Vcc 电压源常作为没有明确电源引脚的数字器件的电源,Vcc 电压源还可以用做直流电压源,通过其属性对话框可以改变电压的大小,并且可以是负值。

(2)基本元件库(Basic)

基本元件库包含有 17 个系列,分别为 BASIC_VIRTUAL(基本虚拟器件)、RATED_VIRTUAL(额定虚拟器件)、PACK(排阻)、SWITCH(开关)、TRANSFORMER(变压器)、NONLINEAR_TRANSFORMER(非线性变压器)、RELAY(继电器)、CONNECTOR(连接器)、SCH_CAP_SYMS(可编程电路符号)、SOCKT(插座)、RESISTOR(电阻)、CAPACITOR(电容)、INDUCTOR(电感)、CAP_ELECTROLIT(电解电容)、VARLABLE_CAPACITO(可变电容)、VARLABLE_INDUCTOR(可变电感)和 POTENTLONMETER(电位器)。

(3)二极管库(Diodes)

二极管库中共有 11 个系列,其中包括:DIODE_VIRTUAL(虚拟二极管)、DIODE(二极管)、LED(发光二极管)、FWB(全波桥式整流器)、SCR(可控硅整流器)等。

(4)晶体管库(Transistors)

晶体管库将各种型号的晶体管分为 20 个系列:TRANSISTORS_VIRTUAL(虚拟晶体管)、BJT_NPN(NPN 晶体管)、BJT_PNP(PNP 晶体管)等。

(5)模拟集成元件库(Analog)

模拟集成元件库内含 6 个系列,分为 ANALOG_VIRTUAL(模拟虚拟器件)及各种运算放大器。

(6)TTL 元件库(TTL)

TTL 元件库含有 9 个系列,其中以 IC 结尾的表示使用集成电路模式,没有 IC 结尾的使用单元模式。使用 TTL 元件库调用元件时应注意:

a. 若同一种器件有不同的封装形式,仿真时可以随意选用,而不影响仿真过程;做 PCB 板时则要注意选择。

b. 对含有数字器件的电路进行仿真时,电路中必须有数字电源符号和数字接地端。

c. 单击集成电路属性框中的 info 按钮,从器件列表对话框中可查阅其逻辑关系。电气参数可单击属性对话框中的 Edit Model 按钮读取。

(7)CMOS 元件库(CMOS)

CMOS 元件库提供了 14 个系列,主要含有 74HC 系列、4000 系列和 TinyLogic 的 NC7 系列的 CMOS 数字集成电路。在具体使用中应该注意:

a. 若要精确仿真,在电路中必须放置电源 Vcc 为此次元件偏置电压,其电压数值由选用的 CMOS 元件类型决定,且电源负极接地。

b. 当元件有多种封装形式,处理方法如上述 TTL 相同。

c. 也可以通过软件的帮助文件查阅元件的逻辑关系。

(8)微控制器元件库(MCU Module)

微控制器元件库主要分为单片机和存储器两大类 4 个系列。

(9)先进外围设备元器件库(Advanced Peripherals)

先进外围设备元器件库包括 KEYPADS(键盘)、LCDS(液晶显示)和 TERMINALS(终端设备)。

(10)其他数字元件库(Misc Digital)

TTL 和 CMOS 元件库中的元件是按序号排列的。而杂项元件库中的元件则是按元件功能进行分类排列。

(11)混合器件库(Mixed)

混合器件库包括"定时器"、数—模、模—数转换器、模拟开关和多谐振荡器等 5 个系列。

(12)指示器件库(Indicator)

这是常用器件库,其包含有 VOLTMETER(电压表)、AMMETER(电流表)PROBE(逻辑指示灯)、BUZZER(蜂鸣器)、LAMP(灯泡)、VIRTUAL_LAMP(虚拟灯泡)、HEX_DISPLAY(十六进制计数器)和 BARGRAPH(条形光柱)共 8 个系列。应该注意的是:

a. 电压表内阻默认值为 1 MΩ,电流表内阻默认值为 1 MΩ,可以通过属性对话框重新进行修改设置。

b. 数码管使用时应注意驱动电流的大小和正向电压的接线方向,否则数码管无法点亮。

(13)电力器件库(POWER)

电力器件库包含有 9 个系列。

(14)杂项器件库(Misc)

在此库可能会被用到的有传感器(Transducers)、晶体(Crystal)、保险丝(Fuse)和无损传输线 1(Lossless_Line_Type1)等,共有 14 个系列。使用过程中应注意:

a. 具体晶体型号的振荡频率不能改变。

b. 保险丝是电阻性器件,当流过电流超过最大额定电流时,保险丝熔断。对交流电路保险丝的最大额定电流是电流的峰值。保险丝熔断后不能恢复,只能从电路中删除后重新放置。

(15)射频器件库(RF)

共有射频类器件 7 个系列。

(16)机电器件库(Electro_Mechanical)

库中含有开关类、线圈和继电器、变压器、保护装置和输出装置 8 个系列。

Multisim 同样还为**直接放置**元器件(如电阻,电容,参考地,电压源等)提供了工具栏。**基本工具栏在默认状态下是不可视的。**可以通过单击 **View ≫ Toolbars** 菜单上的名称来显示这些工具栏。图 2-2-4 和图 2-2-5 显示了通过设置后可以直接放置的元器件工具栏。

图 2-2-4　基本元器件工具栏(直接放置)

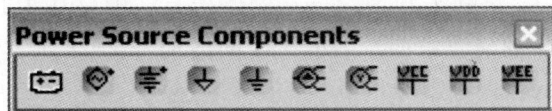

图 2-2-5　电压源器件工具栏(直接放置)

元器件浏览器(Component Browser)：

　　选择使用元器件浏览器将元器件放置到电路图上。访问元器件浏览器，可以单击元器件工具栏上的任何图标，或者选择 Place/Component。双击目标元件放置到电路图上。元器件一直跟随光标直至再次左击鼠标进行放置。图 2-2-6 显示了元器件浏览器窗口.

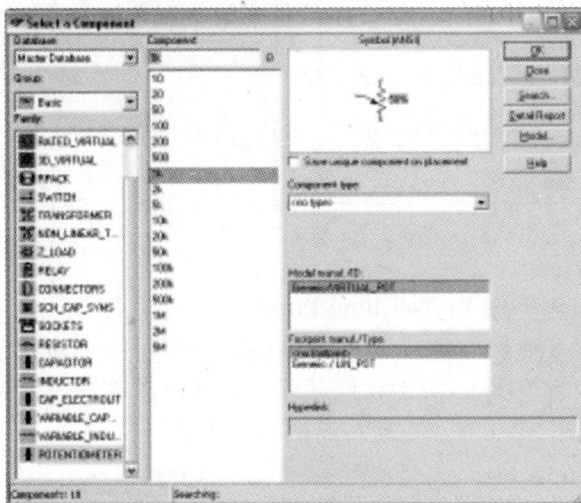

图 2-2-6　元器件浏览器

　　要搜索器件，只需输入目标元器件的名称，然后浏览器就会自动显示与之相符合的候选部件。如需要更详细的搜索，可点击搜索按钮。

　　元器件浏览器显示了当前的数据库，里面显示了所储存的部件。Multsim 按照组(group)和族(family)组织部件。浏览器还显示了元器件符号、函数域元器件描述、模型、和管脚/制造商。

　　你也可以使用通配符" ＊ "来匹配任意字符。例如，"LM ＊ 78"与元器件"LM ＊ AD"匹配，返回"LM101AD"和"LM108AD"。

电路窗口(Circuit Window)：

　　也称工作区，是设计电路的区域。

三、电路原理图布线(Schematic Wiring)

　　Multisim 仿真软件提供非模态操作，即由光标执行的操作是依赖于光标位置的。当使用 Multisim 时无需选择某种特定工具或者模式。光标会随着它下面的元器件而改变形状。图 2-2-7 描述了光标的各种不同图标形状：

　　(1)当光标位于元器件管脚或者接线端上时，可以通过左击轻松布线。

　　(2)当光标位于一个已存在的线路上并靠近某个管脚或接线端时，可以为该网络重新布线。

　　(3)你还可以单击某个接线端开始布线，然后在目标接线端上左击以结束布线。

放置连线时,Multisim 自动为其指定一个网络编号。编号从 1 开始顺序增加,地线通常是 0——这是 SPICE 仿真器所要求的。若要改变网络编号,或者为其指定一个逻辑名称以替代网络编号,可双击连线(如图 2-2-8)。

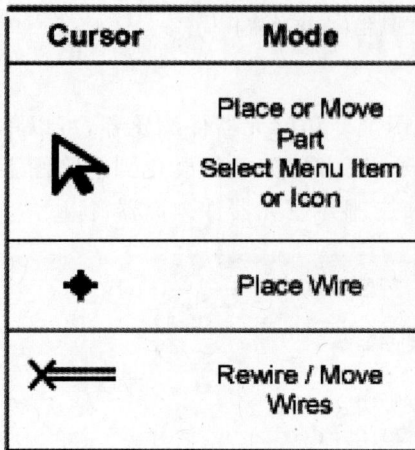

Cursor	Mode
↖	Place or Move Part Select Menu Item or Icon
✦	Place Wire
✕	Rewire / Move Wires

图 2-2-7　非模式光标

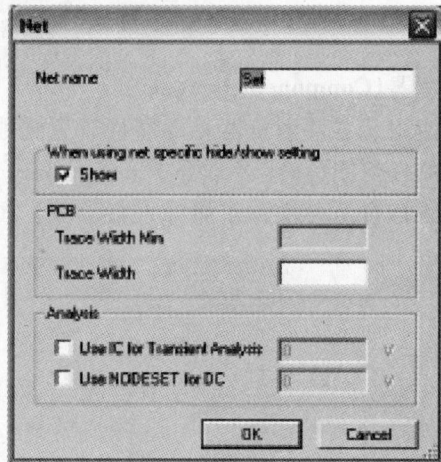

Net

Net name　　　　　Set

When using net specific hide/show setting
☑ Show

PCB
Trace Width Min
Trace Width

Analysis
☐ Use IC for Transient Analysis　　0　　V
☐ Use NODESET for DC　　0　　V

OK　　　Cancel

图 2-2-8　网线命名

管脚接触自动布线(Autowiring by Touching Pins)

Multisim 同样提供了管脚与连线以及管脚与管脚之间的自动连接。要将元器件自动连接到一个存在的网线或者管脚上,只需将该元器件放到合适地方,以使它的管脚与存在的网线或者管脚相接触即可,图 2-2-9 演示自动布线的几个步骤:

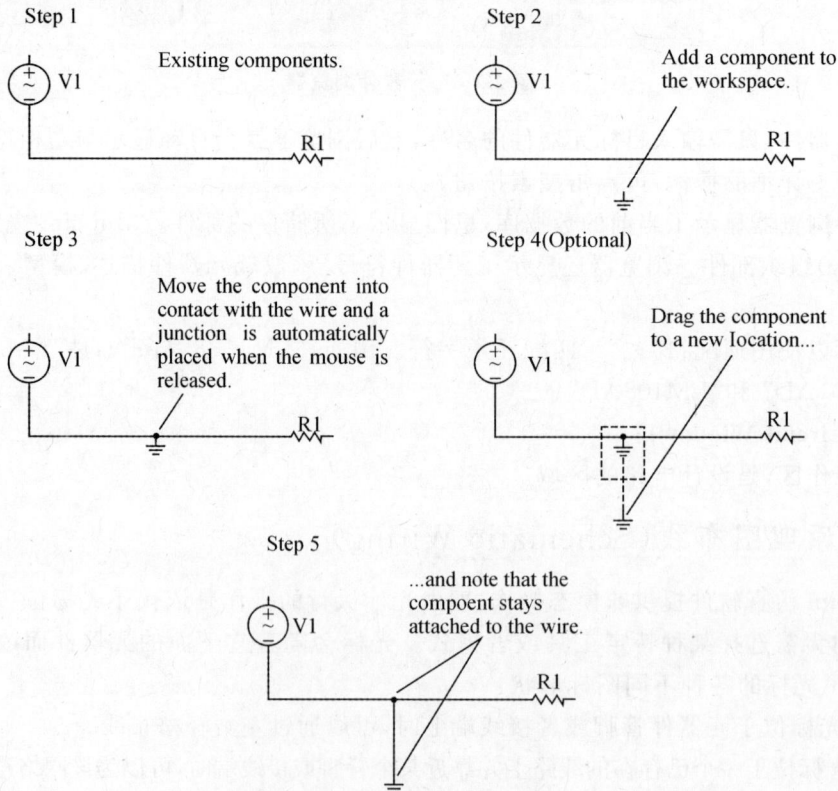

Step 1　　　Existing components.

V1　　　　　　　　R1

Step 2　　　Add a component to the workspace.

V1　　　　　　　　R1

Step 3　　　Move the component into contact with the wire and a junction is automatically placed when the mouse is released.

V1　　　　　　　　R1

Step 4(Optional)　　　Drag the component to a new location...

V1　　　　　　　　R1

Step 5　　　...and note that the compoent stays attached to the wire.

V1　　　　　　　　R1

图 2-2-9　管脚接触自动布线

第一步（连接已有元器件管脚间布线）：事先已将所需元器件放置在工作区的合适位置，当光标位于元器件管脚时形状变为"Place Wire"模式，移动光标到下一个元器件管脚后，单击左键完成布线。

第二步（新增加的元器件）：在电路图中新增加元件—GND.

第三步（将新增元件和连线间的连接）：移动新增元件靠近连线，元件管脚自动和连线网络连接。

第四步：拖动这个元件到新的位置……

第五步：此元件和已经成功连接的网络关系仍维持不变，说明元件和网络已经可靠连接。

自动连接无源器件（Autoconnecting Passives）

Multisim 软件提供了可以将一个元器件放置在一个已经存在的连线或者一组连线中的能力。要自动将某个连线段分开以加入一个新的元器件，只需将该元器件放置到该连线线段上即可（如图 2-2-10 所示）。

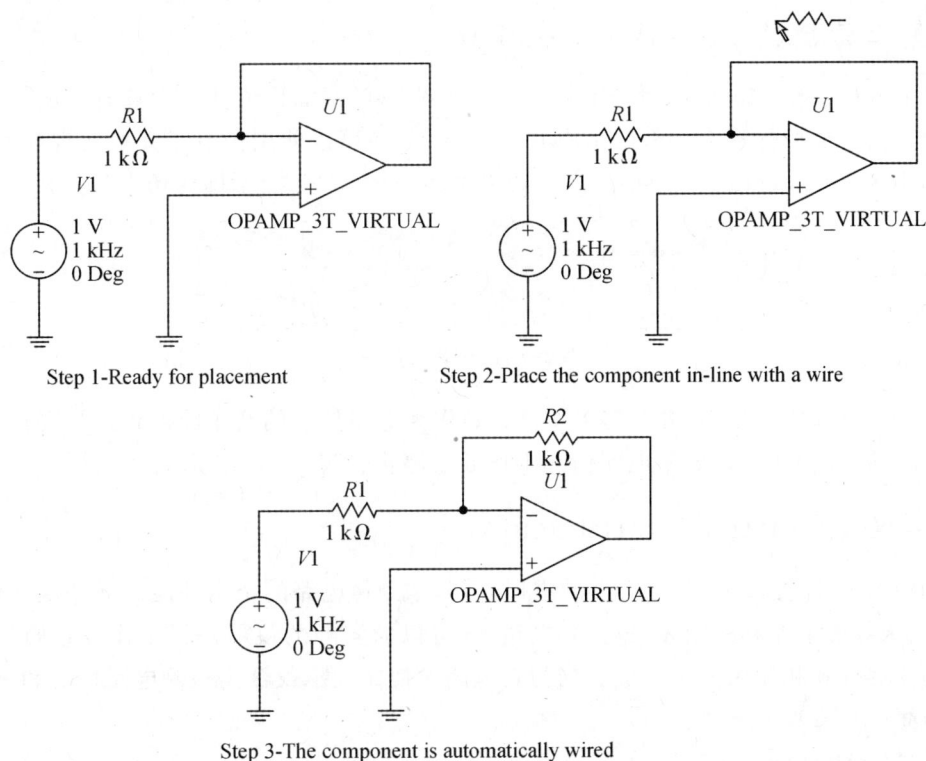

Step 1-Ready for placement　　　　Step 2-Place the component in-line with a wire

Step 3-The component is automatically wired

图 2-2-10　自动连接无源器件

2-3　纵览(Overview)

一个好的设计自然来自于高质量的电路图，而借助仿真你可以获得优秀的设计。对设计进行仿真，可以缩短设计周期，并降低产品开发过程中原型阶段的错误率。对设计过程中的前端设计进行仿真，可以显著地减少设计周期数。Multisim 软件具备强大的仿真能力，并能大幅度简化电路仿真的过程。

Multisim 软件不仅是一个一流的 SPICE 仿真器，它还包含 XSPICE 仿真功能，允许数字元器件的高速仿真。它具有的优秀的联合仿真技术，可以对 VHDL 模型和电路中其他元器件同时进行仿真。Multisim MCU Module，则可以让你在完全相同的混合模式环境下对某种特定的微控制器进行仿真。

一、Multisim 的仿真方法（The Multisim Approach to Simulation）

Multisim 仿真建立于成熟的工业标准 SPICE 仿真工具之上。SPICE 仿真采用复杂并已得到验证的算法，以精确获得电路操作的数学解决方案。

采用 Multisim，无需知道低级仿真的细节知识便可以享受 SPICE 的长处。使用 Multisim 的虚拟仪器，你可以通过点击鼠标快捷交互式地引导 SPICE 的仿真。这些虚拟仪器是模拟的台式仪器，可以连接到电路图中，并且通过常见的接口（例如示波器或频谱分析仪）报告仿真结果。随着对仿真概念和细节的熟悉，你可以容易地实现更多高级应用。

二、仿真工具栏（Simulation Toolbar）

仿真工具栏是在 Multisim 中开始交互式仿真电路的最简便方法。它具有开始、停止和暂停仿真的按钮。如果你有 Multisim 的 MCU 模块，你还可以使用仿真工具栏实现高级调试功能，包括：step into、step out of、step over，以及断点。图 2-3-1 所示即为仿真工具栏。

图 2-3-1　仿真工具栏

当然你也可以使用"仿真开关"（见图 2-2-1）作为电路仿真的开始或停止。需要提醒的是，当要临时改动电路时，一定要使电路仿真工作处于停止状态。

三、虚拟仪器（Virtual Instruments）

Mulitisim 软件提供了多于 25 个的虚拟仪器，来测量电路的仿真性能。这些虚拟仪器（例如示波器、函数发生器和万用表）连接到电路上，可以像实际的仪器一样工作。它们与实验室中使用的仪器外观和使用方法类似。在仿真电路中使用虚拟仪器是检测电路性能和显示仿真结果的最简单和直观的方法。

仪器工具栏（Instruments Toolbar）：

使用仪器工具栏，你可以放置任何 Mulitisim 虚拟仪器（如图 2-3-2）。

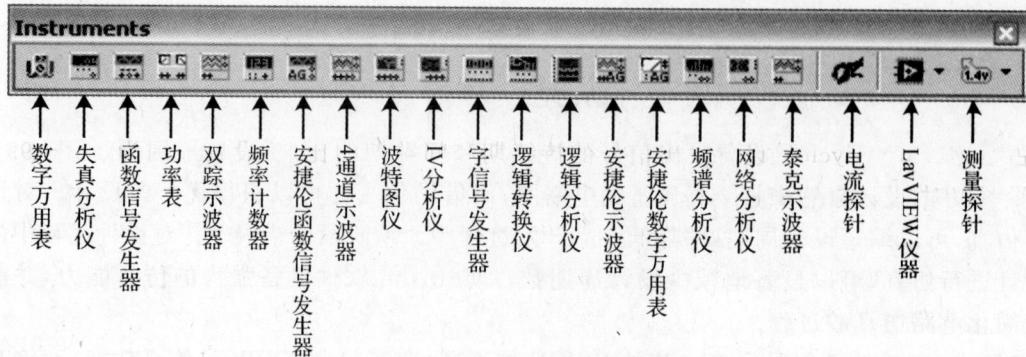

图 2-3-2　仪器工具栏

下面介绍几种仿真软件中常用仪器仪表的使用方法：

数字万用表（Multimeter）：

Multisim 10 仿真软件中提供的万用表是自动转换量程的，其内阻和电流事先都按理想状态设定。其有四个测量功能：【A】按钮用于测量电流；【V】按钮用于测量电压；【Ω】按钮用于测量电阻；【dB】按钮用于测试分贝，使用时应注意：

（1）测量电压或电流时，应注意电路中的接线方式（并联或串联）、极性和被测信号的模式（交流或直流）。

（2）测量电阻时，应保证元件没有和电源相连接，元件及元件网络已经接地，没有其他元件或元件网络和被测元件相并联。欧姆表默认产生一个 10 mA 的电流，该值可以通过［Set］按钮进行修改。

（3）测量分贝时，将表连接至待测试衰减的负载上，分贝的默认计算是按照 774.59 mV 进行的，但也可以修改。分贝衰减按 $dB=20\times lg(V_{OUT}/V_{IN})$ 计算。

（4）【～】按钮按下表明万用表测量的是交流信号或 RMS 电压。【—】按钮按下表明被测电压或电流信号为直流信号。

理想状态的仪器在测量时不会对待测电路产生影响。即理想电压表具有无穷大的内阻，接入待测电路时不会产生分流作用；理想电流表内阻无穷小，不会对待测电路产生分压作用。真实环境中是做不到的，只能接近理论值。

修改万用表内部设置项目的方法如下：

（1）单击【Set】按钮，弹出"Multimeter Setting"对话框

（2）根据需要修改选项

（3）单击【OK】按钮保存所作的修改

Toolbar Icon 工具栏图标	Schematic Symbol 原理图符号	Instrument Front Panel 仪器前面板
	XMM1	

函数信号发生器（Function Generator）：

函数信号发生器是一个提供正弦波、三角波和方波的信号源。其产生的波形的频率、幅度、占空比、直流偏移等都可以通过相关设置进行修改。函数信号发生器有三个端口供波形输出使用，公共端为信号提供参考点。

信号的公共端需要连接到接地的元件，正极端子输出是正向的信号波形，负极端子输出是反向的信号波形。

频率（Frequency）：设置输出信号的频率，范围为 1 Hz～999 MHz。

占空比（Duty Cycle）：设置输出信号的持续期和间歇期的比值，设置范围为 1%～99%。此项设置仅对三角波和方波有效，对正弦波无效。

振幅（Amplitude）：设置输出波形的电压幅度，范围为 1 mV～999 kV。注意：①输出信号若含有直流成分，则所设置的幅度为直流到信号波峰的大小；②如果把地线与正极或负极连接起来，则输出信号的峰—峰值，它是振幅的 2 倍；③如果从正极和负极之间输出，则输出信号是振幅的 4 倍。

所以需要注意,函数信号发生器的端子连接方法不同将导致输出电压的变化,即输出的电压幅度是不同的,连接极性错误也会影响信号波形的相位。

Toolbar Icon 工具栏图标	Schematic Symbol 原理图符号	Instrument Front Panel 仪器前面板

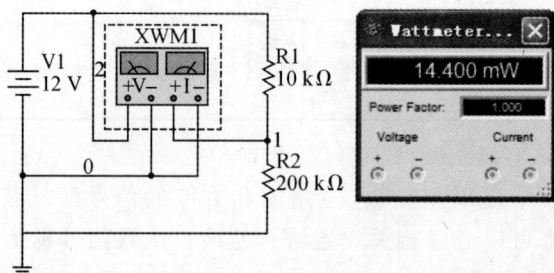

偏差(Offset):设置输出信号中直流成分的大小,设置范围为 $-999\sim999$ kV。默认值为0,表示输出电压没有叠加直流成分。

"Set Rise/Fall Time"按钮可以设置矩形波输出信号的上升/下降时间。

功率表(Wattmeter):

功率表常用于测量有功功率,单位是瓦特。功率表有两个测量显示窗口,主显示框(位于上方)显示功率,位于下方的显示框显示功率因数。输入端口有两组,分别为电压正极和负极(Voltage)、电流正极和负极(Current)。其中,电压输入端与测量电路并联连接,电流输入端与待测电路串联连接,图 2-3-3 为连接功率表的电路示例。

Toolbar Icon 工具栏图标	Schematic Symbol 原理图符号	Instrument Front Panel 仪器前面板

图 2-3-3　连接功率表的电路示例

双通道示波器(The Oscilloscope):

Multisim 中默认的双通道示波器显示电气信号的幅度和频率变化。可同时观察一路或两路周期信号的波形,分析被测信号的幅值和频率。示波器图标面板有 6 个连接点:(A)通道输入和接地、(B)通道输入和接地、(Ext Trig)外触发端和接地。示波器面板见图 2-3-4。

示波器的控制面板分为四个部分。

(1)时间基准(Time base)(对应真实双踪示波器的"扫描速度选择开关"旋钮)

量程(Scale):设置 X 轴时间基准,改变其参数可将波形水平方向展宽或压缩。

X 轴位置(X position):设置 X 轴的起始位置。

Toolbar Icon 工具栏图标	Schematic Symbol 原理图符号	Instrument Front Panel 仪器前面板

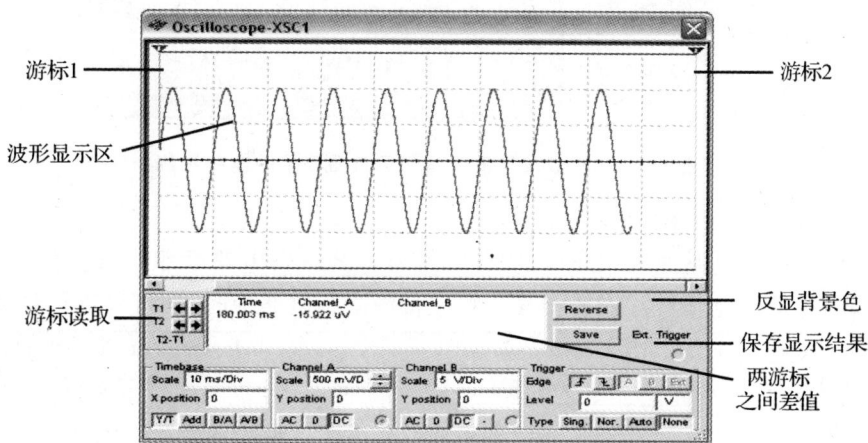

图 2-3-4　双踪示波器控制面板

显示方式设置有 4 种：Y/T 方式是指 Y 轴显示电压值，X 轴显示时间。这是最常用的方式，用来测量电路的输入、输出电压波形。Add 方式是指 X 轴显示时间，Y 轴显示 A 通道和 B 通道电压之和。A/B 或 B/A 方式是指 X 轴和 Y 轴都显示电压值，常用于测量电路传输特性和李莎育图形。

（2）通道 A(Channel A)

量程(Scale)：通道 A 的 Y 轴电压刻度设置，根据输入信号的大小选择其大小，使信号波形在示波器显示屏上显示出合适的位置，以方便读出 Y 轴电压数值。

Y 轴位置(Y position)：设置 Y 轴的起始点位置，起始点为 0 表明 Y 轴起始点在示波器显示屏中线，为正值时表明 Y 轴原点位置上移，否则下移。

触发耦合方式：交流/直流耦合(AC/DC)或 0 耦合(0)，交流耦合只显示交流分量；直流耦合显示直流和交流之和；0 耦合(即接地)，在 Y 轴设置的原点处显示一条直线。

（3）通道 B(Channel A)

其内容设置与 A 通道相同。

（4）触发(Tigger)

触发方式主要用来设置 X 轴的触发信号、触发电平及边沿。

边沿(Edge)：设置被测信号开始的边沿，即先显示上升沿或下降沿。

电平(Level)：设置触发信号的电平，使触发信号在某一电平时启动扫描。

触发信号选择：自动(Auto)、通道 A 和通道 B 表明用相应的通道信号作为触发信号，ext 为外触发，Sing 为单脉冲触发，Nor 为一般脉冲触发。示波器通常采用自动(Auto)触发方式，此方式依靠计算机自动提供触发脉冲采样,使波形能够稳定显示。

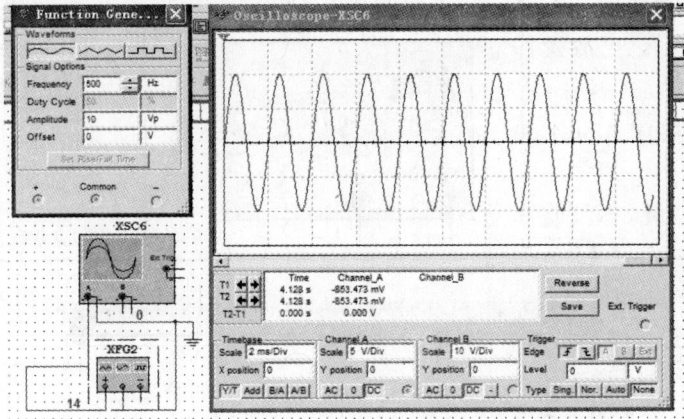

图 2-3-5　函数信号发生器和示波器连接的电路示例

波特绘图仪(The Bode Plotter)

　　波特绘图仪生成电路的频率响应的绘图,对分析滤波器电路是非常有用的。可以使用波特绘图仪来测量信号电压增益或者相移。将波特图附到电路中时,还可以进行频谱分析。

Toolbar Icon 工具栏图标	Schematic Symbol 原理图符号	Instrument Front Panel 仪器前面板
	IN　OUT	

测量探针(Measurement Probes):

　　测量探针是在电路中不同位置测量电压、电流以及频率的一种快速而简便的方法。对电路进行仿真时,点击测量工具栏探针图标,则在电路中的任意节点上,光标将变成一个探针形状提示可以放置探针。测量探针有两种情况:

　　(1)动态探针(Dynamic Probe):在仿真过程中,拖动探针到电路中任何配线处便可得到"on-the-fly"探针读数签。

　　(2)静态探针(Static Probe):在仿真运行前,将若干个探针放置到电路中需要的点上,这些探针保持固定,并且包含来自仿真的数据,直到下一个仿真开始运行,或者数据清除。

　　需要注意:动态探针不能用于测量电流,静态探针在仿真运行后放置也不能测量电流。

　　①设置动态探针的属性

　　a. 单击【Simulate】/【Dynamic Probe Properties】命令,弹出"Probe Properties"探针属性对话框。

　　b. 选择"Display"(显示)标签栏设置。

　　c. 在"Size"(大小)框中,可设置"Auto—Resize"(自动调节大小)为允许。

　　d. 根据需要,选择"Font"(字体)标签栏修改探针窗口中的文本字体。

　　e. 选择"Parameters"(参数)标签页。

　　f. 根据需要,设置"Use Reference Probe"(使用参考探针)复选框为允许,并从下拉框中选择所需的探针参数。动态测量需选择参考探针(代替地),使用该方法,可以测量电压增益或相位移动。

　　②设置静态探针(已放置)的属性

　　a. 左键双击所需的探针,通过探针属性对话框,可选择"显示"标签栏设置"大小"、"字体"等。

　　b. 根据需要设置"Use Reference Probe"(使用参考探针)复选框为允许,并从下拉框中选择参考探针

　　③动态使用探针(不仅放置于一个点)测量

　　a. 单击【Simulate】/【Run】命令来激活电路。

　　b. 在仪器工具栏中找到测量探针按钮并单击左键。此时测量探针附着在鼠标的光标旁。

　　c. 移动光标到目标测量点,此时出现测量读数。

　　d. 放弃激活探针,按下键盘的【Esc】或单击【Measurement Probes】按钮即可。

　　④连接一个静态探针(已放置的)并且读数

　　a. 在仪器工具栏中用左键单击测量探针按钮,从探针类型列表中选择以下之一:

　　◆From dynamic probe settings:放置的探针将使用【Simulate】/【Dynamic Probe Properties】命令

　　◆AC voltage:放置的探针将测量 V(P−P)、V(rms)、V(dc)及频率

　　◆AC current:放置的探针将测量 I(P−P)、I(rms)、I(dc)及频率

　　◆Instantaneous voltage and current:放置的探针将测量瞬间电压、瞬间电流

　　◆Voltage with reference:显示"Reference Probe"(参考探针)对话框。从参考探针下拉列表中选择所需的参考探针。已放置的探针将测量 Vgain(dc)、Vgain(ac)及相位。当选择探针类型后,在探针的 RefDes 处会出现一个小三角标记。

Toolbar Icon 工具栏图标	Schematic Symbol 原理图符号
	V: V(p-p): V(rms): V(dc): I: I(p-p): I(rms): I(dc): Freq.:

　　b. 放置该探针到电路中的测试点,并激活电路,此时弹出具有数据的窗口。

　　c. 需隐藏探针的内容,可在探针上单击右键并取消选择【Show Content】(显示内容)命令,此时放置的探针显示为一个箭头。

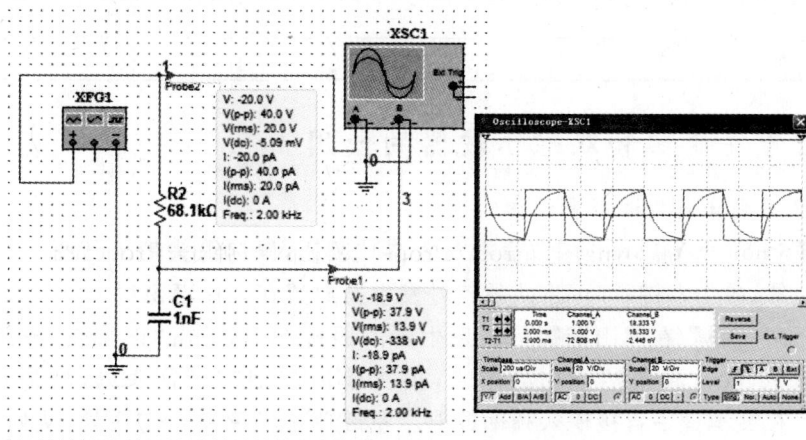

图 2-3-6　静态探针在积分电路中的实例

2-4　实验内容

一、欧姆定律的验证

从元件工具栏的电源库（Sources）中"DC_POWER"选取 12 V 直流电源；基本元件库（Basic）中"RESISTOR"调出 2 KΩ 电阻，"POTENIOMETER"选取 20 Ω 电位器；指示器件库（Indicator）中"VOLTMETER"选取"VOLTMETER_V"（电压表），"AMMETER"选取"AMMETER_H"（电流表）（注："_V"表示"＋"输入端在上，"_VR"表示"＋"输入端在下，垂直方向放置的仪表；"_H"表示"＋"输入端在左，"_HR"表示"＋"输入端在右，水平方向放置的仪表），分别放置于工作区。

右击电位器图标，在弹出的下拉菜单中选择水平转向；右击电阻图标，在弹出的下拉菜单中选择 90°顺时针旋转成为竖放，移动元件和仪表的位置，参照图 2-4-1 所示电路重新布置后连线。

打开仿真开关，通过"A"键或"Shift＋A"键改变电位器的百分比，记录响应的电压和电流变化，填写在表 2-4-1 中。

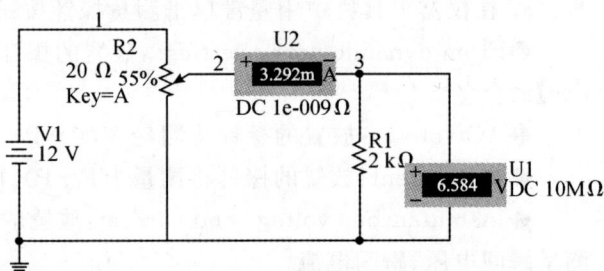

图 2-4-1　实验电路

表 2-4-1　电压表和电流表的读数

电位器百分比（%）	电压表（V）	电流表（mA）
10		
20		
30		
40		
50		
60		
70		
80		

二、函数信号发生器和双踪示波器的使用

1. 函数信号发生器的调用和设置

单击"Function Generator（函数信号发生器）"按钮，鼠标箭头带出其图标，将图标移到工作区的合适位置，单击左键，即可将函数信号发生器放置在工作区窗口上。

双击"XFG1"图标，在弹出函数信号发生器的面板图上，单击"正弦波"按钮，然后将鼠标指针移至"Frequency（频率）"空白处单击，再次单击左键"上"箭头处，增加至频率数值为"500"；也可以在文本框中直接输入频率数值。左键单击频率单位空白处，从列表中选取频率单位为"Hz"。

同样的方法,将鼠标指针移至"Amplitude(幅值)",将输出幅值设为"5 V"。全部设置内容完成后,关闭面板窗口,设置参数保持不变。

调用第二台函数信号发生器,输出波形设置为"方波",频率为"1 kHz",幅值为"10 V","Duty Cycle(占空比)"为"60%"。

2. 双踪示波器的调用和设置

单击"Oscilloscope(示波器)"按钮,将双踪示波器放置在工作区窗口的合适处,双击示波器"XSC1"图标,弹出双踪示波器面板,面板默认屏幕为黑色,在电路仿真开始时,可通过"Reverse"按钮,将屏幕底色在黑、白色之间切换。

对于"Time base(时间基准)"的"Scale(量程)"设置为"1 ms/Div",显示方式按钮选择"Y/T"。"Channel A(通道 A)"的"Scale"选择"5 V/Div","Channel B(通道 B)"的"Scale"选择"10 V/Div"(注:双踪示波器的一些设置可以在仿真时进行)。

3. 连线和仿真

参照图 2-4-2 将两台函数信号发生器和双踪示波器连接后,打开仿真开关,界面出现如图 2-4-3"错误提示"(注:这是同学常犯的错误)。点击"OK",将电路接"地"。再次打开仿真开关,双击示波器"XSC1"图标,弹出双踪示波器面板,这时两波形是重叠在一起,见图 2-4-4。为了便于观察,可以通过"Channel A"和"Channel B"的"Y position(Y 轴起始点位置)"调节,将两个通道的测量波形分开,见图 2-4-5(注意示波器的设置)。

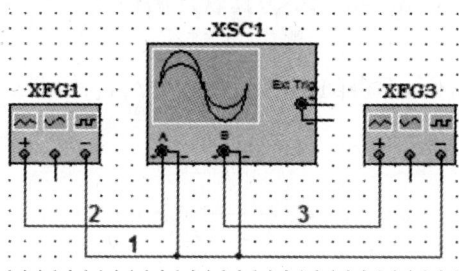

图 2-4-2 实验电路

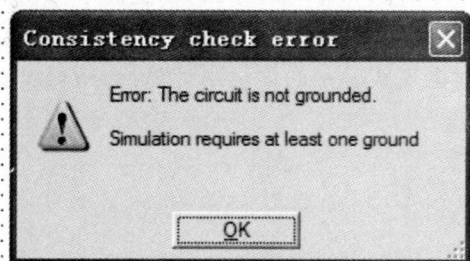

图 2-4-3 仿真错误提示

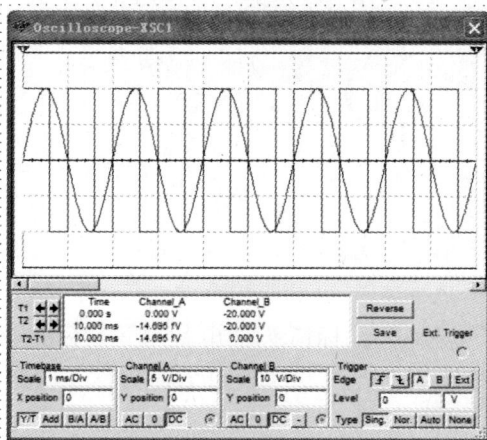

图 2-4-4 波形叠加显示

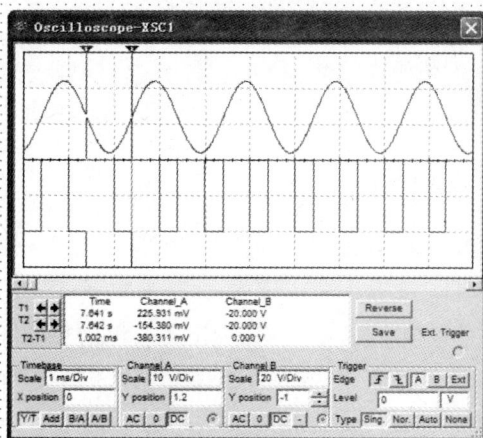

图 2-4-5 波形分开显示

将箭头移动到示波器屏幕左上角,左键按住红色小三角(读数指针 T1),将其拖至方波上升沿位置,同样方法再将蓝色小三角(读数指针 T2)相邻下个方波上升沿位置,这时我们可以读到 T2-T1 行对应数据位"1.002 ms",即方波一个周期的时间为 $T=1$ ms(频率 $f=1$ kHz);同时可以读到"Channel B"的读数为"20.000 V"(方波的峰—峰值)。

根据上述方法,测量正弦波的参数。

2-5　思考题

1. 如何建立一个电路文件? 画出建立电路流程图。
2. 什么是现实器件? 什么是虚拟器件? 二者在器件库中如何区别?
3. 在电路图中放置元器件有几种方法? 如何在电路图中放置连线和节点?
4. 功率表有什么功能? 其电压、电流端子如何与电路连接?

2-6　注意事项

1. 由于时间和课时的原因,以上的学习仅仅为 Multisim 10 仿真软件的快速入门,希望同学今后能多花时间和精力,更深入研究和提高。
2. 对电工实验室的学生用计算机,不得设置密码,不得随意更改计算机及软件属性。

第三章　电工电路基本测量与常用仪表实验单元

3-1　实验一　认识实验

一、实验目的

1. 认识实验台主控屏及所配备的仪器仪表；
2. 初步掌握常用电工仪器仪表的使用。

二、实验设备

1. EEL 电工实验台主控屏所配备的仪器设备；
2. MT-1280 型数字万用表；
3. EEL-74A 实验箱及各种连线和插头、插座。

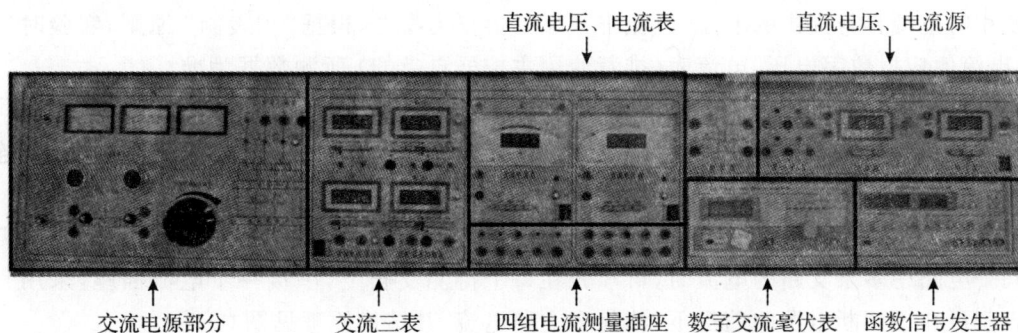

直流电压、电流表　　　直流电压、电流源

交流电源部分　　　交流三表　　　四组电流测量插座　　数字交流毫伏表　　函数信号发生器

图 3-1-1　EEL 电工实验台主控屏及部分仪器设备

三、设备简介

1. 实验台电源总开关

这是掌控输入实验台总电源的源头，三相四线制，线电压为交流 380 V。开关安装于实验台的左侧面，包含自动空气开关和漏电保护器，其中自动空气开关集控制和多种保护功能于一体，在正常情况下可用于不频繁接通和断开电路运行。当设备电路发生短路、过载和失压或发生人身触电等故

图 3-1-2　实验台输入电源总开关

障和事故时，能自动切断电路，保护线路和电气设备及人身安全。当漏电保护器"跳闸"时，需按"复位按钮"复位。

2. 交流电源部分

此部分在主控屏的最左端的区域。实验台电源总开关合上后,蜂鸣器会作出 3 ~ 5 秒钟提示鸣响(如长时间鸣响则说明出现"故障"),同时红色"断开"按钮指示灯亮;按下绿色"闭合"按钮,"三相交流电"分别从"U"、"V"、"W"三个输出端子输出,旋转三相自耦调压器可同步改变三相交流电压幅值。此区域左上方有三块指针式电压表,通过其左侧钮子开关,可选择"电网电压":监视输入实验台的三相交流电压;选择"调压输出":观察通过三相调压器改变后的输出三相交流电的线电压。

此区域的左下角为"日光灯",通过钮子开关可选择"照明":为本实验台照明;"实验":可作《日光灯实验》的灯管部分。

3. 交流三表

包含有:(1)交流电压表;(2)交流电流表;(3)两块功率 / 功率因数表。

使用时应注意:电压表并联在电路中,电流表串联在电路中,而功率 / 功率因数表应将电压线圈并联在电路里,电流线圈串联在电路里。测量时注意量程的选择和单位读取。

4. 直流电压表、直流电流表

这两款直流表均为数字和指针混合显示,以指针显示定性,数字显示定量(读取数据为主)。直流表连接测量电路时应注意正负极性。两块表的下方四组插孔插座元件为测量电路电流的专用插座,和直流表无关。

5. 直流电压源、恒压源、恒流源

这是提供直流电源的设备。其中直流电压源为两组 ±5 V 和 ±12 V 的直流电压源;恒压源为 0 ~ 30 V 连续可调的直流电压源;恒流源为 0 ~ 500 mA 连续可调的直流电流源。

使用时电源自身提供的电压、电流屏幕显示值仅为参考,根据"一表制"原则,实验时实际电压、电流值应以数字电压、电流表(推荐使用主控屏自带的)所测数据为准。

6. 实验专用连接线

(1)普通连接导线:作为电工实验的专门用线,分为弱电(直流)连接线和强电(交流)连接线两种,它们和相应的插孔对应,不能互换。

(2)电流表专用测量导线和插座:测量电路的电流时,电流表是串接在电路中的。当需要测量同一电路中多条支路的电流时,可事先在每个待测支路上,串接一个电流插座,采用一块电流表就可在不切断电源的前提下,测量多支路电流。其结构原理见图 3-1-3:

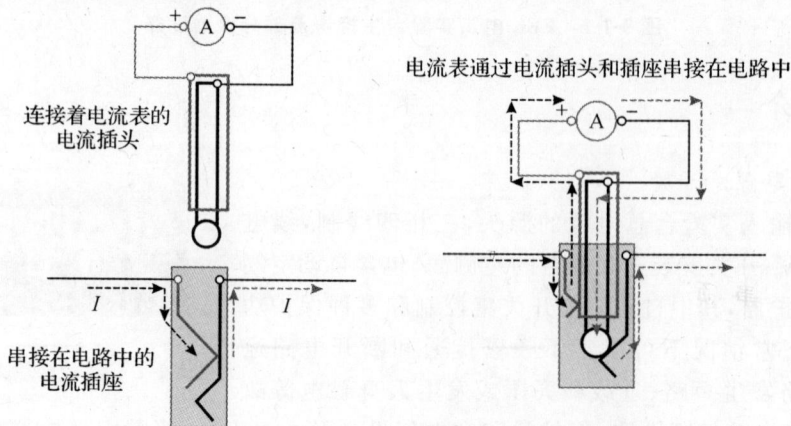

图 3-1-3　电流表专用测量插头和插座的工作原理

需要注意的是,专用测量导线也有交直流之分,不能互换。当测量直流电流时,插头的红色连线接电流表的正极,黑色连线接电流表的负极;电流的参考方向和插座连接方法有关,应事先测量确定。

7. 数字万用表

在我们实验室中,由于主控屏已配备了更为方便直观的交、直流电压和电流表,所以数字万用表主要用于测量电阻、晶体管等,这里特别推荐使用的是数字万用表的"通断"档,同学要熟练掌握。MT—1280 数字万用表操作使用说明,见附录一。

8. 其他设备

包括数字交流毫伏表、函数信号发生器和双踪示波器等,使用方法可参考附录。

四、实验内容

1. 合上实验台的总电源,注意观察主控屏指示灯的情况和蜂鸣器声音时间的长短。

2. 找出"强电连接线",连接交流电源输出端"U"、"V"、"W"中任意两相和交流电压表相连(注意量程的选择),打开电压表电源;将调压器旋钮逆时针旋转到底(归零),按下"闭合"按钮,缓慢顺时针旋转调压器旋钮(加大输出交流电压),同时注意观察交流电压表读数,并和左上角指针电压表的读数相比较。

3. 利用直流电压表和电流表分别测量直流电压源、恒压源和恒流源,将电压表和电流表所测数据和电源显示数值相比较。

4. 用数字万用表"欧姆"档测量 EEL-74A 实验箱电路中各点间电阻值,利用"通断"档检查验证电路的通断情况,注意 S_1、S_2、S_3 三个开关在电路所起的作用。(比如 A、C 两点间电阻值;A、B 两点间通断情况)

5. 将上述步骤所测数据,自拟表格记录。

6. 了解"电流表专用线"的使用方法,测量电流插座在电路中的连接情况,确定电流参考方向。

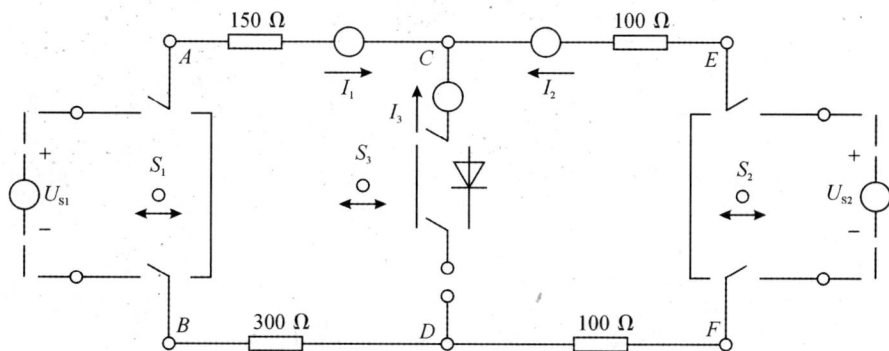

图 3-1-4　EEL-74A 实验箱测量电路

五、实验注意事项

1. 根据《规则》和《守则》要求,养成良好的操作习惯。

2. 注意用电安全,特别是对交流电操作时,要严格遵守"先接线,后通电;先断电,后拆线"和"通电时单手操作"的原则。

六、预习与思考题

1. 查阅相关资料，初步了解电压表、电流表的使用方法。

2. 自拟数据表格，记录实验步骤 2、3、4。

3. 如何将电压表、电流表连接到电路中？量程应该怎样选取？

七、实验报告要求

1. 填写实验步骤 2、3、4 数据，分析数据结果。（包括：旋转旋钮的角度和电压、电流值的增减量比例；电压表、电流表和欧姆表不同量程所测数据的精度等）。

2. 回答思考题。

3-2　实验二　直流电压表、电流表量程的扩展

一、实验目的

1. 掌握直流电压表、电流表扩展量程的原理和设计方法；
2. 学会校验仪表的方法。

二、原理说明

多量程电压表或电流表由表头和测量电路组成。

指针表头通常选用灵敏度很高的检流计，其满量程和内阻用 I_m 和 R_0 表示。

多量程（如 1 V、10 V）电压表的测量电路如图 3-2-1 所示，图中 R_1、R_2 称为倍压电阻，它们的阻值与表头参数应满足下列方程：

$$I_m(R_0 + R_1) = 1 \text{ V},$$
$$I_m(R_0 + R_1 + R_2) = 10 \text{ V}。$$

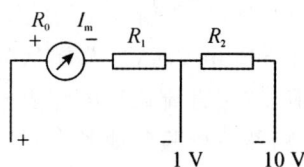

图 3-2-1

多量程（如 10 mA、100 mA、500 mA）电流表的测量电路如图 3-2-2 所示，

图中 R_3、R_4、R_5 称为分流电阻，它们的大小与表头参数应满足下列方程：

$$R_0 I_m = (R_3 + R_4 + R_5) \times 10 \times 10^{-3},$$
$$(R_0 + R_3)I_m = (R_4 + R_5) \times 100 \times 10^{-3},$$
$$(R_0 + R_3 + R_4)I_m = R_5 \times 500 \times 10^{-3}。$$

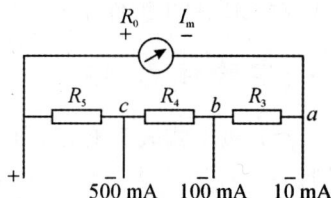

图 3-2-2

当表头参数确定后，倍压电阻和分流电阻均可计算出来。

根据上述原理和计算，可以得到仪表扩展量程的方法。

扩展电压量程：用表头直接测量电压的数值是 $I_m R_0$，当用它来测量 1 V 电压时，必须串联倍压电阻 R_1，若测量 10 V 电压时，必须串联倍压电阻 R_1 和 R_2。

扩展电流量程：用表头直接测量电流的数值是 I_m，当用它来测量大于 I_m 的电流时，必须并联分流电阻 R_3、R_4、R_5，如图 3-2-2 所示，当测量 10 mA 时，"—"端从"a"引出，当测量 100 mA 时，"—"端从"b"引出，当测量 500 mA 时，"—"端从"c"引出。

通常，用一个适当阻值的电位器与表头串联，以便在校验仪表时校正测量数值。

磁电式仪表用来测量直流电压、电流时，表盘上的刻度是均匀的（即线性刻度）。因而，扩展后的表盘刻度根据满量程均匀划分即可。在仪表校验时，必须首先校准满量程，然后逐一校验其他各点。

三、实验设备

1. EEL-06 组件；
2. 恒压源（含 +6 V，+12 V，0～30 V 可调）、直流数字电压表和直流数字电流表；
3. EEL-23 组件（含电阻箱、固定电阻、电位器）；

4. EEL-30 组件(含磁电式表头 1 mA、160 Ω,倍压电阻和分流电阻,电位器)。

四、实验内容

1. 扩展电压量程(1 V、10 V)

参考图 3-2-1 电路,首先根据表头参数 I_m(1 mA)和 R_0(160 Ω)计算出倍压电阻 R_1、R_2,然后用 EEL-30 组件中的表头和电位器 RP1 以及倍压电阻 R_1、R_2 相串联,分别组成 1 V 和 10 V 的电压表。用它测量恒压源可调电压输出端电压,并用直流数字电压表校验,如在满量程时有误差,用电位器 RP$_1$ 调整,然后校验其他各点,将校验数据记录在自拟的数据表格中。

2. 扩展电流量程(10 mA、100 mA、500 mA)

参考图 3-2-2 电路,根据表头参数 I_m(1 mA)和 R_0(160 Ω)计算出分流电阻 R_3、R_4、R_5,首先用 EEL-30 组件中的表头和电位器 RP2 串联,然后和分流电阻 R_3、R_4、R_5 并联。当测量 10 mA 时,"—"端从"a"引出,当测量 100 mA 时,"—"端从"b"引出,当测量 500 mA 时,"—"端从"c"引出。用它测量图 3-2-3 所示电路中的电流,并用直流数字电流表校验,如在满量程时有误差,用电位器 RP$_2$ 调整,然后校验其他各点,将校验数据记录在自拟的数据表格中。

图 3-2-3 中,电源用恒压源的 12 V 输出端,制作的电流表、直流数字电流表和电阻 R_{L1}、R_{L2} 串联,其中,$R_{L1} = 51$ Ω,R_{L2} 用 1 kΩ 的电位器(均在 EEL-23 组件中)。

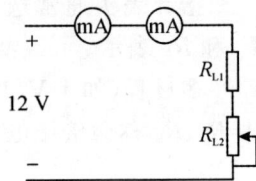

图 3-2-3

五、实验注意事项

1. 磁电式表头有正、负两个连接端,电路中一定要保证电流从正端流入;否则,指针将反转。

2. 电流表的表头和分流电阻要可靠连接,不允许分流电阻断开。

3. 校准 1 V 和 10 V 电压表满量程时,均要调整电位器 RP$_1$。同样,在校准 10 mA、100 mA、500 mA 电流表满量程时,均要调整电位器 RP$_2$。

4. 实验台上恒压源的可调稳压输出电压的大小,可通过粗调(分段调)波动开关和细调(连续调)旋钮进行调节,并由该组件上的数字电压表显示。在启动恒压源时,先应使其输出电压调节旋钮置零位(逆时针旋到底),待实验时慢慢增大。

六、预习与思考题

1. 设计 1 V 和 10 V 电压表的测量电路,计算出满足实验任务要求的各量程的倍压电阻。自拟记录校验数据的表格。

2. 设计 10 mA、100 mA 和 500 mA 电流表的测量电路,计算出满足实验任务要求的各量程的分流电阻。自拟记录校验数据的表格。

3. 电压表和电流表的表盘如何刻度?

4. 如何对扩展量程后的电压表和电流表进行校验?

5. 本次实验表头采用磁电式指针表头,如果换成数字表头,测量电路应该怎样设计?

七、实验报告要求

1. 画出 1 V、10 V 电压表和 10 mA、100 mA、500 mA 电流表的测量电路,标明倍压电阻和分流电阻的阻值。

2. 根据校验数据写出电压表和电流表的校验报告。

3. 已知表头参数:1 mA、160 Ω,设计一个万用表(部分)测量电路,要求能测量 1 V、10 V 直流电压和 10 mA、100 mA、500 mA 直流电流。

4. 回答思考题 3 和 4。

3-3　实验三　基本电工仪表的使用与测量误差的计算

一、实验目的

1. 熟悉恒压源与恒流源的使用；
2. 掌握电压表、电流表内电阻的测量方法；
3. 掌握电工仪表测量误差的计算方法。

二、实验原理

通常，用电压表和电流表测量电路中的电压和电流，但实际电压表和实际电流表都具有一定的内阻，分别用 R_V 和 R_A 表示。如图 3-3-1 所示，测量电阻 R_2 两端电压 U_2 时，电压表与 R_2 并联，只有电压表内阻 R_V 无穷大，才不会改变电路原来的状态。如果测量电路的电流 I，电流表串入电路，要想不改变电路原来的状态，电流表的内阻 R_A 必须等于零。但实际使用的电压表和电流表一般都不能满足上述要求，即它们的内阻不可能为无穷大或者为零，因此，当仪表接入电路时会使电路原来的状态产生变化，使被测的读数值与电路原来的实际值之间

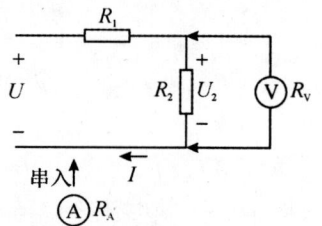

图 3-3-1

产生误差，这种由于仪表内阻引入的测量误差，称之为方法误差。显然，方法误差值的大小与仪表本身内阻值的大小密切相关，我们总是希望电压表的内阻越接近无穷大越好，而电流表的内阻越接近零越好。可见，仪表的内阻是一个十分关注的参数。

通常用下列方法测量仪表的内阻：

1. 用"分流法"测量电流表的内阻

设被测电流表的内阻为 R_A，满量程电流为 I_m，测试电路如图 3-3-2 所示，首先断开开关 S，调节恒流源的输出电流 I，使电流表指针达到满偏转，即 $I = I_A = I_m$。然后合上开关 S，并保持 I 值不变，调节电阻箱 R 的阻值，使电流表的指针指在 1/2 满量程位置，即

$$I_A = I_S = \frac{I_m}{2},$$

则电流表的内阻 $R_A = R$。

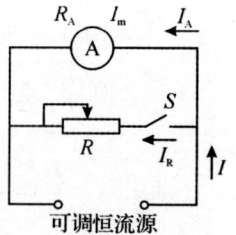

可调恒流源

图 3-3-2

2. "分压法"测量电压表的内阻

设被测电压表的内阻为 R_V，满量程电压为 U_m，测试电路如图 3-3-3 所示，首先闭合开关 S，调节恒压源的输出电压 U，使电压表指针达到满偏转，即 $U = U_V = U_m$。然后断开开关 S，并保持 U 值不变，调节电阻箱 R 的阻值，使电压表的指针指在 1/2 满量程位置，即

$$U_V = U_R = \frac{U_m}{2},$$

则电压表的内阻 $R_V = R$。

图 3-3-1 电路中，由于电压表的内阻 R_V 不为无穷大，在测量电压

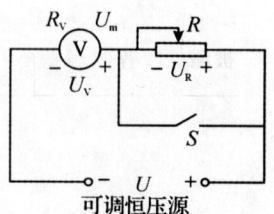

可调恒压源

图 3-3-3

时引入的方法误差计算如下：

R_2 上的电压为：$U_2 = \dfrac{R_2}{R_1 + R_2} U$，若 $R_1 = R_2$，则 $U_2 = U/2$。

现用一内阻 R_V 的电压表来测 U_2 值，当 R_V 与 R_2 并联后，$R'_2 = \dfrac{R_V R_2}{R_V + R_2}$，以此来代替上式

的 R_2，则得 $U'_2 = \dfrac{\dfrac{R_V R_2}{R_V + R_2}}{R_1 + \dfrac{R_V R_2}{R_V + R_2}} \cdot U$，绝对误差为

$$\Delta U = U_2 - U'_2 = \left[\frac{R_2}{R_1 + R_2} - \frac{\dfrac{R_V R_2}{R_V + R_2}}{R_1 + \dfrac{R_V R_2}{R_V + R_2}} \right] \cdot U = \frac{R_1 R_2^2}{(R_1 + R_2)(R_1 R_2 + R_2 R_V + R_V R_1)} \times U 。$$

若 $R_1 = R_2 = R_V$，则得 $\Delta U = \dfrac{U}{6}$。

相对误差 $\Delta U\% = \dfrac{U_2 - U'_2}{U_2} \times 100\% = \dfrac{\dfrac{U}{6}}{\dfrac{U}{2}} \times 100\% = 33.3\%$。

本实验使用的电压表和电流表采用实验一的表头（1 mA、160 Ω）及其制作的电压表（1 V、10 V）和电流表（1 mA、10 mA）。

三、实验设备

1. EEL-06 组件；

2. 恒压源（含 +6 V，+12 V，0～30 V 可调）、恒流源（0～500 mA 可调）；

3. 直流数字电压表、直流数字电流表；

4. EEL-23 组件（含电阻箱、固定电阻，电位器）；

5. EEL-30 组件（含磁电式表头 1 mA、160 Ω，倍压电阻和分流电阻，电位器）。

四、实验内容

1. 根据"分流法"原理测定直流电流表 1 mA 和 10 mA 量程的内阻

实验电路如图 3-3-2 所示，其中 R 为电阻箱，用 ×100 Ω、×10 Ω、×1 Ω、×0.1 Ω 四组串联，1 mA 电流表用表头和电位器 RP_2 串联组成，10 mA 电流表由 1 mA 电流表与分流电阻并联而成（具体参数见实验一），两个电流表都需要与直流数字电流表串联，由可调恒流源供电，调节电位器 RP_2 校准满量程。实验电路中的电源用可调恒流源，测试内容见表 3-3-1，并将实验数据记入表中。

表 3-3-1　电流表内阻测量数据被测表量程

被测表量程（mA）	S 断开，调节恒流源，使 I $= I_A = I_m$（mA）	S 闭合，调节电阻 R，使 I_R $= I_A = I_m/2$（mA）	$R(\Omega)$	计算内阻 $R_A(\Omega)$
1				
10				

2. 根据"分压法"原理测定直流电压表 1 V 和 10 V 量程的内阻

实验电路如图 3-3-3 所示，其中 R 为电阻箱，用 ×1 kΩ、×100 Ω、×10 Ω、×1 Ω 四组串

联,1 V、10 V 电压表分别用表头、电位器 RP_1 和倍压电阻串联组成(具体参数见实验一),两个电压表都需要与直流数字电压表并联,由可调恒压源供电,调节电位器 RP_1 校准满量程。实验电路中的电源用可调恒压源,测试内容见表 3-3-2,并将实验数据记入表 3-3-2 中。

表 3-3-2　　电压表内阻测量数据被测表量程

被测表量程(V)	S 闭合,调节恒压源,使 $U = U_V = U_m$(V)	S 断开,调节电阻 R,使 $U_R = U_V = U_m/2$(V)	$R(\Omega)$	计算 $R_V(\Omega)$
1				
10				

3. 方法误差的测量与计算

实验电路如图 3-3-1 所示,其中 $R_1 = 300\ \Omega$,$R_2 = 200\ \Omega$,电源电压 $U = 10$ V(可调恒压源),用直流电压表 10 V 档量程测量 R_2 上的电压 U_2 之值,并计算测量的绝对误差和相对误差,实验和计算数据记入表 3-3-3 中。

表 3-3-3　　方法误差的测量与计算

R_V	计算值 U_2	实测值 U'_2	绝对误差($U = U_2 - U'_2$)	相对误差 $\Delta U/U_2 \times 100\%$

五、实验注意事项

1. 实验台上的恒压源、恒流源均可通过粗调(分段调)波动开关和细调(连续调)旋钮调节其输出量,并由该组件上数字电压表、数字电流表显示其输出量的大小。在启动这两个电源时,先应使其输出电压调节或电流调节旋钮置零位,待实验时慢慢增大。

2. 恒压源输出不允许短路,恒流源输出不允许开路。

3. 电压表并联测量,电流表串入电路测量,并且要注意极性与量程的合理选择。

六、预习与思考题

1. 根据已知表头的参数(1 mA,160 Ω),计算出组成 1 V、10 V 电压表的倍压电阻和 1 mA、10 mA 的分流电阻。

2. 若根据图 3-3-2 和图 3-3-3 已测量出电流表 1 mA 档和电压表 1 V 档的内阻,可否直接计算出 10 mA 档和 10 V 档的内阻?

3. 用量程为 10 A 的电流表测实际值为 8 A 电流时,仪表读数为 8.1 A,求测量的绝对误差和相对误差。

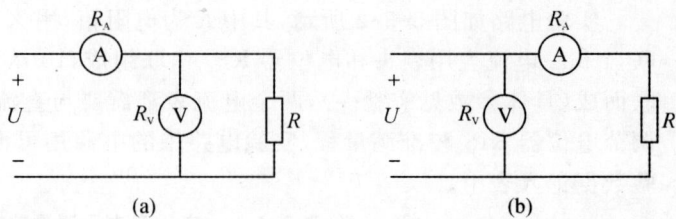

图 3-3-4

4. 如图 3-3-4(a)、(b)为伏安法测量电阻的两种电路,被测电阻的实际值为 R,电压表的内阻为 R_V,电流表的内阻为 R_A,求两种电路测电阻 R 的相对误差。

七、实验报告要求

1. 根据表 3-3-1 和表 3-3-2 数据,计算各被测仪表的内阻值,并与实际的内阻值相比较。
2. 根据表 3-3-3 数据,计算测量的绝对误差与相对误差。
3. 回答思考题。

3-4　　实验四　　减小仪表测量误差的方法

一、实验目的

1. 进一步了解电压表、电流表内阻在测量过程中产生的误差及其分析方法；
2. 掌握减小仪表内阻引起的测量误差的方法。

二、实验原理

减小因仪表内阻而引起的测量误差有"不同量程两次测量计算法"和"同一量程两次计算法"两种方法：

1. 不同量程两次测量计算法

当电压表的内阻不够高或电流表的内阻太大时，可利用多量程仪表对同一被测量用不同量程进行两次测量，所得读数经计算后可得到非常准确的结果。

（1）电压表不同量程两次测量计算法

如图 3-4-1 所示电路，欲测量具有较大内阻 R_0 的电源 U_S 的开路电压 U_0 时，如果所用电压表的内阻 R_V 与 R_0 相差不大，将会生产很大的测量误差。

设电压表有两档量程，U_1、U_2 分别为在这两个不同量程下测得的电压值，令 R_{V1} 和 R_{V2} 分别为这两个相应量程的内阻，则由图 3-4-1 可得出

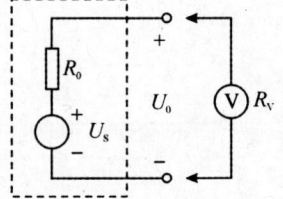

图 3-4-1

$$U_1 = \frac{R_{V1}}{R_0 + R_{V1}} \times U_S,$$

$$U_2 = \frac{R_{V2}}{R_0 + R_{V2}} \times U_S。$$

对上述两式进行整理，消去电源内阻 R_0，化简得：

$$U_S = \frac{U_1 U_2 (R_{V2} - R_{V1})}{U_1 R_{V2} - U_2 R_{V1}} = U_0。$$

由该式可知：通过上述的两次测量结果 U_1、U_2，可准确地计算出开路电压 U_0 的大小（已知电压表两个量程的内阻 R_{V1} 和 R_{V2}），而与电源内阻 R_0 的大小无关。

（2）电流表不同量程两次测量计算法

对于电流表，当其内阻较大时，也可用类似的方法测得准确的结果。如图 3-4-2 所示电路，设电流表有两档量程，I_1、I_2 分别为在这两个不同量程下测得的电流值，令 R_{A1} 和 R_{A2} 分别为这两个相应量程的内阻，则由图 3-4-2 可得出

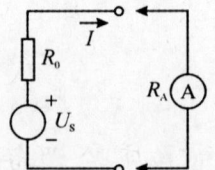

图 3-4-2

$$I_1 = \frac{U_S}{R_0 + R_{A1}},$$

$$I_2 = \frac{U_S}{R_0 + R_{A2}},$$

解得

$$I = \frac{U_S}{R} = \frac{I_1 I_2 (R_{A1} - R_{A2})}{I_2 R_{A1} - I_2 R_{A2}}。$$

由该式可知：通过上述的两次测量结果 I_1、I_2，可准确地计算出被测电流 I 的大小（已知电流表两个量程的内阻 R_{A1} 和 R_{A2}）。

2. 同一量限两次测量计算法

如果电压表（或电流表）只有一档量程，且电压表的内阻较小（或电流表的内阻较大）时，可用"同一量程进行两次测量法"减小测量误差。其中，第一次测量与一般的测量并无两样，只是在进行第二次测量时必须在电路中串入一个已知阻值的附加电阻。

（1）电压测量

测量如图 3-4-3 所示电路的开路电压 U_O。

第一次测量，电压表的读数为 U_1，（设电压表的内阻为 R_V），第二次测量时应与电压表串接一个已知阻值的电阻 R，电压表读数为 U_2，由图可知

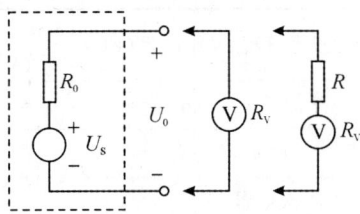

图 3-4-3

$$U_1 = \frac{R_V}{R_O + R_V} \cdot U_S,$$

$$U_2 = \frac{R_V}{R_O + R_V + R} \cdot U_S,$$

解上两式，可得

$$U_S = U_O = \frac{R U_1 U_2}{R_V (U_1 - U_2)}。$$

（2）电流测量

测量如图 3-4-4 所示电路的电流 I。

第一次测量，电流表的读数为 I_1，（设电压表的内阻为 R_A），第二次测量时应与电流表串接一个已知阻值的电阻 R，电流表读数为 I_2，由图可知

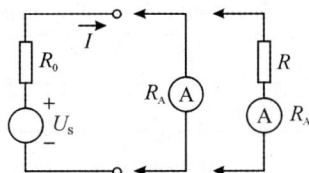

图 3-4-4

$$I_1 = \frac{U_S}{R_O + R_A},$$

$$I_2 = \frac{U_S}{R_O + R_A + R},$$

解得

$$I = \frac{U_S}{R_O} = \frac{I_1 I_2 R}{I_2 (R_A + R) - I_2 R_A}。$$

由上分析可知：采用多量程仪表测量法或单量程仪表两次测量法，不管电表内阻如何总可以通过两次测量和计算得到比单次测量准确得多的结果。

本实验使用的电压表和电流表采用实验一的表头（1 mA、160 Ω）及其制作的电压表（1 V、10 V）和电流表（1 mA、10 mA）。

三、实验设备

1. EEL-30 组件（含磁电式表头 1 mA、160 Ω，倍压电阻和分流电阻，电位器）；

2. 恒压源（含 +6 V，+12 V，0 ~ 30 V 可调）；

3. EEL-23 组件（含电阻箱、固定电阻，电位器）。

四、实验内容

1. 双量程电压表两次测量法

实验电路如图 3-4-1 所示,使用的 1 V、10 V 电压表分别用表头、电位器 RP$_1$ 和倍压电阻串联组成(具体参数见实验一),两个电压表都需要与直流数字电压表并联,由可调恒压源供电,调节电位器 RP$_1$ 校准满量程。电路中的电源 U_S 是实验台上恒压源＋6 V 的直流稳压电源,R_0 选用 6 kΩ(十进制电阻箱),用直流电压表的 1 V 和 10 V 两档量程进行两次测量,将数据记入表 3-4-1 中,并根据表中的要求计算出各项内容(R_{V1} 和 R_{V2} 参照实验一的结果)。

表 3-4-1　双量程电压表两次测量实验数据

电压表量程(V)	内阻(kΩ)	$U_0 = U_S$ (V)	测量值(V)	两次测量计算值 (V)	绝对误差 ΔU (V)	相对误差 $\Delta U/U_0 \times 100\%$
1	$R_{V1} =$	$U_1 =$				
10	$R_{V2} =$		$U_2 =$			
两次测量				$U_0 =$		

2. 单量程电压表两次测量法

实验电路同图 3-4-3,电路中的电源 U_S 是实验台上恒压源＋6 V 的直流稳压电源,R_0 选用 6 kΩ(十进制电阻箱),用上述电压表的 10 V 量程档进行测量,第一次直接测量,第二次串接 R ＝ 10 kΩ 的附加电阻进行测量,将数据记入表 3-4-2 中,并根据表中的要求计算出各项内容。

表 3-4-2　单量程电压表两次测量实验数据

实际计算值(V)	两次测量值(V)		测量计算值(V)	绝对误差(V)	相对误差
U_0	U_1	U_2	U'_0	ΔU	$\Delta U/U_0 \times 100\%$

3. 双量程电流表两次测量法

实验电路如图 3-4-2 所示,使用的 1 mA 电流表用表头和电位器 RP$_2$ 串联组成,10 mA 电流表由 1 mA 电流表与分流电阻并联而成(具体参数见实验一),两个电流表都需要与直流数字电流表串联,由可调恒流源供电,调节电位器 RP$_2$ 校准满量程。电路中的电源 U_S 是实验台上恒压源＋12 V 的直流稳压电源,R_0 选用 12 kΩ(十进制电阻箱),用直流电流表的 1 mA 和 10 mA 两档量程进行两次测量,将数据记入表 3-4-3 中,并根据表中的要求计算出各项内容。(R_{A1} 和 R_{A2} 参照实验一的结果)

表 3-4-3　双量程电流表两次测量实验数据

电流表量程 (mA)	内阻(kΩ)	测量值(mA)	两次测量计算值 (mA)	电路计算值	绝对误差 ΔI(mA)	相对误差 $\Delta I/I \times 100\%$
1	$R_{A1} =$	$I_1 =$				
10	$R_{A2} =$	$I_2 =$				
两次测量			$I =$			

4. 单量程电流表两次测量法

实验电路如图 3-4-4 所示,其中,电源 U_S 是实验台上恒压源＋12 V 的直流稳压电源,R_0

选用 12 kΩ(十进制电阻箱),用上述电流表的 1 mA 量程档进行测量,第一次直接测量,第二次串接 $R = 10$ kΩ 的附加电阻进行测量,将数据记入表 3-4-4 中,并根据表中的要求计算出各项内容。

表 3-4-4　单量程电流表两次测量实验数据

实际计算值(mA)	两次测量值(mA)		测量计算值(mA)	绝对误差(mA)	相对误差
I	I_1	I_2	I'_0	ΔI	$\Delta I/I \times 100\%$

五、实验注意事项

1. 启动实验台上的恒压源之前,应先使其输出旋钮置零位,待实验启动时慢慢增大,其输出量的大小由该组件上数字电压表显示。

2. 恒压源输出不允许短路。

3. 电压表并联测量,电流表串入电路测量,并且要注意极性选择。

六、预习与思考题

1. 根据已知表头的参数(1 mA、160 Ω),计算出组成 1 V、10 V 电压表的倍压电阻和 1 mA、10 mA 电流表的分流电阻,并计算出它们的内电阻值。

2. 计算用内阻为 R_A 的电流表测量图 3-4-2 电路电流的绝对误差和相对误差,当 $R_A = R$ 时绝对误差和相对误差是多少?

3. 用'两次测量法'测量电压或电流,绝对误差和相对误差是否等于零?为什么?

七、实验报告

1. 完成各数据表格中各项实验内容的计算。

2. 回答思考题。

3-5　实验五　欧姆表的设计

一、实验目的

1. 掌握欧姆表的基本原理和设计方法；
2. 学会欧姆表的校验方法。

二、原理说明

最简单的欧姆表原理图如图 3-5-1 所示，表头、电源 U_S 和限流电阻 R_l 组成测量电路，A、B 两端与被测电阻 R_x 相接，电路中的电流 $I = \dfrac{U_S}{R_0 + R_l + R_x}$。

显然被测电阻 R_x 越大，电流 I 越小。用表头测出电流 I 即可间接反映电阻 R_x 的值，即 $R_x = U_S/I - R_0 - R_l$。

当 $R_x = 0$ 时，流过表头的电流正好是满偏电流，即 $I = I_m = \dfrac{U_S}{R_0 + R_l}$，则限流电阻 $R_l = U_S/I_m - R_0$

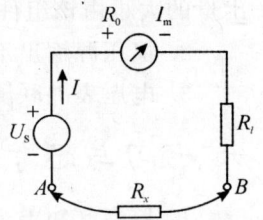

图 3-5-1

在这种线路中，欧姆表的刻度盘具有反向和不均匀刻度的特性：当被测电阻 $R_x = 0$ 时，刻度是指针满偏位置；当 $R_x \to \infty$ 时，刻度是指针零的位置；在电流接近零时，R_x 的变化对 I 的影响较小，度盘上刻线比较密，在电流接近满偏时，R_x 的变化对 I 的影响较大，度盘上刻线比较稀，当被测电阻 R_x 等于 $R_0 + R_l$ 时，$I_x = I_m/2$，表头指针恰好指在刻度盘中心，因而将此阻值称为中值电阻 R_m。显然中值电阻 R_m 越小，欧姆表右半部分的分度值就越小，因此使用欧姆表测量电阻时主要用分度盘的右半部和中心附近。

欧姆表一般具有多个中值电阻，如 $R_m \times 1$、$R_m \times 10$、$R_m \times 100$ 等，为保证在各种中值电阻情况下，当 $R_x = 0$ 时流过表头的电流均为表头的满偏电流 I_m，必须与表头并联分流电阻 R_{S1}、R_{S2}、R_{S3}。图 3-5-2 示出一个具有三个中值电阻 $R_m \times 1$、$R_m \times 10$、$R_m \times 100$ 的欧姆表电路，图中，R_{S1}、R_{S2}、R_{S3} 为分流电阻，R_{l1}、R_{l2}、R_{l3} 为限流电阻，U_S 通常使用 1.5 V 的干电池，但该电池用久了电压 U_S 会逐渐下降，在测量相同数值的 R_x 时，流过表头的电流就会不一样，从而

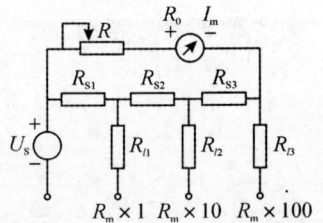

图 3-5-2

产生测量误差。为此，用一个可调电阻 R 与表头串联，在 U_S 降低时减小 R 值，以减小测量误差。所以使用欧姆表测量电阻前，要先将 R 调到合适的数值。调节方法是：将欧姆表的外接两端钮短路，调节可调电阻 R，使指针指向零刻度。这一操作称为"欧姆挡调零"。在使用欧姆表测量电阻时，必须首先进行"欧姆挡调零"。

设计图 3-5-2 所示欧姆表电路的方法是：

（1）根据给定的 R_m、U_S、R 和 R_0、I_m 的值，计算出分流电阻 R_{s1}、R_{s2} 和 R_{s3}：

$$\left(\frac{U_S}{R_m} - I_m \right) \times R_{S1} = I_m \times (R + R_0 + R_{S3} + R_{S2}),$$

$$\left(\frac{U_S}{10 \times R_m} - I_m \right) \times (R_{S1} + R_{S2}) = I_m \times (R + R_0 + R_{S3}),$$

$$\left(\frac{U_s}{100 \times R_m} - I_m\right) \times (R_{S1} + R_{S2} + R_{S3}) = I_m \times (R + R_0),$$

解上述三个联立方程,可求得 R_{s1}、R_{s2} 和 R_{s3}。

(2) 计算三个限流电阻 R_{l1}、R_{l2} 和 R_{l3}。

$1 \times R_m = R_{S1} \mathbin{/\mkern-5mu/} (R + R_0 + R_{S3} + R_{S2}) + R_{l1}$,得出

$R_{l1} = 1 \times R_m - R_{S1} \mathbin{/\mkern-5mu/} (R + R_0 + R_{S3} + R_{S2})$。

同理:

$R_{l2} = 10 \times R_m - (R_{S1} + R_{S2}) \mathbin{/\mkern-5mu/} (R + R_0 + R_{S3})$,

$R_{l3} = 100 \times R_m - (R_{S1} + R_{S2} + R_{S3}) \mathbin{/\mkern-5mu/} (R + R_0)$。

如设定:$U_s = 1.5 \text{ V}$,$R_m = 12 \text{ }\Omega$,$R = 100 \text{ }\Omega$,$R_0 = 160 \text{ }\Omega$,$I_m = 1 \text{ mA}$,上述分流电阻和限流电阻均可计算出来。

三、实验设备

1. 恒压源(含 + 6 V, + 12 V,0 ~ 30 V 可调);

2. EEL-75B。

四、实验内容

1. 设计、制作欧姆表

参考图 3-5-2 电路,设定:$U_s = 1.5 \text{ V}$,$R_m = 12 \text{ }\Omega$,$R = 100 \text{ }\Omega$,$R_0 = 160 \text{ }\Omega$,$I_m = 1 \text{ mA}$,设计、制作具有三个中值电阻 $R_m \times 1$、$R_m \times 10$、$R_m \times 100$ 的欧姆表电路,其中,U_s 用恒压源的可调电压输出端,R 用 100 Ω 的电位器,分流电阻和限流电阻均用电阻箱中的电阻。

2. 绘制刻度盘并校验欧姆表

用制作的欧姆表测量电阻箱中的 12 Ω、120 Ω 和 1 200 Ω 的电阻,检查指针是否在表头刻度盘的中心。并用电阻箱的不同电阻值,绘制欧姆表的刻度盘。

五、实验注意事项

1. 磁电式表头有正、负两个连接端,电路中一定要保证电流从正端流入,否则,指针将反转。

2. 欧姆表的表头和分流电阻要可靠连接,不允许分流电阻断开。

六、预习与思考题

1. 欧姆表的刻度盘为什么具有反向和不均匀刻度的特性?

2. 什么是中值电阻?当被测电阻等于中值电阻时,表头指针在什么位置?

3. 根据实验要求,设计欧姆表的测量电路,计算出分流电阻和限流电阻。

七、实验报告要求

1. 回答思考题。

2. 画出具有三个中值电阻 $R_m \times 1$、$R_m \times 10$、$R_m \times 100$ 的欧姆表电路,标明限流电阻和分流电阻的阻值。

3. 绘制欧姆表的刻度盘。

4. 写出欧姆表的校验报告。

3-6　实验六　　电阻元件伏安特性的测绘

一、实验目的

1. 掌握线性电阻、非线性电阻元件伏安特性的逐点测试法；
2. 学习恒压源、直流电压表、电流表的使用方法。

二、原理说明

任一电阻元件的特性可用该元件上的端电压 U 与通过该元件的电流 I 之间的函数关系 $U = f(I)$ 来表示，即用 U-I 平面上的一条曲线来表征，这条曲线称为该电阻元件的伏安特性曲线。根据伏安特性的不同，电阻元件分两大类：线性电阻和非线性电阻。线性电阻元件的伏安特性曲线是一条通过坐标原点的直线，如图 3-6-1 中(a) 所示，该直线的斜率只由电阻元件的电阻值 R 决定，其阻值为常数，与元件两端的电压 U 和通过该元件的电流 I 无关；非线性电阻元件的伏安特性是一条经过坐标原点的曲线，其阻值 R 不是常数，即在不同的电压作用下，电阻值是不同的，常见的非线性电阻如白炽灯丝、普通二极管、稳压二极管等，它们的伏安特性如图 3-6-1 中(b)、(c)、(d)。在图 3-6-1 中，$U > 0$ 的部分为正向特性，$U < 0$ 的部分为反向特性。

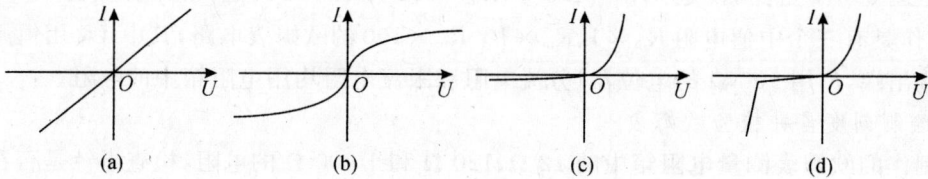

图 3-6-1

绘制伏安特性曲线通常采用逐点测试法，即在不同的端电压作用下，测量出相应的电流，然后逐点绘制出伏安特性曲线，根据伏安特性曲线便可计算其电阻值。

三、实验设备

1. 直流数字电压表、直流数字电流表(在主控制屏)；
2. 恒压源(0 ~ 30 V 可调)；
3. EEL-52B、EEL-74A 元件箱。

四、实验内容

1. 测定线性电阻的伏安特性

按图 3-6-2 接线，图中的电源 U 选用恒压源的可调稳压输出端，通过直流数字电流表与 1 kΩ 线性电阻相连，电阻两端的电压用直流数字电压表测量。

调节恒压源可调稳压电源的输出电压 U，从 0 伏开始缓慢地增加(不能超过 10 V)，在表 3-6-1 中记下相应的电压表

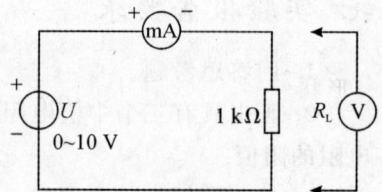

图 3-6-2

和电流表的读数。

表 3-6-1　线性电阻伏安特性数据

U(V)	0	2	4	6	8	10
I(mA)（仿真／计算）						
I(mA)（测量）						

2. 测定半导体二极管的伏安特性

按图 3-6-3 接线，R 为限流电阻，取 200 Ω（十进制可变电阻箱），二极管的型号为 1N4007。测二极管的正向特性时，其正向电流不得超过 25 mA，二极管 V_D 的正向压降可在 0～0.75 V 之间取值。特别是在 0.5～0.75 之间更应多取几个测量点；测反向特性时，将可调稳压电源的输出端正、负连线互换，调节可调稳压输出电压 U，从 0 伏开始缓慢地增加（不能超过 −30 V），将数据分别记入表 3-6-2 和表 3-6-3 中。

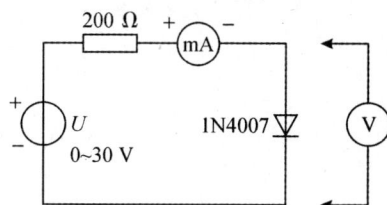

图 3-6-3

表 3-6-2　二极管正向特性实验数据

U(V)	0	0.2	0.4	0.45	0.5	0.55	0.60	0.65	0.70	0.75
I(mA)（仿真／计算）										
I(mA)（测量）										

表 3-6-3　二极管反向特性实验数据

U(V)	0	−5	−10	−15	−20	−25	−30
I(mA)（仿真／计算）							
I(mA)（测量）							

五、实验注意事项

1. 测量时，可调稳压电源的输出电压由 0 缓慢逐渐增加，应时刻注意电压表和电流表，不能超过规定值。

2. 稳压电源输出端切勿碰线短路。

3. 测量中，随时注意电流表读数，及时更换电流表量程，勿使仪表超量程。

六、预习与思考题

1. 线性电阻与非线性电阻的伏安特性有何区别？它们的电阻值与通过的电流有无关系？

2. 如何计算线性电阻与非线性电阻的电阻值？

3. 请举例说明哪些元件是线性电阻，哪些元件是非线性电阻，它们的伏安特性曲线是什么形状？

4. 设某电阻元件的伏安特性函数式为 $I = f(U)$，如何用逐点测试法绘制出伏安特性曲线？

七、实验报告要求

1. 根据实验数据，分别在方格纸上绘制出各个电阻的伏安特性曲线。
2. 根据伏安特性曲线，计算线性电阻的电阻值，并与实际电阻值比较。
3. 回答思考题。

3-7　实验七　　未知电阻元件伏安特性的测绘

一、实验目的

1. 掌握线性电阻、非线性电阻元件伏安特性的逐点测试法；
2. 学会应用伏安法识别常用电阻元件类型的方法；
3. 掌握直流恒压电源、直流电压表、电流表的使用方法。

二、原理说明

任一电阻元件两端的电压 U 与通过该元件的电流 I 之间的函数关系 $U = f(I)$，可用 U-I 平面上的一条伏安特性曲线来表示，根据伏安特性曲线的形状，电阻元件分两大类：线性电阻和非线性电阻。线性电阻元件的伏安特性曲线是一条通过坐标原点的直线，该直线的斜率只由电阻元件的电阻值 R 决定，其阻值为常数，与元件两端的电压 U 和通过该元件的电流 I 无关；非线性电阻元件的伏安特性是一条经过坐标原点的曲线，其阻值 R 不是常数，即在不同的电压作用下，电阻值是不同的，常见的非线性电阻如白炽灯丝、普通二极管、稳压二极管等，它们的伏安特性见实验六中的图 3-6-1。

识别常用电阻元件的类型，首先是采用逐点测试法绘制它们的伏安特性曲线，然后根据伏安特性曲线的形状，参考已知电阻元件的伏安特性曲线，如实验六中的图 3-6-1，便可判断出未知电阻元件的类型，并且，根据伏安特性曲线可以计算它们的电阻值。

三、实验设备

1. 直流数字电压表、直流数字电流表（在主控制屏）；
2. 恒压源（0 ～ 30 V 可调）；
3. EEL-74A 元件箱。

四、实验内容

1. 测定电阻元件 1 的伏安特性

按图 3-7-1 接线，图中的电源 U 选用恒压源的可调稳压电源输出端，通过直流数字电流表与元件 1 相连，元件 1 两端的电压用直流数字电压表测量。

测正向特性：调节可调稳压电源的输出电压 U，从 0 伏开始缓慢地增加（不能超过 10 V），在表 3-7-1 中记下相应的电压表和电流表的读数，电流限制在 100 mA 以内。

测反向特性：将可调稳压电源的输出端正、负连线互换，调节可调稳压电源的输出电压 U，从 0 伏开始缓慢地增加（不能超过 —10 V），在表 3-7-1 中记下相应的电压表和电流表的读数，电流限制在 —100 mA 以内。

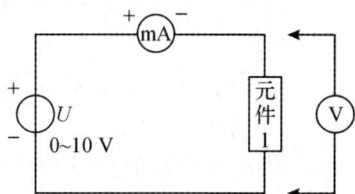

图 3-7-1

表 3-7-1　元件 1 伏安特性数据

U(V)						0					
I(mA)						0					

2. 测定电阻元件 2 ～ 5 的伏安特性

将图 3-7-1 中的元件 1 分别换成元件 2 ～ 5,重复 1 的步骤,在表 3-7-2 中记下相应的电压表和电流表的读数。

表 3-7-2　电阻元件 2 ～ 5 伏安特性数据

							0					
元件 2	U(V)						0					
	I(mA)						0					
元件 3	U(V)						0					
	I(mA)						0					
元件 4	U(V)						0					
	I(mA)						0					
元件 5	U(V)						0					
	I(mA)						0					

五、实验注意事项

1. 测量时,可调稳压电源的输出电压由 0 缓慢逐渐增加,应时刻注意电压表不能超过 ±10 伏,电流表不超过 ±100 mA。

2. 稳压电源输出端切勿碰线短路。

3. 测量中,随时注意电流表读数,及时更换电流表量程,勿使仪表超量程。

六、预习与思考题

1. 线性电阻与非线性电阻的伏安特性有何区别?它们的电阻值如何计算?

2. 如何用实验方法识别未知电阻元件的类型?

七、实验报告要求

1. 回答思考题。

2. 根据实验数据,分别在方格纸上绘制出各个元件的伏安特性曲线,并说明它们是什么电阻元件。

3. 根据绘制的伏安特性曲线,计算线性电阻的电阻值,以及二极管正向电压为 0.7 V 和 0.4 V 时的电阻值。

4. 根据绘制的伏安特性曲线,说明几种非线性电阻元件的正向特性和反向特性的形状有何异同?

3-8　实验八　　电位、电压的测定及电路电位图的绘制

一、实验目的

1. 学会测量电路中各点电位和电压的方法,理解电位的相对性和电压的绝对性;
2. 学会电路电位图的测量、绘制方法;
3. 掌握使用直流稳压电源、直流电压表的使用方法。

二、原理说明

在一个确定的闭合电路中,各点电位的大小视所选的电位参考点的不同而异,但任意两点之间的电压(即两点之间的电位差)则是不变的,这一性质称为电位的相对性和电压的绝对性。据此性质,我们可用一只电压表来测量出电路中各点的电位及任意两点间的电压。

若以电路中的电位值作纵坐标,电路中各点位置(电阻或电源)作横坐标,将测量到的各点电位在该坐标平面中标出,并把标出点按顺序用直线条相连接,就可得到电路的电位图,每一段直线段即表示该两点电位的变化情况。而且,任意两点的电位变化,即为该两点之间的电压。

在电路中,电位参考点可任意选定,对于不同的参考点,所绘出的电位图形是不同,但其各点电位变化的规律却是一样的。

三、实验设备

1. 直流数字电压表、直流数字电流表(在主控制屏);
2. 恒压源(0～30 V可调)、直流电源(+5 V,在主控制屏);
3. EEL-74A元件箱。

四、实验内容

实验电路如图3-8-1所示,图中的电源U_{S1}用恒压源中的+5 V输出端,U_{S2}用0～+30 V可调电源输出端,并将输出电压调到+12 V,S_1、S_2两个开关朝内侧,S_3朝左侧。

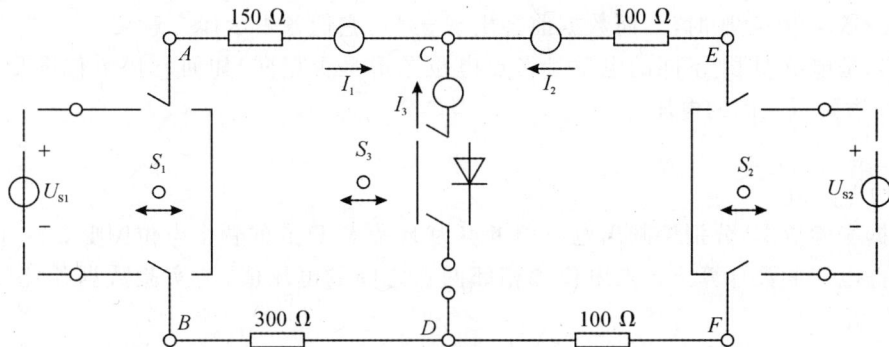

图 3-8-1

1. 测量电路中各点电位

以图 3-8-1 中的 C 点作为电位参考点,分别测量 A、B、D、E、F 各点的电位:

用电压表的黑笔端插入 C 点,红笔端分别插入 A、B、D、E、F 各点进行测量,数据记入表 3-8-1 中。

以 D 点作为电位参考点,重复上述步骤,测得数据记入表 3-8-1 中。

2. 测量电路中相邻两点之间的电压值

在图 3-8-1 中,测量电压 U_{AB}:将电压表的红笔端插入 A 点,黑笔端插入 B 点,读电压表读数,记入表 3-8-1 中。按同样方法测量 U_{BC}、U_{CD}、U_{DE}、U_{EF} 及 U_{FA},测量数据记入表 3-8-1 中。

表 3-8-1　　电路中各点电位和电压数据　　　　　　　　　　单位:V 电位

电位参考点	V_A	V_B	V_C	V_D	V_E	V_F	U_{AB}	U_{BC}	U_{CD}	U_{DE}	U_{EF}	U_{FA}
C(仿真)			0									
C(测量)												
D(仿真)				0									
D(测量)												

五、实验注意事项

1. EEL-74A 组件中的实验电路提供多个实验使用,本次实验没有用到电流插头和插座。

2. 实验电路中的电源 U_{S2} 使用 0 ~+30 V 可调电源,应将输出电压调到 +12 V 后,再接入电路中。使用中应防止电源输出端短路。

3. 使用数字直流电压表测量电位时,用黑笔端插入参考电位点,红笔端插入被测各点,若显示正值,则表明该点电位为正(即高于参考点电位);若显示负值,表明该点电位为负(即该点电位低于参考点电位)。

4. 使用数字直流电压表测量电压时,红笔端插入被测电压参考方向的正(+)端,黑笔端插入被测电压参考方向的负(—)端,若显示正值,则表明电压参考方向与实际方向一致;若显示负值,表明电压参考方向与实际方向相反。

六、预习与思考题

1. 电位参考点不同,各点电位是否相同?任两点的电压是否相同,为什么?

2. 在测量电位、电压时,为何数据前会出现 ± 号,它们各表示什么意义?

3. 什么是电位图形?不同的电位参考点电位图形是否相同?如何利用电位图形求出各点的电位和任意两点之间的电压。

七、实验报告要求

1. 根据实验数据,分别绘制出电位参考点为 A 点和 D 点的两个电位图形。

2. 根据电路参数计算出各点电位和相邻两点之间的电压值,与实验数据相比较,对误差作必要的分析。

3. 回答思考题。

第四章　　直流电路实验单元

4-1　实验一　　基尔霍夫定律的验证与线性电路叠加性和齐次性

一、实验目的

1. 验证基尔霍夫定律,加深对基尔霍夫定律的理解;
2. 掌握直流电流表的使用以及学会用电流插头、插座测量各支路电流的方法;
3. 验证叠加原理,理解线性电路的叠加性和齐次性。

二、实验原理

1. 基尔霍夫定律原理说明

基尔霍夫电流定律和电压定律是电路的基本定律,它们分别用来描述电路中结点电流和回路电压的现象,即对电路中的任一结点而言,在设定电流的参考方向下,应有 $\sum I = 0$,一般流出结点的电流取正号,流入结点的电流取负号;对任何一个闭合回路而言,在设定电压的参考方向下,绕行一周,应有 $\sum U = 0$,一般电压方向与绕行方向一致的电压取正号,电压方向与绕行方向相反的电压取负号。

在实验前,必须设定电路中所有电流、电压的参考方向,其中电阻上的电压方向应与电流方向一致,见图 4-1-1 所示。

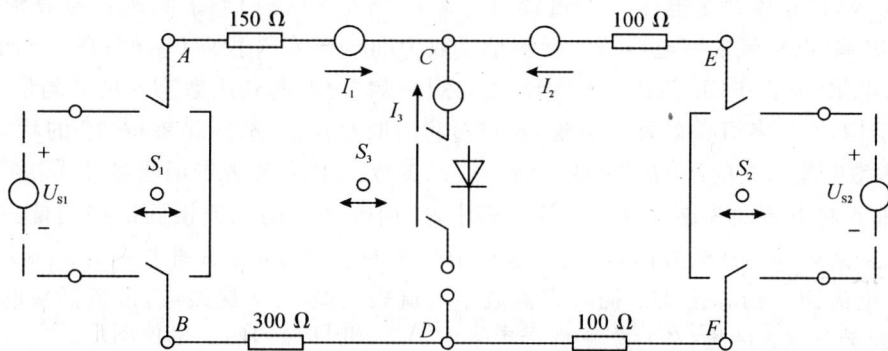

图 4-1-1　实验电路

作为本实验采用的 EEL-74A 直流电路箱,为了方便测量电流,在电路中各个支路都装有电流插座。因此电流参考方向已经确定,实验时可通过检测电流插座认定。

2. 叠加原理

在有几个电源共同作用下的线性电路中,通过每一个元件的电流或其两端的电压,可以看成是由每一个电源单独作用时在该元件上所产生的电流或电压的代数和。具体方法是:一个电源单独作用时,其他的电源必须去掉(电压源短路,电流源开路);测量取得数据后,求证电流或电压的代数和时,当电源单独作用时电流或电压的参考方向与共同作用时的参考方向一致时,符号取正,否则取负。叠加原理反映了线性电路的叠加性,在图 4-1-2(a)(b)(c) 中示意电路叠加计算过程:(其中(a) 和图(b) 为一个电源单独作用时的示意图)

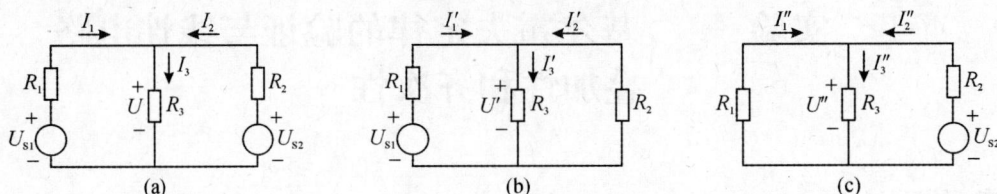

图 4-1-2　叠加原理

$$I_1 = I'_1 - I''_1 \quad I_2 = -I'_2 + I''_2 \quad I_3 = I'_3 + I''_3 \quad U = U' + U''$$

线性电路的齐次性是指当激励信号(如电源作用)增加或减小 K 倍时,电路的响应(即在电路其他各电阻元件上所产生的电流和电压值)也将增加或减小 K 倍。叠加性和齐次性都只适用于求解线性电路中的电流、电压。对于非线性电路,叠加性和齐次性都不适用。

三、实验设备

1. 直流数字电压表、直流数字电流表(在主控制屏)、数字万用表;
2. 恒压源(0 ~ 30 V 可调)、直流电源(含 ±6 V,±12 V)(在主控制屏);
3. EEL-74A 直流电路箱、EEL-52B。

四、实验内容

1. 基尔霍夫定律实验内容

实验电路如图 4-1-1 所示,图中的电源 U_{S1} 接恒压源(0 ~ +10 V 档)输出端,并将输出电压调到 +6 V(以直流数字电压表测量读数为准),开关 S_1 投向 U_{S1} 侧;U_{S2} 接直流电源中的 +12 V 输出端(以直流数字电压表实际测量读数为准),开关 S_2 投向 U_{S2} 侧;在 4、5 两点之间接入 51 Ω 的电阻(取自 EEL-52B),开关 S_3 投向短路侧。通电前利用数字万用表测量实验电路,熟悉线路结构,掌握各开关的使用方法,操作过程中时刻注意"故障设置按钮"的状态。

(1)熟悉电流插头的结构(复习第三章《认识实验》的"电流表专用测量导线"部分)

实验前先将电流插头逐一插入电流插座中,使用数字万用表连接测试挡测量三条支路上电流表正、负接线端的连接方向,以确定电路中电流的参考方向,如图中 4-1-1 的 I_1、I_2、I_3 所示。然后将电流插头的红接线端插入直流数字电流表的红(正)接线端,电流插头的黑接线端插入直流数字电流表的黑(负)接线端。

(2)测量支路电流

将连接电流表的电流插头分别插入三条支路的三个电流插座中,读出各支路的电流值,并记入表 4-1-1 中。

表 4-1-1　支路电流数据

支路电流（mA）	I_1	I_2	I_3
仿真／计算值			
测量值			
相对误差			

（3）测量元件电压

用直流数字电压表分别测量两个电源及电阻元件上的电压值，将数据记入表 4-1-2 中。测量时应注意表格中所规定电压的参考方向，注意直流数字电压表读数的正负号。

表 4-1-2　各元件电压数据

各元件电压（V）	U_{S1}	U_{S2}	U_{AC}	U_{CE}	U_{CD}	U_{BD}	U_{DF}
仿真／计算值（V）							
测量值（V）							
相对误差							

2. 线性电路叠加性和齐次性

实验电路如图 4-1-1 所示。实验操作中，首先在电路的 4、5 两点之间接入 51 Ω（取自 EEL-52B）的电阻，电源 U_{S1} 接直流电源中的 +12 V 输出端，电源 U_{S2} 用恒压源的 0～+10 V 档，输出电压调到 +6 V（以直流数字电压表测量的读数为准），并将开关 S_3 投向短路侧。

（1）U_{S1} 电源单独作用（将开关 S_1 投向 U_{S1} 侧，开关 S_2 投向短路侧）

用直流数字电流表接电流插头测量各支路电流：将电流插头的红接线端接入直流数字电流表的红（正）接线端，电流插头的黑接线端接入数字电流表的黑（负）接线端，测量各支路电流。按规定：在结点 C，电流表读数为"＋"，表示电流流出结点；读数为"－"，表示电流流入结点，然后根据电路中的电流参考方向，确定各支路电流的正、负号，并将数据记入表 4-1-3 中。

用直流数字电压表测量各电阻元件两端电压：注意所测电压的测量方向，电压表的红（正）接线端应插入被测电阻元件电压参考方向的正端，电压表的黑（负）接线端插入电阻元件的另一端，测量各电阻元件两端电压，数据记入表 4-1-3 中。（表中"计算值"栏可用"仿真值"填入。）

表 4-1-3　实验数据一

测量项目 实验内容		U_{S1} （V）	U_{S2} （V）	I_1 （mA）	I_2 （mA）	I_3 （mA）	U_{AC} （V）	U_{CE} （V）	U_{CD} （V）	U_{BD} （V）	U_{DF} （V）
U_{S1} 单 独作用	计算值	12	0								
	测量值	12	0								
U_{S2} 单 独作用	计算值	0	6								
	测量值	0	6								
U_{S1},U_{S2} 共同作用	计算值	12	6								
	测量值	12	6								
U_{S2} 单 独作用	计算值	0	12								
	测量值	0	12								

（2）电源 U_{S2} 单独作用（将开关 S_1 投向短路侧，开关 S_2 投向 U_{S2} 侧），重复步骤 1 测量并将数据记录记入表 4-1-3 中。

（3）U_{S1} 和 U_{S2} 共同作用时（开关 S_1 和 S_2 分别投向电源 U_{S1} 和 U_{S2} 侧），各电流、电压的参考方向见图 4-1-2(a)。完成上述电流、电压的测量并将数据记录记入表 4-1-3 中。

（4）将 U_{S2} 的电压值调至 +12 V，重复第 2 步的测量，并将数据记录在表 4-1-3 中，验证线性电路的齐次性。

（5）将开关 S_3 投向二极管 1N4007 侧，并将 4、5 两点之间的 51 Ω 电阻撤掉，用导线短接，重复步骤 1）～ 4）的测量步骤，并将数据记入表 4-1-4 中。

表 4-1-4　实验数据二

测量项目 实验内容		U_{S1} (V)	U_{S2} (V)	I_1 (mA)	I_2 (mA)	I_3 (mA)	U_{AC} (V)	U_{CE} (V)	U_{CD} (V)	U_{BD} (V)	U_{DF} (V)
U_{S1} 单 独作用	计算值	12	0								
	测量值	12	0								
U_{S2} 单 独作用	计算值	0	6								
	测量值	0	6								
U_{S1}，U_{S2} 共同作用	计算值	12	6								
	测量值	12	6								
U_{S2} 单 独作用	计算值	0	12								
	测量值	0	12								

（6）比较表 4-1-3 和表 4-1-4 所测数据，验证非线性电路叠加性和齐次性是否成立。

五、实验注意事项

1. 根据"一表制"原则，电路中所有需要测量的电压值，均以直流数字电压表测量的读数为准，电源显示屏读数为参考。用电流插头测量各支路电流时，应注意仪表的极性和电路中电流插座的对应关系，及数据表格中"+、-"号的记录。

2. 注意仪表量程应根据实际测量数据大小及时更换

3. 需要电压源单独作用时，去掉另一个电压源的操作，只能在实验箱上用开关 S_1 或 S_2 执行，而不能直接将电压源短路。按线时注意防止电压源输出端碰线短路。

六、预习与思考题

1. 根据图 4-1-1 的电路参数，计算出待测的电流 I_1、I_2、I_3 和各电阻上的电压值，记入表 4-1-1 和表 4-1-2 中，以便实验测量时，正确地选定直流电流表和直流电压表的量程（也可以利用"仿真"进行）。

2. 图 4-1-1 的电路中，C、D 两结点的电流方程是否相同？为什么？

3. 在图 4-1-1 的电路中可以列几个电压方程？它们与绕行方向有无关系？

4. 实验中，若用指针式万用表直流毫安档测量各支路电流，什么情况下可能出现毫安表指针反偏？应如何处理？在记录数据时应注意什么？若用数字万用表进行测量时，则会有什么显示呢？

5. 叠加原理中 U_{S1}，U_{S2} 分别单独作用，在实验中应如何操作？可否将要去掉的电压源（U_{S1} 或 U_{S2}）直接短接？

6. 实验电路中，若有一个电阻元件改为二极管，试问叠加性与齐次性还成立吗？为什么？

七、实验报告要求

1. 根据实验数据表 4-1-1，选定实验电路中的任一个闭合回路，验证基尔霍夫电压定律（KCL）的正确性。

2. 根据实验数据表 4-1-2，选定实验电路中的任一个结点，验证基尔霍夫电流定律（KCL）的正确性。

3. 根据表 4-1-3 实验数据一，通过求各支路电流和各电阻元件两端电压，验证线性电路的叠加性与齐次性。

4. 根据表 4-1-3 实验数据一，当 $U_{S1} = U_{S2} = 12$ V 时，用叠加原理计算各支路电流和各电阻元件两端电压。

5. 根据表 4-1-4 实验数据二，说明叠加性与齐次性是否适用该实验电路。

6. 回答思考题。

4-2　实验二　　电路排故的研究

一、实验目的

学习检查、分析和排除电路简单故障的方法。

二、实验原理

检查、分析电路的简单故障常用方法：

电路常见故障一般出现在连线或元件部分。连线部分的故障通常有连线接错，接触不良而造成的断路或接触电阻变大等；元件部分的故障通常有接错元件、元件值错，元件损坏，电源输出数值（电压或电流）不正常等。

故障检查的方法通常是根据原理图分析电路的工作情况，在通电时使用示波器观察波形，电压表和电流表检查电路各点电压、各支路电流；在断电后使用欧姆表检查元件的阻值，另外也可利用好的元件替换可疑的元件等多种方法，来检查分析和判断电路故障。

(1) 通电检查法：在接通电源的情况下，用万用表的电压挡或电压表，根据电路工作原理进行分析和检测，如果发现电路某两点应该有电压，电压表测不出电压，或某两点不应该有电压，而电压表测出了电压，或所测电压值与电路原理不符，则故障可能出现在此两点之间，当然此支路电流也应该出现异常。

(2) 断电检查法：在断开电源的情况下，用万用表的电阻挡，根据电路工作原理分析、检测，如果电路某两点应该导通而无电阻（或电阻极小），万用表测出开路（或电阻极大）；或某两点应该开路（或电阻很大），而测得的结果为短路（或电阻极小），则故障基本确定出现在此两点之间。

分析、排查电路故障点时，应注意电路中串、并联连接对局部元器件和电路的影响。必要时利用元件箱电路中所设置的钮子开关将电路局部断开，尽量简化电路。

本实验用电压表按"通电检查法"检查、分析电路的简单故障，找出可疑点（处），然后利用"断电检查法"最后确定具体故障点和故障原因。通过本环节的训练，提高同学实际分析电路和动手简单电路排除故障能力。

三、实验设备

1. 直流数字电压表、直流数字电流表（在主控制屏）；
2. 恒压源（0～30 V可调）、直流电源（含±6 V，±12 V）（在主控制屏）；
3. 数字万用表；
4. EEL-74A直流电路箱、EEL-52B。

四、实验内容

在EEL-74A直流电路箱的实验电路中，通过故障设置开关的选择，已人为将电路设置了开路、短路、元件值、电源输出错误等a～I九个故障点。实验时，选择单一故障设置开关，用电压表和电流表按"通电检查法"检查、分析电路的简单故障，并用"断电检查法"进行验证。

(1) 首先选择电路为"正常"状态（故障设置按钮全弹起），测量各段电压和各支路电流，作为标准参照数据,记入表 4-2-1 中。

（2）然后分别选择 $a \sim i$ 故障设置按钮（设置按钮压下）,测量对应各段电压和各支路上的电流,与“正常”时的电压、电流值作比较,并将所测量的电压、电流记入表 4-2-1 中。（注意异常点,并反复验证。必要时,可使电路恢复“正常”加以比较。）

（3）在课堂上,查找异常点,分析和判断电路中表现异常的现象,根据原理初步判断。也就是“通电”查找判断,“断电”证实,两者缺一不可,并将最终结果填入表 4-2-2 中。

表 4-2-1　测量数据

待测量	I_1 (mA)	I_2 (mA)	I_3 (mA)	U_{S1} (V)	U_{S2} (V)	U_{AC} (V)	U_{CE} (V)	U_{CD} (V)	U_{BD} (V)	U_{DF} (V)
正常										
a										
b										
c										
d										
e										
f										
g										
h										
i										

表 4-2-2　故障原因

故障 a	故障 b	故障 c	故障 d	故障 e	故障 f	故障 g	故障 h	故障 i

五、实验注意事项

1. 实验整个过程,应随时注意“故障按钮”所处的状态,防止误操作。

2. “排故实验”的实验结果应在课堂上完成验证,每个故障点利用通电和断电两种方法逐一进行查找。

六、预习与思考题

造成电路故障的一般原因有哪些?有哪些查找和确认手段?

七、实验报告要求

1. 写出实验中检查、分析电路故障的方法,总结查找故障的体会。

2. 回答思考题。

4-3　实验三　　电压源、电流源及其电源等效变换的研究

一、实验目的

1. 掌握建立电源模型的方法；
2. 掌握电源外特性的测试方法；
3. 加深对电压源和电流源特性的理解；
4. 研究电源模型等效变换的条件。

二、实验原理

1. 理想电压源和理想电流源

理想电压源具有端电压保持恒定不变,而输出电流的大小由负载决定的特性。其外特性(伏安特性),为端电压 U 与输出电流 I 的关系 $U = f(I)$ 是一条平行于 I 轴的直线。实验中使用的恒压源在规定的电流范围内(即额定功率内),具有很小的内阻,可以将它视为一个理想电压源。

理想电流源具有输出电流保持恒定不变,而端电压的大小由负载决定的特性。其外特性(伏安特性),为输出电流 I 与端电压 U 的关系 $I = f(U)$ 是一条平行于 U 轴的直线。同样,实验中使用的恒流源在规定的电压范围内,具有极大的内阻,可以将它视为一个理想电流源。

2. 实际电压源和实际电流源

实际上任何电源内部都存在电阻,通常称为内阻。因而,实际电压源可以用一个外加内阻 R_S 和电压源 U_S 串联表示,其端电压 U 随输出电流 I 增大而降低。在实验中,可以用一个小阻值的电阻与恒压源相串联来模拟一个实际电压源。

实际电流源可以使用一个外加内阻 R_S 和电流源 I_S 并联表示,其输出电流 I 随端电压 U 增大而减小。在实验中,可以用一个大阻值的电阻与恒流源相并联来模拟一个实际电流源。

3. 实际电压源和实际电流的等效变换

一个实际的电源,就其外部特性而言,既可以看成一个电压源,又可以看成是一个电流源。若视为电压源,则可用一个电压源 U_S 与一个电阻 R_S 相串联表示;若视为电流源,则可用一个电流源 I_S 与一个电阻 R_S 相并联来表示。若它们向同样大小的负载供出同样大小的电流和端电压时,则称这两个电源是等效的,即具有相同的外特性。

实际电压源与实际电流源等效变换的条件为：

(1) 取实际电压源与实际电流源的内阻均为 R_S；

(2) 当已知实际电压源的参数为 U_S 和 R_S,则实际电流源的参数为 $I_S = \dfrac{U_S}{R_S}$ 和 R_S；

(3) 当已知实际电流源的参数为 I_S 和 R_S,则实际电压源的参数为 $U_S = I_S R_S$ 和 R_S。

三、实验设备

1. 直流数字电压表、直流数字电流表(在主控制屏)；
2. 恒压源(0～30 V 可调)(在主控制屏)；

3. 恒流源(0 ～ 500 mA 可调)(在主控制屏);

4. EEL-51D、EEL-52B(含固定电阻、电阻箱)。

四、实验内容

1. 测定理想电压源(恒压源)与实际电压源的外特性

实验电路如图 4-3-1 所示,利用 EEL-51D、EEL-52B 实验箱提供的元件自行设计搭建实验电路。图中的电源 U_S(虚线部分)用恒压源调节 +6 V 输出(以直流数字电压表测量的读数为准),R_1 取 200 Ω 的固定电阻,R_2 接电阻箱,令其阻值根据表 4-3-1 要求由大至小变化,将相应电流表、电压表的读数记入表 4-3-1 中。

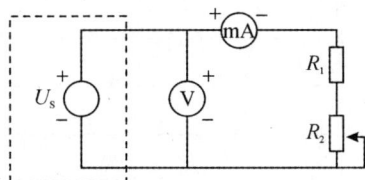

图 4-3-1 理想电压源的外特性　　图 4-3-2 实际电压源的外特性

表 4-3-1 理想电压源外特性数据

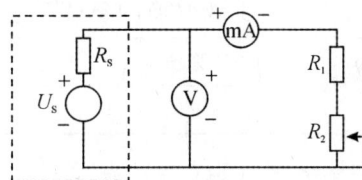

$R_2(\Omega)$		500	400	300	200	100	0
I(mA)	计算值						
	测量值						
U(V)	计算值						
	测量值						

在图 4-3-2 电路中,将理想电压源改成实际电压源,如图 4-3-2 所示,图中内阻 R_S 取 51 Ω 的固定电阻,调节电阻箱,令其阻值根据表 4-3-2 要求由大至小变化,将电流表、电压表的读数记入表 4-3-2 中。

表 4-3-2 实际电压源外特性数据

$R_2(\Omega)$		500	400	300	200	100	0
I(mA)	计算值						
	测量值						
U(V)	计算值						
	测量值						

2. 测定理想电流源与实际电流源的外特性

利用 EEL-51D、EEL-52B 实验箱提供的元件自行设计搭建电路,按图 4-3-3 接线,图中 I_S 为恒流源,调节其输出电流为 5 mA(用直流数字电流表测量),R_2 接电阻箱,在 R_S 分别为 1 kΩ 和 ∞ 两种情况下,改变负载电阻 R_2,令其阻值根据表 4-3-3 要求由大至小变化,所测电流

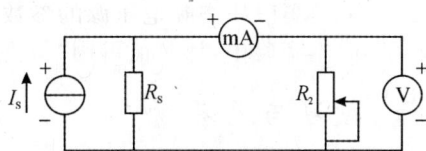

图 4-3-3 理想电流源和实际电流源的外特性

表、电压表的读数记入表 4-3-3 中。

表 4-3-3　理想电流源与实际电流源外特性数据

		R_2/Ω	500	400	300	200	100	0
$R_s = \infty$	I(mA)	计算值						
		测量值						
	U(V)	计算值						
		测量值						
$R_s = 1\,K\Omega$	I(mA)	计算值						
		测量值						
	U(V)	计算值						
		测量值						

3. 研究实际电源等效变换的条件

利用 EEL-51D、EEL-52B 实验箱提供的元件按图 4-3-4 电路接线，其中(a)、(b)图中的内阻 R_s 均为 51 Ω，负载电阻 R 均为 200 Ω。

在图 4-3-4(a) 电路(模拟实际电压源)中，电源 U_s 用恒压源调节＋6 V 输出(以直流数字电压表测量的读数为准)，记录电流表、电压表的读数。然后根据图 4-3-4(b)另搭建电路(模拟实际电流源)，调节电路中恒流源 I_s，令两表的读数与图 4-3-4(a) 的电压、电流数值相等，记录 I_s 之值，验证等效变换条件的正确性。分析两电路所测数据，推论验证过程。

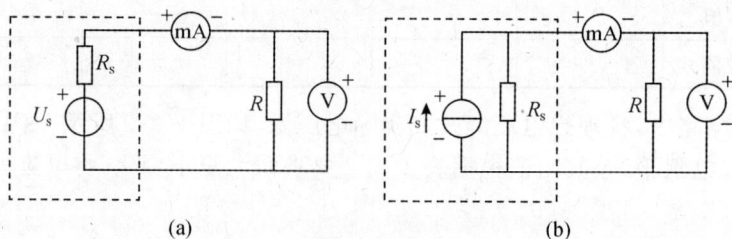

图 4-3-4 实际电源等效变换电路

五、实验注意事项

1. 在测电压源外特性时，不要忘记测空载($I=0$)时的电压值；测电流源外特性时，不要忘记测短路($U=0$)时的电流值，注意恒流源负载电压不可超过 20 伏，负载更不可开路；

2. 换接线路时，必须关闭电源开关，这是今后实验中都要遵守的原则和良好习惯。

3. 直流仪表的接入应注意极性与量程。

4. 注意恒压源和恒流源的操作方法，特别是恒流源不可开路。

5. 本实验中，计算值可用"仿真"值替代，均应在预习时完成。

六、预习与思考题

1. 电压源的输出端为什么不允许短路？电流源的输出端为什么不允许开路？

2. 说明电压源和电流源的特性，其输出是否在任何负载下能保持恒值？

3. 实际电压源与实际电流源的外特性为什么呈下降变化趋势，下降速度的快慢主要受哪个参数影响？

4. 实际电压源与实际电流源等效变换的条件是什么？所谓"等效"是对谁而言？电压源与电流源能否等效变换？

七、实验报告要求

1. 根据实验数据绘出电源的四条外特性曲线，并总结、归纳两类电源的特性。

2. 从实验数据所得的结果，验证电源等效变换的条件。

4-4　　实验四　　有源二端网络等效定理及等效参数的测定

一、实验目的

1. 验证戴维宁定理、诺顿定理的正确性,加深对该定理的理解;
2. 掌握测量有源二端网络等效参数的一般方法。

二、实验原理

1. 戴维宁定理和诺顿定理

戴维宁定理指出:任何一个有源二端网络,总是可以用一个电压源 U_S 和一个电阻 R_S 串联组成的实际电压源来代替,其中:电压源 U_S 等于这个有源二端网络的开路电压 U_OC,内阻 R_S 等于该网络中所有独立电源均置零(电压源短接,电流源开路)后的等效电阻 R_O。

诺顿定理指出:任何一个有源二端网络,总可以用一个电流源 I_S 和一个电阻 R_S 并联组成的实际电流源来代替,其中:电流源 I_S 等于这个有源二端网络的短路 I_SC,内阻 R_S 等于该网络中所有独立电源均置零(电压源短接,电流源开路)后的等效电阻 R_O。

U_S、I_S 和 R_S 称为有源二端网络的等效参数。

2. 有源二端网络等效参数的测量方法

(1)开路电压、短路电流法

在有源二端网络输出端开路时,用电压表直接测其输出端的开路电压 U_OC,然后再将其输出端短路,测其短路电流 I_SC,则有源二端网络的内阻为: $R_\mathrm{S} = \dfrac{U_\mathrm{OC}}{I_\mathrm{SC}}$。

注意:若有源二端网络的内阻值很低时,则不宜采用短路电流测量方法。

(2)伏安法

一种方法是用电压表、电流表测出有源二端网络的外特性曲线,如图 4-4-1 所示。开路电压为 U_OC,短路电流 I_SC,根据外特性曲线求出斜率 $\mathrm{tg}\varphi$,则内阻为: $R_\mathrm{S} = \mathrm{tg}\varphi = \dfrac{\Delta U}{\Delta I}$。

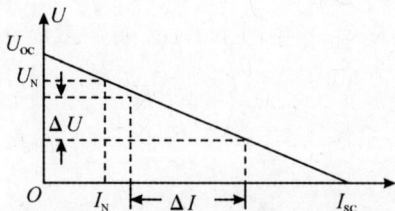

图4-4-1　有源二端网络的外特性曲线

另一种方法是测量有源二端网络的开路电压 U_OC,以及额定电流 I_N 和对应的输出端额定电压 U_N,如图 4-4-1 所示,则内阻为: $R_\mathrm{S} = \dfrac{U_\mathrm{OC} - U_\mathrm{N}}{I_\mathrm{N}}$。

(3)半电压法

如图 4-4-2 所示自行连接电路,调节负载电阻 R_L 的阻值,当负载电压为被测网络开路电压 U_OC 一半时,负载电阻 R_L 的大小(由电阻箱的读数确定)即为被测有源二端网络的等效内阻 R_S 数值。

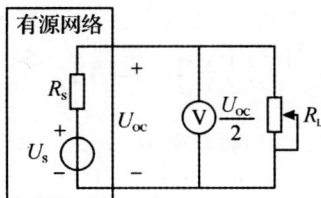

图 4-4-2　半电压法

（4）零示法

在测量具有高内阻有源二端网络的开路电压时,用电压表进行直接测量会造成较大的误差,为了消除电压表内阻的影响,常采用零示测量法,如图 4-4-3 所示。零示法测量原理是用一个低内阻的恒压源与被测有源二端网络进行比较,当恒压源的输出电压与有源二端网络的开路电压相等时,串联在电路中的电压表读数为"0" V 时,然后将电路断开,使用直流数字电压表测量此时恒压源的输出电压 U,即为被测有源二端网络的开路电压 $U_{\rm OC}$。

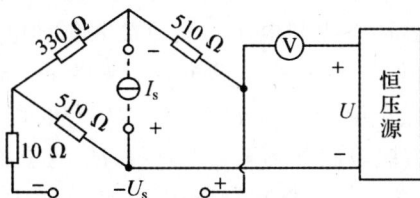

图 4-4-3　零示法

三、实验设备

1. 直流数字电压表、直流数字电流表、数字万用表；
2. 恒压源（0 ～ 30 V 可调）；
3. 恒源流（0 ～ 500 mA 可调）；
4. 直流电源（用 + 12 V 输出）；
5. EEL-51 组件（含电阻箱、固定电阻、实验电路）。

四、实验内容

本实验被测电路有源二端网络选用 EEL-51 组件中戴维南定理的电路,如图 4-4-4 所示,其中需外加电压源 $U_{\rm S}$ 和电流源 $I_{\rm S}$。接线前,熟悉电路,使用万用表了解开关 S_1 和 S_2 通断状态对电路连接的影响。

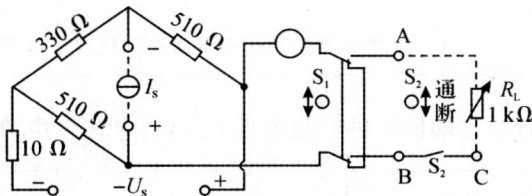

图 4-4-4　戴维南定理

1. 开路电压、短路电流法测量有源二端网络的等效参数

在图 4-4-4 电路中,电压源 $U_{\rm S}$ 接直流电源 + 12 V 输出端,恒流源 $I_{\rm S} = 20$ mA,可变电阻

R_L 接 1 K 电位器。

测量开路电压 U_{OC}：在图 4-4-4 电路中，断开负载 R_L（S_1 置上方、S_2 置"断"），用电压表测量开路电压 U_{OC}（A、B 两点之间），将数据记入表 4-4-1 中。

测短路电流 I_{SC}：在图 4-4-4 电路中，将负载 R_L 短路（S_1 置下方），用电流表测量电流 I_{SC}，将数据记入表 4-4-1 中。

计算 $R_{eq} = U_{OC}/I_{SC}$，填入表 4-4-1 中。

表 4-4-1　开路电压、短路电流数据

	U_{OC}(V)	I_{SC}(mA)	$R_{eq} = U_{OC}/I_{SC}$
仿真／计算值			
测量值			

2. 用半电压法和零示法测量有源二端网络的等效参数

半电压法：在图 4-4-4 电路中，首先 S_1 置上方，并断开负载电阻 R_L（S_2 置"断"），测量有源二端网络的开路电压 U_{OC}（A、B 两点之间电压）；然后接入负载电阻 R_L（S_2 置"通"），利用 1K 电位器调整其阻值大小，直到负载 R_L 两端电压等于 $U_{OC}/2$ 为止，此时使用欧姆表测量负载电阻 R_L 的大小即为等效电源的等效电阻 R_{eq} 的数值。记录 U_{OC} 和 R_{eq} 数值于表 4-4-2 中。

零示法测开路电压 U_{OC}：实验电路如图 4-4-3 所示，R_L 的位置（恒压源）接恒压电源的输出端，在 A 点和恒压源"+"输出端之间串接直流电压表，调整恒压源的输出电压 U，观察电路中电压表数值，当其等于零时，断开电路，用直流电压表测量恒压源输出电压 U 的数值即为有源二端网络的开路电压 U_{OC}，将 U_{OC} 数值记录于表 4-4-2 中，和半压法取得的数据进行比较。

表 4-4-2　半电压法和零示法测量有源二端网络的等效参数

		仿真／计算值	测量值
半电压法	U_{OC}(V)		
	R_{eq}(Ω)		
零示法	U_{OC}(V)		

3. 测定有源二端网络等效电阻（又称入端电阻）的其他方法

（1）直接测量

在图 4-4-4 电路中，将被测有源网络内的所有独立源置零（即将电流源 I_S 和电压源 U_S 去掉，原电压源所接的两点短接），然后用伏安法或者直接用万用表的欧姆挡去测负载 R_L 开路后 A、B 两点间的电阻值，此值即为被测网络的等效电阻 R_{eq} 或称网络的入端电阻 R_1。将所测数据记入表 4-4-3 中。

表 4-4-3　直接测量法测量有源二端网络等效电阻

	计算值	测量值
R_{eq}(Ω)		

（2）伏安法测量有源二端网络的等效参数

测量有源二端网络的外特性：在图 4-4-4 电路中，$U_S = +12$ V、$I_S = 20$ mA，按照表 4-4-4 中电阻数据要求，利用电阻箱改变负载电阻 R_L 的阻值，同时逐点测量对应的电压、电流值，将数据记入表 4-4-4 中。并计算有源二端网络的等效参数 U_S 和 R_{eq}。

表 4-4-4　有源二端网络外特性数据

$R_L(\Omega)$	900	800	700	600	500	400	300	200	100
$U_{AB}(V)$									
$I(mA)$									

5. 验证戴维南定理

根据上面步骤得到的电路等效参数 U_S 和 R_S，如图 4-4-5 自建等效电压源电路。其中，电压源 U_S 接恒压源输出端，调至表 4-4-1 中的 U_{OC} 数值，内阻 R_S 按表 4-4-1 中计算出来的 R_{eq}（取整）选取电阻（利用 1K 电位器）。然后，用电阻箱改变负载电阻 R_L 的阻值，逐点测量对应的电压 U_{AB}、电流 I，数据记入表 4-4-5 中。将表 4-4-5 和表 4-4-4 数据对比，验证戴维南定理的正确性。

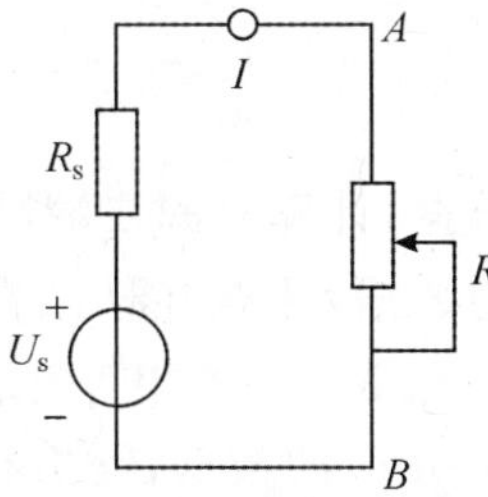

图4-4-5　有源二端网络等效电压源

表 4-4-5　有源二端网络等效电压源的外特性数据

$R_L(\Omega)$	900	800	700	600	500	400	300	200	100
$U_{AB}(V)$									
$I(mA)$									

绘制有源二端网络外特性曲线：根据表 4-4-5 数据绘制有源二端网络外特性曲线。

6. 验证诺顿定理

根据上面步骤得到的电路等效参数 I_S 和 R_S，如图 4-4-6 自建等效电流源电路。其中，电流源 I_S 接恒流源输出端，调至表 4-4-1 中的 I_{SC} 数值，内阻 R_S 按表 4-4-1 中计算出来的 R_S（取整）选取电阻（利用 1 K 电位器）。然后，用电阻箱改变负载电阻 R_L 的阻值，逐点测量对应的电压 U_{AB}、电流 I，将数据记入表 4-4-6 中。

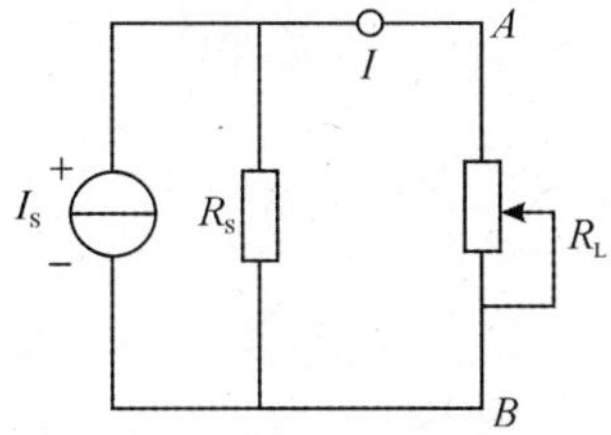

图 4-4-6　有源二端网络等效电流源

表 4-6　有源二端网络等效电流源的外特性数据

$R_L(\Omega)$	900	800	700	600	500	400	300	200	100
$U_{AB}(V)$									
$I(mA)$									

五、实验注意事项

1. 测量时,注意电流表量程的及时更换。

2. 改接线路时,要关掉电源。

3. 作步骤 5、步骤 6 时,注意"等效电路"的接法。

六、预习与思考题

1. 如何测量有源二端网络的开路电压和短路电流,在什么情况下不能直接测量开路电压和短路电流?

2. 说明测量有源二端网络开路电压及等效内阻的几种方法,并比较其优缺点。

七、实验报告要求

1. 根据表 4-4-1 和表 4-4-2 的数据,计算有源二端网络的等效参数 U_S 和 R_{eq}。

2. 根据半电压法和零示法测量的数据,计算有源二端网络的等效参数 U_S 和 R_{eq}。

3. 实验中用各种方法测得的 U_{OC} 和 R_{eq} 是否相等?试分析其原因。

4. 根据表 4-4-4、表 4-4-5 和表 4-4-6 的数据,绘出有源二端网络和有源二端网络等效电路的外特性曲线,验证戴维宁定理和诺顿定理的正确性。

5. 说明戴维宁定理和诺顿定理的应用场合。

6. 回答思考题。

4-5　实验五　　最大功率传输条件的研究

一、实验目的

1. 理解阻抗匹配，掌握最大功率传输的条件；
2. 掌握根据电源外特性设计实际电源模型的方法。

二、原理说明

电源向负载供电的电路如图 4-5-1 所示，图中 R_S 为电源内阻，R_L 为负载电阻。当电路电流为 I 时，负载 R_L 得到的功率为：$P_L = I^2 R_L = \left(\dfrac{U_S}{R_S + R_L}\right)^2 \times R_L$。

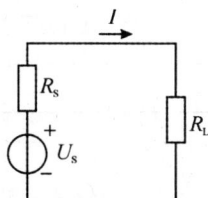

图 4-5-1　电源向负载供电的电路

可见，当电源 U_S 和 R_S 确定后，负载得到的功率大小只与负载电阻 R_L 有关。

令 $\dfrac{dP_L}{dR_L} = 0$，解得：$R_L = R_S$ 时，负载得到最大功率：$P_L = P_{Lmax} = \dfrac{U_S^2}{4R_S}$。$R_L = R_S$ 称为阻抗匹配，即电源的内阻抗（或内电阻）与负载阻抗（或负载电阻）相等时，负载可以得到最大功率。也就是说，最大功率传输的条件是供电电路必须满足阻抗匹配。负载得到最大功率时电路的效率：$\eta = \dfrac{P_L}{U_S I} = 50\%$。实验中，负载得到的功率用电压表、电流表测量。

三、实验设备

1. 直流数字电压表、直流数字电流表（在主控制屏）；
2. 恒压源（0～30 V 可调）；
3. EEL-51D、EEL-52B 元件箱。

四、实验内容

1. 根据电源外特性曲线设计一个实际电压源模型

已知电源外特性曲线如图 4-5-2 所示，根据图中给出的开路电压和短路电流数值，计算出实际电压源模型中的电压源 U_S 和内阻 R_S。实验中，电压源 U_S 选用恒压源的可调稳压输出端，内阻 R_S 选用固定电阻。

2. 测量电路传输功率

用上述设计的实际电压源与负载电阻 R_L 相连，电路如

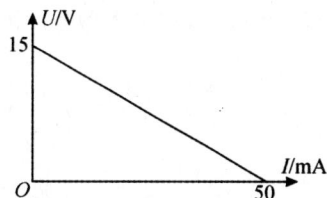

图 4-5-2　电源外特性曲线

图 4-5-3 所示,图中 R_L 选用电阻箱,从 0 ～ 600 Ω 改变负载电阻 R_L 的数值,测量对应的电压、电流,将数据记入表 4-5-1 中。

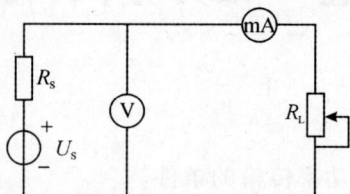

图 4-5-3　　实际电压源与负载电阻相连

表 4-5-1　　电路传输功率数据

$R_L(\Omega)$	0	100	200	300	400	500	600
$U(V)$							
$I(mA)$							
$P_L(mW)$							
$\eta\%$							

五、实验注意事项

电源用恒压源的可调电压输出端,其输出电压根据计算的电压源 U_S 数值进行调整,防止电源短路。

六、预习与思考题

1. 什么是阻抗匹配?电路传输最大功率的条件是什么?

2. 电路传输的功率和效率如何计算?

3. 根据图 4-5-2 给出的电源外特性曲线,计算出实际电压源模型中的电压源 U_S 和内阻 R_S,作为实验电路中的电源。

4. 电压表、电流表前后位置对换,对电压表、电流表的读数有无影响?为什么?

七、实验报告要求

1. 回答思考题。

2. 根据表 4-5-1 的实验数据,计算出对应的负载功率 P_L,并画出负载功率 P_L 随负载电阻 R_L 变化的曲线,找出传输最大功率的条件。

3. 根据表 4-5-1 的实验数据,计算出对应的效率 η,指明:(1) 传输最大功率时的效率;(2) 什么时候出现最大效率?由此说明电路在什么情况下,传输最大功率才比较经济、合理。

第五章　　交流电路实验单元

5-1　实验一　　交流串联电路的研究

一、实验目的

　　1. 学会使用交流数字仪表（电压表、电流表、功率表）和自耦调压器；

　　2. 学习用交流数字仪表测量交流电路的电压、电流和功率；

　　3. 学会用交流数字仪表测定交流电路参数的方法；

　　4. 加深对阻抗、阻抗角及相位差等概念的理解。

二、原理说明

　　如图 5-1-1(a) 所示的 RC 串联电路，在正弦稳态信号 $\dot{U}$ 的激励下，$\dot{U}_R$ 与 $\dot{U}_C$ 两者保持有 $90°$ 的相位差，即当阻值 R 改变时，$\dot{U}_R$ 的相量轨迹是一个半圆，$\dot{U}$,$\dot{U}_C$ 与 $\dot{U}_R$ 三者形成一个直角形的电压三角形，如图 5-1-1(b) 所示。R 值改变时，可改变 φ 角的大小，从而达到移相目的。

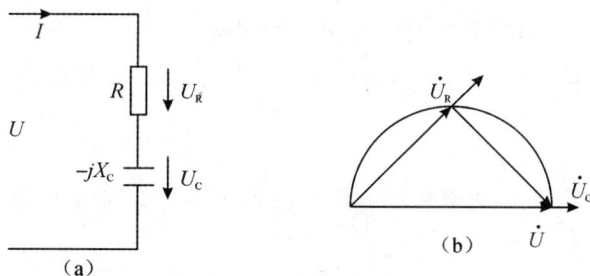

图 5-1-1　RC 串联电路

　　正弦交流电路中各个元件的参数值，可以用交流电压表、交流电流表及功率表，分别测量出元件两端的电压 U，流过该元件的电流 I 和它所消耗的功率 P，然后通过计算得到所求的各值，这种方法称为三表法，是用来测量 50 Hz 交流电路参数的基本方法。计算的基本公式为：

　　电阻元件的电阻：$R = \dfrac{U_R}{I}$ 或 $R = \dfrac{P}{I^2}$，

　　电感元件的感抗 $X_L = \dfrac{U_L}{I}$，电感 $L = \dfrac{X_L}{2\pi f}$，

　　电容元件的容抗 $X_C = \dfrac{U_C}{I}$，电容 $C = \dfrac{1}{2\pi f X_C}$，

　　串联电路复阻抗的模 $|Z| = \dfrac{U}{I}$，阻抗角 $\varphi = \text{arctg}\,\dfrac{X}{R}$，

其中：等效电阻 $R = \dfrac{P}{I^2}$，等效电抗 $X = \sqrt{|Z|^2 - R^2}$。

　　本次实验电阻元件采用白炽灯（非线性电阻）。电感线圈用镇流器，由于镇流器线圈的金属导线具有一定电阻，因而，镇流器可以由电感和电阻相串联来表示。电容器一般可认为是理想的电容元件。

　　在 R、L、C 串联电路中，各元件电压之间存在相位差，电源电压应等于各元件电压的相量和，而不能用它们的有效值直接相加。

　　电路功率用功率表测量，功率表（又称为瓦特表）是一种电动式仪表，其中电流线圈与负载串联，（具有两个电流线圈，可串联或并联，以便得到两个电流量程），而电压线圈与电源并联，电流线圈和电压线圈的公共端（标有 * 号端）必须连在一起，如图 5-1-2 所示。本实验使用数字式功率表，连接方法与电动式功率表相同，选择"手动"时电压、电流量程可分别选 250 V，（高于所测电路电压）和 3 A（大于所测电路电流），然后根据所测数据调整电流量程；或直接选择"自动"档。

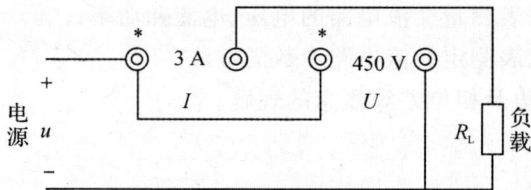

图 5-1-2　功率表接线图

三、实验设备

　　1. 交流电压表、电流表、功率表（在主控制屏）；
　　2. 自耦调压器（输出可调的交流电压）（在主控制屏）；
　　3.EEL-52B 组件、EEL-55B 实验箱（含白炽灯 220 V、40 W，镇流器，电容器）。

四、实验内容

　　实验电路如图 5-1-3 所示，功率表的连接方法见图 5-1-2，交流电源经自耦调压器调压后向负载 Z 供电。

　　1. 测量白炽灯的电阻

　　根据图 5-1-3 自搭电路，其中 Z 为两个串联连接的 220 V、40 W 的白炽灯，用自耦调压器调压，使 U 为 220 V，（用电压表测量），测量电流和功率，记入表 5-1-1 中。

　　将电压 U 调到 110 V，重复上述实验，将数据记入表 5-1-1 中。

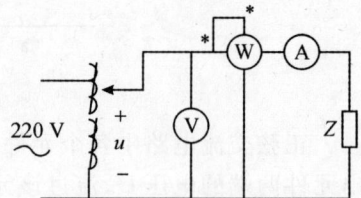

图 5-1-3　测量电路

表 5-1-1　测量白炽灯的电阻

U	I	P	计算值 R
220 V			
110 V			

2. 测量电容器的容抗

将图 5-1-3 电路中的 Z 换为两个白炽灯（R）和 4.3 μF/630 V（C）的电容器串联（改接电路时必须断开交流电源），将电压 U 调到 220 V，测量电压 U_R 和 U_c、电流和功率，记入表格 5-1-2 中，验证电压三角形关系。

将电容器换为 2.2 μF/630 V，重复上述实验。

表 5-1-2　测量电容器的容抗

C	U_R	U_c	I	P	计算值 C	计算值 X_c
4.3 μF						
2.2 μF						

3. 测量镇流器的参数

接线前，先测量镇流器的直流电阻，然后将图 5-1-3 电路中的 Z 换为镇流器，将电压 U 分别调到 180 V 和 90 V，测量电流和功率，记入表 5-1-3 中。

表 5-1-3　测量镇流器的参数

U	I	P	计算值 R	计算值 L
180 V				
90 V				

五、实验注意事项

1. 通常，功率表不单独使用，要有电压表和电流表监测，使电路中待测电压和电流值不超过功率表电压和电流的量限。

2. 注意功率表的正确接线，上电前必须反复、认真检查。（公共端"＊"接电源输出端，电流端"I"串联在电路中，电压端"V"并联在负载两端。）

3. 自耦调压器在接通电源前，应将其手柄置在零位上。调节时，使其输出电压从零开始逐渐升高。每次改接实验负载或实验完毕，都必须先将其旋柄调回零位，再断电源。必须严格遵守这一安全操作规程。

六、预习与思考题

1. 在 50 Hz 交流电路中，测得铁心线圈的 P、I 和 U，如何计算它的电阻值及电感量？
2. 了解功率表的连接方法和自耦调压器的操作方法。

七、实验报告要求

1. 根据实验 1 的数据，计算白炽灯在不同电压下的电阻值。
2. 根据实验 2 的数据，计算电容器的容抗和电容值。
3. 根据实验 3 的数据，计算镇流器的参数（电阻 R 和电感 L）。

5-2　实验二　提高功率因数的研究

一、实验目的

1. 研究提高感性负载功率因数的方法和意义；
2. 进一步熟悉、掌握使用交流仪表和自耦调压器；
3. 进一步加深对相位差等概念的理解。

二、原理说明

供电系统由电源（发电机或变压器）通过输电线路向负载供电。负载通常有电阻负载，如白炽灯、电阻加热器等，也有电感性负载，如电动机、变压器、线圈等，一般情况下，这两种负载会同时存在。由于电感性负载有较大的感抗，因而功率因数较低。

若电源向负载传送的功率 $P = UI\cos\varphi$，当功率 P 和供电电压 U 一定时，功率因数 $\cos\varphi$ 越低，线路电流 I 就越大，从而增加了线路电压降和线路功率损耗，若线路总电阻为 R_l，则线路电压降和线路功率损耗分别为 $\Delta U_l = IR_l$ 和 $\Delta P_l = I^2 R_l$；另外，负载的功率因数越低，表明无功功率就越大，电源就必须用较大的容量和负载电感进行能量交换，电源向负载提供有功功率的能力就必然下降，从而降低了电源容量的利用率。因而，为了提高供电系统的经济效益和供电质量，必须采取措施提高电感性负载的功率因数。

通常提高电感性负载功率因数的方法是在负载两端并联适当容量的电容器，使负载的总无功功率 $Q = Q_L - Q_C$ 减小，在传送的有功功率 P 不变时，使得功率因数提高，线路电流减小。当并联电容器的 $Q_C = Q_L$ 时，总无功功率 $Q = 0$，此时功率因数 $\cos\varphi = 1$，线路电流 I 最小。若继续并联电容器，将导致功率因数下降，线路电流增大，这种现象称为过补偿。

负载功率因数可以用三表法测量电源电压 U、负载电流 I 和功率 P（功率表测量到的是有功功率），用公式 $\lambda = \cos\varphi = \dfrac{P}{UI}$ 计算。

本实验的电感性负载用铁心线圈（镇流器），电源用主控屏上交流电经自耦调压器调压 220 V 供电。

三、实验设备

1. 交流电压表、电流表、功率表和功率因数表（在主控屏上）；
2. 自耦调压器（交流可调电压输出）（在主控屏上）；
3. EEL-52B 组件（含实验电路）；
4. 40 W 日光灯管（在主控屏上）。

四、实验内容

1. 日光灯线路接线与功率因数测量实验电路如图 5-2-1 所示，图中：L 为日光灯镇流器，B 为灯管，S 为启辉器。（日光灯管有两条灯丝，由四个插座接出，接线前测量灯丝电阻）

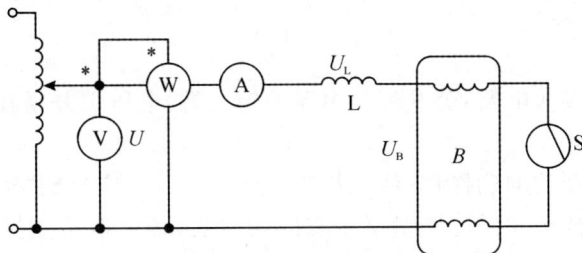

图 5-2-1 实验电路

接线完毕后,先将自耦调压器旋钮逆时针调至到底,使输出为 0。按下输出闭合按钮开关,调节自耦调压器的输出,使其输出电压缓慢增大,直到日光灯刚启辉点亮为止(稳定),记下三表的指示值。然后将电压调至 220 V(用数字电压表测量),测量功率 P,电流 I,电压 U,U_L,U_B 等值,验证电压、电流相量关系,相关数据填入表 5-2-1。

表 5-2-1 实验数据一

	测量数值					计算值
	$P(W)$	$I(A)$	$U(V)$	$U_L(V)$	$U_B(V)$	$\cos\psi$
启辉值						
正常工作值						

2. 电感性负载电路功率因数的改善

按图 5-2-2 组成实验线路,其中电流插座在主控屏上,电容接实验组件的电容箱,(而电压为 630 V 系列)经指导老师检查后,按下绿色输出按钮开关,调节自耦调压器的输出至 220 V(用数字电压表测量),记录功率表和功率因素表以及电压表读数,通过三个电流取样插座分别测得三条支路的电流。

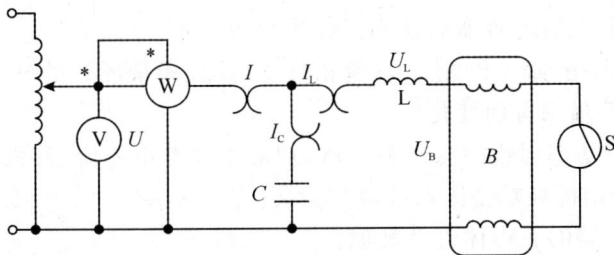

图 5-2-2 实验电路

改变并联电容值,重复上述步骤,电容器取值:0.47、1、1.47、2.2、3.2、4.3、6.5 μF 七点进行测试。数据填入表 5-2-2。

表 5-2-2 实验数据二

$C(\mu F)$	$P(W)$	$U(V)$	$I(A)$	$I_C(A)$	$I_L(A)$	$\cos\varphi$
0.47						
1						
1.47						
2.2						
3.2						
4.3						
6.5						

五、实验注意事项

1. 功率表要正确接入电路:公共端接电路的输入端,电压端并联在电路中,电流端串联在电路中。

2. 注意自耦调压器的准确操作。注意灯管工作选择开关应打到"实验"侧。

3. 本实验用电流插头和插座测量三个支路的电流,插座取至主控屏上。插座使用前应检查是否良好。

4. 线路接线正确,灯丝正常,交流电压已达 220 V,日光灯仍不能启辉时,应检查启辉器接触和保险管是否良好。

六、预习思考题

1. 为了提高电路的功率因数,常在感性负载上并联电容器,此时增加了一条电流支路,试问电路的总电流是增大还是减小,此时感性元件上的电流和功率是否改变?

2. 提高线路功率因数为什么只采用并联电容器法?而不用串联法?所并联的电容是否越大越好?

3. 一般的负载为什么功率因数较低?负载较低的功率因数对供电系统有何影响?为什么?

4. 当日光灯上缺少启辉器时,人们常用一根导线将启辉器插座的两端短接一下,然后迅速断开,使日光灯点亮;或用一只启辉器去点亮多只同类型的日光灯,这是为什么?

5. 参阅课外资料,了解日光灯的电路连接和工作原理。

七、实验报告

1. 完成数据表格中的计算,进行必要的误差分析。测量出日光灯电路和不同电容器并联时的功率因数。并说明并联电容器对功率因数的影响。

2. 根据实验数据,分别绘出电压、电流相量图,验证相量形式的基尔霍夫定律,说明改变并联电容的大小时,相量图有何变化?

3. 讨论改善电路功率因数的意义和方法,从减小线路电压降、线路功率损耗和充分利用电源容量两个方面说明提高功率因数的经济意义。

4. 装接日光灯线路的心得体会及其他。

5. 回答思考题 1、2、3。

5-3　实验三　　三相电路电压、电流的测量

一、实验目的

　　1. 练习三相负载的星形联接和三角形联接；

　　2. 了解三相负载星形联接和三角形联接线电压与相电压，线电流与相电流之间的关系；

　　3. 了解三相四线制供电系统中，中线的作用；

　　4. 观察三相负载线路故障时的情况。

二、原理说明

　　电源采用三相四线制向负载供电，三相负载可接成星形（Y 形）或三角形（△ 形）。

　　当三相对称负载作星形联接时，线电压 U_L 是相电压 U_P 的 $\sqrt{3}$ 倍，线电流 I_L 等于相电流 I_P，即：$U_L = \sqrt{3} U_P$，$I_L = I_P$，流过中线的电流 $I_N = 0$；三相对称负载作三角形联接时，线电压 U_L 等于相电压 U_P，线电流 I_L 是相电流 I_P 的 $\sqrt{3}$ 倍，即：$I_L = \sqrt{3} I_P$，$U_L = U_P$。

　　不对称三相负载作星形联接时，应采用"Y_0"接法，中线必须牢固联接，以保证三相不对称负载的每相电压等于电源的相电压（三相对称电压）。若中线断开，会导致三相负载电压的不对称，致使负载轻的那一相的相电压过高，使负载遭受损坏，负载重的一相相电压又过低，使负载不能正常工作；对于不对称负载作"三角形"联接时，$I_L \neq \sqrt{3} I_P$，但只要电源的线电压 U_L 对称，加在三相负载上的电压仍是对称的，对各相负载工作没有影响。

　　本实验中，用三相交流调压器调压输出作为三相交流电源，用四组白炽灯作为三相负载，线电流、相电流、中线电流用电流插头和插座测量。

三、实验设备

　　1. 三相可调交流电源（在主控屏上）；

　　2. 交流电压表、电流表（在主控屏上）；

　　3. EEL-55B 组件（含 40 W 白炽灯四组共 8 个、电流插座和钮子开关）；

　　4. 电流测量插孔（在主控屏上）。

四、实验内容

　　1. 三相负载星形联接（三相四线制供电）

　　用三相调压器调压输出作为三相交流电源，将四组白炽灯按图 5-3-1 所示实验电路连接成星形接法（其中 V 相接两组负载）。具体操作如下：将三相调压器的电压调节旋钮置于三相电压输出为 0 V 的位置（即逆时针旋到底的位置），按要求连接实验电路。

　　然后旋转旋钮，调节调压器电压的输出，使输出的三相的线电压为 220 V。测量电路的线电压和相电压，并记录数据。

　　(1) 在有中线的情况下（连接 NN′ 两点），测量三相负载对称和不对称时的各相的相电流、中线电流和各相的相电压，数据记入表 5-3-1 中，并比较各相白炽灯之间的亮度。

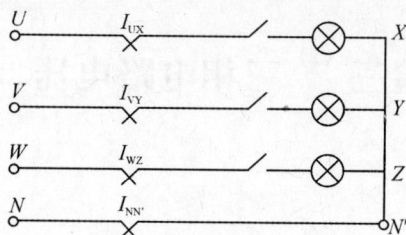

图 5-3-1　实验电路星形接法

（2）在无中线的情况下（断开 NN′ 之间的连线），测量三相负载对称和不对称时的各相的相电流、各相的相电压和电源中点 N 到负载中点 N′ 的中线电压 $U_{NN'}$，数据记入表 5-3-1 中，并比较各相白炽灯之间的亮度。注意：此时中线已断开，各相电压可能不平衡。重点测量的是负载两端的相电压，而不是电源电压。

表 5-3-1　负载星形联接实验数据

中线连接	每相灯数（组）			负载相电压（V）			负载相电流（A）			中线电流 $I_{NN'}$（A）	中线电压 $U_{NN'}$（V）	亮度比较 U、V、W
	U	V	W	U_{UX}	U_{VY}	U_{WZ}	I_{UX}	I_{VY}	I_{WZ}			
有	1	1	1									
	1	2组并联	1									
	1	断开	1									
无	1	1	1									
	1	2组并联	1									
	1	断开	1									
	1	1	短路									

注：1.“2组并联”时要测量2条支路的电流后相加；2.“断开”为断开本支路负载；3.“短路”为将本支路负载短接，应注意测量本支路电流及测量的位置（电流不为零）。

2. 三相负载三角形联接

将四组白炽灯按图 5-3-2 所示实验电路连接成三角形接法。（其中 V-W 相接两组负载）。测量线电流的插座，使用主控屏上电流插座接路电路。

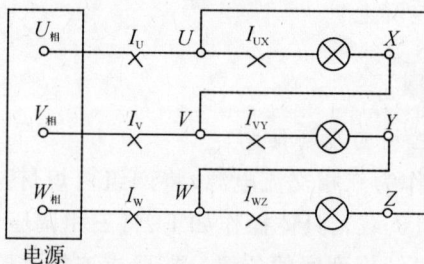

图 5-3-2　实验电路三角形接法

调节三相调压器的输出电压，使输出三相的线电压为 220 V。测量三相负载对称和不对称时的各个相电流、线电流和各相的相电压，数据记入表 5-3-2 中，并比较各灯和星形接法白炽灯的亮度。（实验时，注意区分相电流和线电流的检测位置）

表 5-3-2　负载三角形联接实验数据

每相灯数(组)			线电压(V)			线电流(A)			相电流(A)			亮度比较
U-V	V-W	W-U	U_{UV}	U_{VW}	U_{WU}	I_U	I_V	I_W	I_{UX}	I_{VY}	I_{WZ}	
1	1	1										
1	2组并联	1										

注:"2组并联"要分别测量各支路电流。

五、实验注意事项

1. 每次接线完毕,同组同学应自查一遍,方可接通电源,必须严格遵守先接线,后通电;先断电,后抓线的实验操作原则。注意带电实验时,应单手操作,不可同时接触两根导线。

2. 星形负载作短路实验时,必须首先断开中线,以免发生短路事故。

3. 测量、记录各电压、电流时,注意分清它们是哪一相、哪一线,防止记错。

六、预习与思考题

1. 三相负载根据什么原则作星形或三角形连接?本实验为什么将三相电源线电压设定为220 V?

2. 对称三相负载按星形或三角形连接,它们的线电压与相电压、线电流与相电流有何关系?当三相负载不对称时关系是否成立?利用实验数据计算验证。

3. 说明在三相四线制供电系统中中线的作用,中线上能安装保险丝吗?为什么?

七、实验报告要求

1. 根据实验数据,在负载为星形连接时,$U_l = \sqrt{3}U_p$ 在什么条件下成立?在三角形连接时,$I_l = \sqrt{3}I_p$ 在什么条件下成立?

2. 用实验数据和观察到的现象,总结三相四线制供电系统中中线的作用。

3. 不对称三角形联接的负载,能否正常工作?实验是否能证明这一点?

4. 根据不对称负载三角形联接时的实验数据,画出各相电压、相电流和线电流的相量图,并证实实验数据的正确性。

5-4　实验四　三相电路功率的测量

一、实验目的

1. 学会用功率表测量三相电路功率的方法；
2. 掌握功率表的接线和使用方法。

二、原理说明

1. 三相四线制供电,负载星形联接(即 Y_0 接法)

对于三相不对称负载,用三个单相功率表测量,测量电路如图 5-4-1 所示,三个单相功率表的读数为 W_1、W_2、W_3,则三相功率 $P = W_1 + W_2 + W_3$,这种测量方法称为三瓦特表法;对于三相对称负载,用一个单相功率表测量即可,若功率表的读数为 W,则三相功率 $P = 3W$,称为一瓦特表法。

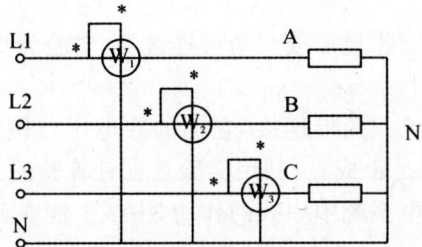

图 5-4-1　三相四线制供电,负载星形联接

2. 三相三线制供电

三相三线制供电系统中,不论三相负载是否对称,也不论负载是"Y"接还是"△"接,都可用二瓦特表法测量三相负载的有功功率。测量电路如图 5-4-2 所示,若两个功率表的读数为 W_1、W_2,则三相功率 $P = W_1 + W_2 = U_l I_l \cos(30° - \varphi) + U_l I_l \cos(30° + \varphi)$,其中 φ 为负载的阻抗角(即功率因数角),两个功率表的读数与 φ 有下列关系:

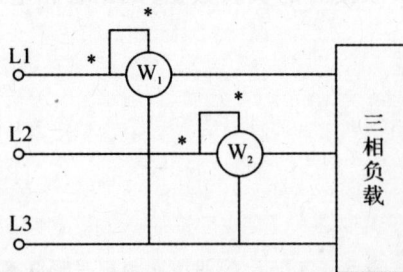

图 5-4-2　二瓦特表法测量三相负载的有功功率

(1) 当负载为纯电阻,$\varphi = 0$,$W_1 = W_2$,即两个功率表读数相等;

(2) 当负载功率因数 $\cos\varphi = 0.5$,$\varphi = \pm 60°$,将有一个功率表的读数为零;当负载功率因数 $\cos\varphi < 0.5$,$|\varphi| > 60°$,则有一个功率表的读数为负值,该功率表指针将反方向偏转,这时应将功率表电流线圈的两个端子调换(不能调换电压线圈端子),而读数应记为负值。对于数字式功

率表将出现负读数。

3. 测量三相对称负载的无功功率

对于三相三线制供电的三相对称负载,可用一瓦特表法测得三相负载的总无功功率 Q,测试电路如图 5-4-3 所示。

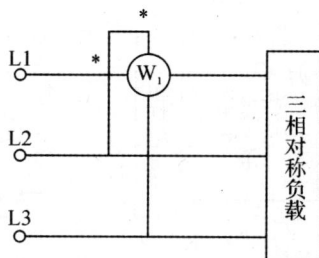

图 5-4-3　一瓦特表法测得三相负载的总无功功率

功率表读数 $W = U_l I_l \sin\varphi$,其中 φ 为负载的阻抗角,则三相负载的无功功率 $Q = \sqrt{3}\,W$。

三、实验设备

1. 交流电压表、电流表、功率表;

2. 三相调压输出电源;

3. EEL-55B 组件,EEL-52B(电容)。

四、实验内容

1. 三相四线制供电,测量负载星形联接(即 $\mathrm{Y_0}$ 接法)的三相功率

(1)用一瓦特表法测定三相对称负载三相功率,实验电路如图 5-4-4 所示,线路中的电流表和电压表用以监视三相电流和电压,不要超过功率表电压和电流的量程。经指导教师检查后,接通三相电源开关,将调压器的输出由 0 调到 220 V(线电压),按表 5-4-1 的要求进行测量及计算,将数据记入表中。

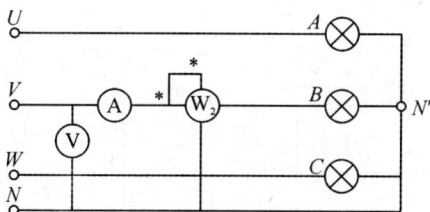

图 5-4-4　一瓦特表法测定三相对称负载三相功率

(2)用三瓦特表法测定三相不对称负载三相功率,本实验用一个功率表分别测量每相功率,实验电路如图 5-4-4 所示,步骤与(1)相同,将数据记入表 5-4-1 中。

表 5-4-1　三相四线制负载星形联接数据

负载情况	开灯盏数			测量数据			计算值
	A 相	B 相	C 相	P_A(W)	P_B(W)	P_C(W)	P(W)
$\mathrm{Y_0}$ 接对称负载	2	2	2				
$\mathrm{Y_0}$ 接不对称负载	1	2	2				

2. 三相三线制供电，测量三相负载功率

（1）用二瓦特表法测量三相负载"Y"连接的三相功率，实验电路如图 5-4-5（a）所示，图中"三相灯组负载"见图（b），经指导教师检查后，接通三相电源，调节三相调压器的输出，使线电压为 220 V，按表 5-4-2 的内容进行测量计算，并将数据记入表中。

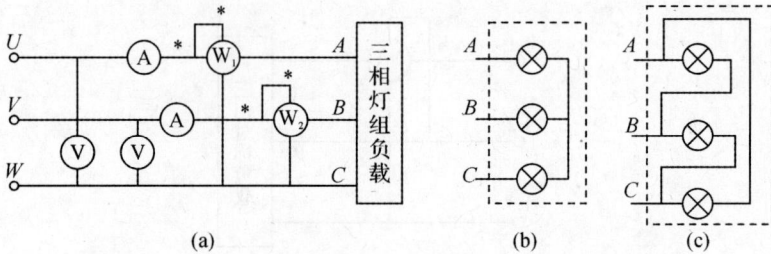

图 5-4-5　二瓦特表法测定三相不对称负载三相功率

（2）将三相灯组负载改成"△"接法，如图（c）所示，重复（1）的测量步骤，数据记入表 5-4-2 中。

表 5-4-2　三相三线制三相负载功率数据

负载情况	开灯盏数			测量数据		计算值
	A 相	B 相	C 相	P(W)	P(W)	P(W)
Y 接对称负载	2	2	2			
Y 接不对称负载	1	2	2			
△ 接不对称负载	1	2	2			
△ 接对称负载	2	2	2			

3. 测量三相对称负载的无功功率

用一瓦特表法测定三相对称星形负载的无功功率，实验电路如图 5-4-6（a）所示：

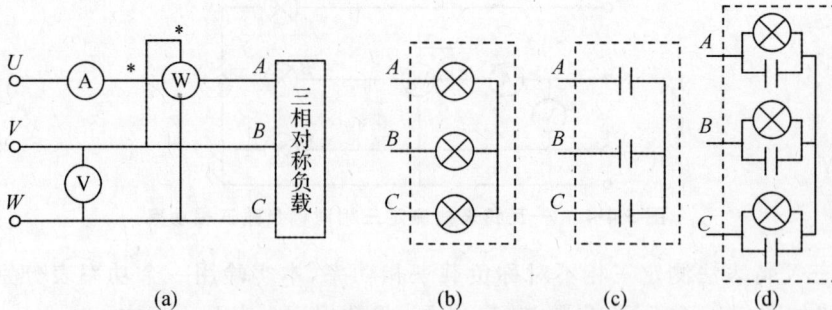

图 5-4-6　一瓦特表法测定三相对称星形负载的无功功率

图中"三相对称负载"见图（b），每相负载由两个白炽灯组成，检查接线无误后，接通三相电源，将三相调压器的输出线电压调到 380 V，将测量数据记入表 5-4-3 中。

更换三相负载性质，图（a）中的"三相对称负载"分别按图（c）、图（d）连接，按表 5-4-3 的内容进行测量、计算，并将数据记入表 5-4-3 中。

表 5-4-3　三相对称负载无功功率数据

负载情况	测量值			计算值
	$U(\mathrm{V})$	$I(\mathrm{V})$	$W(\mathrm{Var})$	$Q = \sqrt{3}\,W$
三相对称灯组(每相 2 盏)				
三相对称电容(每相 3.47 $\mu\mathrm{F}$)				
上述灯组、电容并联负载				

五、实验注意事项

1. 每次实验完毕,均需将三相调压器旋钮调回零位,如改变接线,均需新开三相电源,以确保人身安全。

2. 注意功率表的连接方法。

六、预习与思考题

1. 复习二瓦特表法测量三相电路有功功率的原理。

2. 复习一瓦特表法测量三相对称负载无功功率的原理。

3. 测量功率时为什么在线路中通常都接有电流表和电压表?

4. 为什么有的实验需将三相电源线电压调到 380 V,而有的实验要调到 220 V?

七、实验报告要求

1. 整理、计算表 5-4-1、表 5-4-2 和表 5-4-3 的数据,并和理论计算值相比较;

2. 根据表 5-4-3 的数据,总结负载无功功率什么情况下为零?什么情况下不为零?为什么?总结、分析三相电路功率测量的方法。

3. 总结、分析三相电路功率测量的方法。

5-5　实验五　　三相交流电路相序测量

一、实验目的

1. 掌握三相交流电路相序的测量方法;
2. 熟悉功率因数表的使用方法,了解负载性质对功率因数的影响。

二、实验原理

1. 相序指示器

相序指示器如图 5-5-1 所示,它是由一个电容器和两个白炽灯按星型联接的电路,用来指示三相电源的相序。

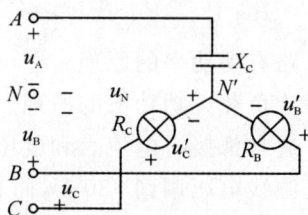

图 5-5-1　相序指示器

设 $\dot{U}_A$、$\dot{U}_B$、$\dot{U}_C$ 为三相对称电源相电压,中点电压:$\dot{U}_N = \dfrac{\dfrac{\dot{U}_A}{-jX_C} + \dfrac{\dot{U}_B}{R_B} + \dfrac{\dot{U}_C}{R_C}}{\dfrac{1}{-jX_C} + \dfrac{1}{R_B} + \dfrac{1}{R_C}}$。

设 $X_C = R_B = R_C, \dot{U}_A = U_P\angle 0° = U_P$ 代入上式得:$\dot{U}_N = (-0.2 + j0.6)U_P$,

则 $\dot{U}'_B = \dot{U}_B - \dot{U}_N = (-0.3 - j1.466)U_P$, 　$U'_B = 1.49U_P$;

$\dot{U}'_C = \dot{U}_C - \dot{U}_N = (-0.3 + j0.266)U_P$, 　$U'_C = 0.4U_P$。

可见 $U'_B > U'_C$,B 相的白炽灯比 C 相的亮。

综上所述,用相序指示器指示三相电源相序的方法是:如果连接电容器的一相是 A 相,那么,白炽灯较亮的一相是 B 相,较暗的一相是 C 相。

三、实验设备

1. 三相调压器(输出可调三相交流电压);
2. EEL-55B 组件(白炽灯),EEL-52B(电容);
3. 交流电压表。

四、实验内容

1. 测定三相电源的相序

(1) 按图 5-5-1 接线,图中,$C = 4.3\ \mu F$,R_A、R_B 为两个 220 V、40 W 的白炽灯,调节三相

调压器,输出线电压为 220 V 的三相交流电压,测量电容器、白炽灯和中点电压 U_N,观察灯光明亮状态,作好记录。设电容器一相为 A 相,试判断 B、C 相。

　　(2) 将电源线任意调换两相后,再接入电路,重复步骤(1),并指出三相电源的相序。

五、实验注意事项

　　每次改接线路都必须先断开电源。

六、预习与思考题

　　在图 5-5-1 电路中,已知电源线电压为 220 V,试计算电容器和白炽灯的电压。

七、实验报告要求

　　根据实验 1 的实验数据和现象,简述相序指示器的相序检测原理。

5-6　实验六　　单相电度表的校验

一、实验目的

1. 了解电度表的工作原理,掌握电度表的接线和使用;
2. 学会测定电度表的技术参数和校验方法。

二、原理说明

电度表是一种感应式仪表,是根据交变磁场在金属中产生感应电流,从而产生转矩的基本原理而工作的仪表,主要用于测量交流电路中的电能。

1. 电度表的结构和原理

电度表主要由驱动装置、转动铝盘、制动永久磁铁和指示器等部分组成。

驱动装置和转动铝盘:驱动装置有电压铁芯线圈和电流铁芯线圈,在空间上、下排列,中间隔以铝制的圆盘。驱动两个铁芯线圈的交流电,建立起合成的交变磁场,交变磁场穿过铝盘,在铝盘上产生感应电流,该电流与磁场的相互作用,产生转动力矩驱使铝盘转动。

制动永久磁铁:铝盘上方装有一个永久磁铁,其作用是对转动的铝盘产生制动力矩,使铝盘转速与负载功率成正比。因此,在某一测量时间内,负载所消耗的电能 W 就与铝盘的转数 n 成正比。

指示器:电度表的指示器不能像其他指示仪表的指针一样停留在某一位置,而应能随着电能的不断增大(也就是随着时间的延续)而连续地转动,这样才能随时反映出电能积累的数值。因此,它是将转动铝盘通过齿轮传动机构折换为被测电能的数值,由一系列齿轮上的数字直接指示出来。

2. 电度表的技术指标

(1)电度表常数:铝盘的转数 n 与负载消耗的电能 W 成正比,即

$$N = \frac{n}{W},$$

比例系数 N 称为电度表常数,常在电度表上标明,其单位是转 /1 千瓦小时。

(2)电度表灵敏度:在额定电压、额定频率及 $\cos\varphi = 1$ 的条件下,负载电流从零开始增大,测出铝盘开始转动的最小电流值 $I_{\min}$,则仪表的灵敏度表示为

$$S = \frac{I_{\min}}{I_N} \times 100\%,$$

式中的 I_N 为电度表的额定电流。

(3)电度表的潜动:当负载电流等于零时电度表仍出现缓慢转动的情况,这种现象称为潜动。按照规定,无负载电流的情况下,外加电压为电度表额定电压的110%(达 242 V)时,观察铝盘的转动是否超过一周,凡超过一周者,判为潜动不合格的电度表。

本实验使用 220 V、5 A(10 A)的电度表,接线图见图 5-6-1 所示,"黄"、"绿"两端为电流线圈,"黄"、"蓝"两

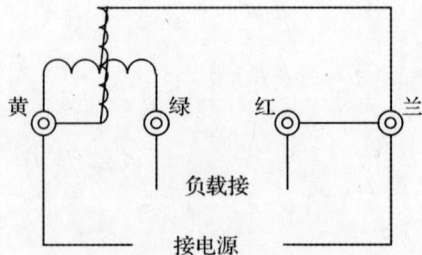

图 5-6-1　电度表

端为电压线圈。

三、实验设备

1. 交流电压表、电流表和功率表；
2. 三相调压器（输出可调交流电压）；
3. EEL-55B 元件箱（白炽灯）；
4. 电度表；
5. 秒表。

四、实验内容

1. 记录被校验电度表的额定数据和技术指标：
额定电流 $I_N =$ _____，额定电压 $U_N =$ _____，电度表常数 $N =$ _____。
2. 用功率表、秒表法校验电度表常数

按图 5-6-2 接线，电度表的接线与功率表相同，其电流线圈与负载串联，电压线圈与负载并联。

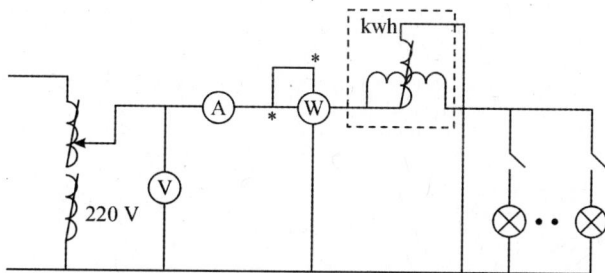

图 5-6-2　校验电度表准确度实验电路

线路经指导教师检查后，接通电源，将调压器的输出电压调到 220 V，按表 5-6-1 的要求接通灯组负载，用秒表定时记录电度表铝盘的转数，并记录各表的读数。为了数圈数的准确起见，可将电度表铝盘上的一小段红色标记刚出现（或刚结束）时作为秒表计时的开始。此外，为了能记录整数转数，可先预定好转数，待电度表铝盘刚转完此转数时，作为秒表测定时间的终点，将所有数据记入表 5-6-1 中。为了准确和熟悉起见，可重复多做几次。

表 5-6-1　校验电度表准确度数据负载情况

负载情况(40 W 白炽灯个数)	测 量 值					计 算 值			
	U(V)	I(A)	P(W)	时间(s)	转数 n	实测电能 W(kWh)	计算电能 W(kWh)	$\Delta W/W$	电度表常数 N
6									
8									

3. 检查电度表潜动是否合格

切断负载，即断开电度表的电流线圈回路，调节调压器的输出电压为额定电压的 110%（即 242 V），仔细观察电度表的铝盘有否转动，一般允许有缓慢地转动，但应在不超过一转的任一点上停止，这样，电度表的潜动为合格，反之则不合格。

五、实验注意事项

1. 本实验台配有一只电度表,采用挂件式结构,实验时,只要将电度表挂在板图指定的位置即可,实验完毕,拆除线路后取下电度表。

2. 记录时,同组同学要密切配合,秒表定时,读取转数步调要一致,以确保测量的准确性。

3. 注意功率表和电度表的接线。

六、预习与思考题

1. 了解电度表的结构、工作原理和接线方法。

2. 电度表有哪些技术指标?如何测定?

七、实验报告要求

1. 整理实验数据,计算出电度表的各项技术指标。

2. 对被校电度表的各项技术指标作出评价。

第六章　暂态电路及频率特性实验单元

6-1　实验一　　典型电信号的观察与测量

一、实验目的

1. 了解实验台上信号发生器和示波器面板上各旋钮、开关的作用及其调节方法；
2. 学会使用示波器观察电信号的波形，定量测出正弦信号和脉冲信号的波形参数；
3. 掌握示波器和信号源的一般使用方法。

二、原理说明

正弦信号和矩形波脉冲信号是常用的电激励信号，通常由信号发生器产生并提供。

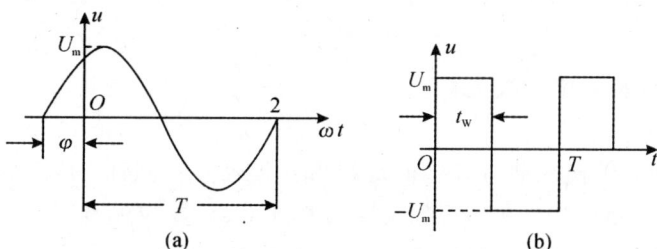

图 6-1-1

正弦信号（如电压）波形的主要参数有幅值 U_m、周期 T（或频率 f）和初相 φ，如图 6-1-1(a) 所示；矩形波脉冲信号的波形除了幅值 U_m、周期 T 外，还有脉脉冲宽度 t_w，见图 6-1-1(b) 所示。本实验台上 YB1602D 型函数信号发生器的使用简单，信号类型可由'波形选择'开关选取；输出频率范围为 0.2 Hz ～ 2 MHz，由面板上的波段开关、频率粗调和微调旋钮进行调节，并用 5 位数码管直接显示输出的频率值；电压的幅值范围为 0 ～ 20 V，在面板上的可连续调节"幅度"旋钮，用 3 位数码管直接显示调节的电压值。如果需要输出微弱电压时，可通过选择面板上的衰减开关挡位来实现。其他不使用的开关，均处于弹出（断开）位置（详细使用方法见附录三）。

示波器是一种观测电信号图形的仪器，可定量测出电信号的波形参数，从荧光屏的 Y 轴刻度尺并结合其量程分档选择开关（Y 轴输入电压灵敏度 V/cm 分档选择开关），读得电信号的幅值；从荧光屏的 X 轴刻度尺并结合其量程分档选择开关（X 轴时间扫描速度 s/cm 分档选择开关），读得电信号的周期和脉宽等参数。为了完成对各种不同波形、不同要求的观察和测量，它还有其他的调节旋钮，在实验中可逐步了解。一台双踪示波器可以同时观察和测量两个信号波形（YB43020B 双踪示波器的详细使用方法，结构和原理见附录二）。

三、实验设备

1. YB43020B 双踪示波器；
2. YB1602D 函数信号发生器（含频率计）；
3. YB2172B 交流数字毫伏表。

四、实验内容

1. 双踪示波器的自检

（1）准备工作

主要开关旋钮，按下表设置。SEC/div 是扫描周期，VOLTS/div 是 Y 增益。

名称	辉度	聚焦	Y 位移	X 位移	扫描周期	自动	常态	其他按钮	其他旋钮
位置	居中	居中	居中	居中	非 X-Y 处	按下	按下	弹出（断）	居中

注："VOLTS/div" 和 "SEC/div" 的微调旋钮，均旋转到 "校准" 位置。

（2）"光点" 调节

接通示波器上的电源，LED 指示灯亮，预热 1 分钟左右，通过调节 "辉度"、"聚焦"、"X 轴位移"、"Y 轴位移" 这四个基本旋钮，即可出现清晰的光点。

（3）"扫描线" 调节

当光点出现后，只要调节 "扫描周期"，即可出现扫描线。一般通过调节 "X 轴位移" 和 "Y 轴位移" 将扫描线调到屏幕的中心线上。

（4）自检

将双踪示波器的 Y 轴输入插口 Y_1 和 Y_2 端和示波器专用同轴电缆连接，其探头接到示波器面板上的 "校准信号" 插口上，在出现扫描线的基础上，只要协调地调节示波器面板上的 "Y 增益"、"通道选择"、"输入选择"、"扫描周期" 等，使在荧光屏的中心部分显示出线条细而清晰、亮度适中的方波波形。通过选择 "Y 增益" 和 "扫描周期"，并将它们的微调旋钮旋至 "校准" 位置，从荧光屏上可读出该 "校准信号" 的幅值与频率。计算方法如下：

Y（幅度）= 荧光屏的高度 H_Y × Y 增益的刻度值 × 探头的倍乘系数（1 或 10）

T（周期）= 荧光屏一个周期的宽度 T_x × 扫描周期的刻度值

将以上的计算结果与标称值（0.5 V 和 1 kHz）作比较，如相差较大，应请老师校准。

2. 测量正弦波信号的波形参数

（1）实验要求：

① 信号源输出的正弦信号频率分别为 50 Hz，1.5 kHz 和 20 kHz，输出信号的有效值分别为 0.5 V，1 V，3 V（由交流毫伏表读得），并通过调节示波器进行观测，分别记入表 6-1-1 和表 6-1-2 中。

② 信号源输出的矩形波幅度，分别观测 100 Hz、3 kHz 和 30 kHz，有效值为 1.5 V，并通过调节示波器进行观测，记入自拟的数据表格中。

③ 信号频率保持在 3 kHz，调节信号源的输出幅度和脉宽，在示波器观察波形参数的变化，并记录到自拟的数据表格中。

（2）实验步骤

① 先将信号源按要求调节好；

② 通过电缆线，将信号源的输出信号与示波器的 Y_1 通道 /Y_2 通道相连；

③ 将示波器"Y 增益"和"扫描周期"的微调旋钮旋至"校准"位置；

④ 调节示波器，使之出现清晰稳定的正弦波形；

⑤ 测量波形参数，方法同自检。但正弦波的幅度还要除于 2。

表 6-1-1　　正弦波信号频率的观测数据

频率计读数　　　项目测定	正弦波信号频率（Hz）		
	50	1 500	20 000
示波器"SEC/div"位置			
一个周期占有的格数			
测量的信号周期(s)			
理论计算的周期(s)			
周期的绝对误差(s)			

表 6-1-2　　正弦波信号幅值的观测数据

交流毫伏表读数　　　项目测定	正弦波信号有效值（V）		
	0.5	1	3
示波器"VOLTS/div"位置			
被测峰—峰值的波形格数			
测量正弦波的幅值(V)			
理论计算的幅值(V)			
幅值的绝对误差(s)			

五、实验注意事项

1. 示波器的辉度不要过亮；

2. 调节旋钮时，动作要轻柔；调到极限位置时，不许再继续调节，以免损坏。

3. 调节示波器时，要注意触发开关和电平调节旋钮的配合使用，使显示的波形稳定。

4. 作定量测定时，"VOLTS/div（Y 增益）"和"SEC/div（扫描周期）"的微调旋钮应旋置到"校准"位置；

5. 为防止干扰信号，信号源的接地端与示波器的接地端要连接在一起（称共地）。

6. 实验完毕，示波器输入电缆和仪器连接在一起，不必取下。

六、预习与思考题

认真阅读示波器的使用说明（附录二），思考并回答下列问题：

1. 示波器面板上'SEC/div'和'VOLTS/div'的含义是什么？

2. 观察示波器本机'校准信号'时，要在荧光屏上得到两个周期的稳定波形，而幅度要求为五格，试问 Y 轴电压灵敏度应置于哪一挡位置？'VOLTS/div'又置于哪一挡位置？

3. 应用双踪示波器观察到如图 6-1-2 所示的两个波形，Y 轴的'v/div'的指示为 0.5 V，X

轴的'SEC/div'指示为 20 μs，试问这两个波形信号的波形参数为多少？

4. 自拟实验所需的数据表格。

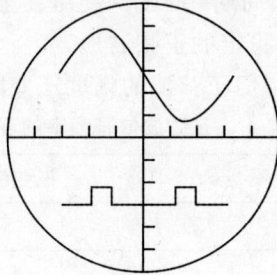

图 6-1-2

七、实验报告要求

1. 根据实验数据，绘制正弦波和矩形波的波形，并标明波形参数。

2. 如用示波器观察正弦信号时，荧光屏上出现图 6-1-3 几种情况时，试说明示波器哪些旋钮的位置不对？应如何调节？

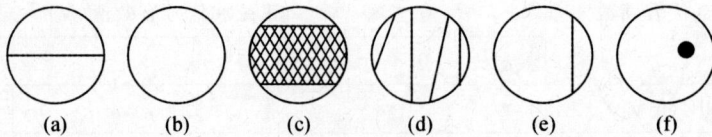

(a)　　(b)　　(c)　　(d)　　(e)　　(f)

图 6-1-3

3. 回答思考题 1、2、3。

6-2　实验二　　观测周期性信号的有效值、平均值和幅值

一、实验目的

1. 加深理解周期性信号的有效值和平均值的概念,学会计算方法;
2. 了解几种周期性信号(正弦波、矩形波、三角波)的有效值、平均值和幅值的关系;
3. 掌握信号源的使用方法。

二、原理说明

正弦波、矩形波、三角波都属于周期性信号,它们的电压波形如图 6-2-1(a)、(b)、(c) 所示,图中各波形的幅值为 U_m,周期为 T。用有效值表示周期性信号的大小(作功能力),平均值表示周期性信号在一个周期里平均起来的大小,本实验是取波形绝对值的平均值,它们都与幅值有一定关系。

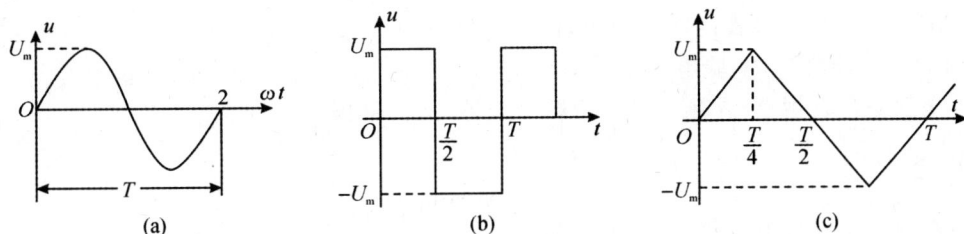

图 6-2-1

1. 正弦波电压有效值、平均值的计算

如图 18-1(a) 所示,设正弦波电压 $u = U_m \sin\omega t$,

有效值:$U = \sqrt{\dfrac{1}{T}\int_0^T u^2 \mathrm{d}t} = \sqrt{\dfrac{1}{T}\int_0^T U_m^2 \sin^2\omega t \,\mathrm{d}(\omega t)} = \dfrac{U_m}{\sqrt{2}} = 0.707U_m$。

正弦波电压的平均值为零,若按正弦波电压绝对值(即全波整流波形)计算,

平均值:$U_V = \dfrac{1}{\dfrac{T}{2}}\int_0^{\frac{T}{2}} u\mathrm{d}t = \dfrac{1}{\dfrac{T}{2}}\int_0^{\frac{T}{2}} U_m \sin\omega t \,\mathrm{d}(\omega t) = \dfrac{4U_m}{T} = \dfrac{2U_m}{\pi} = 0.636U_m$。

2. 矩形波电压有效值、平均值的计算

如图 18-1(b) 所示,有效值等于电压的"方均根",由于电压波形对称,只计算半个周期即可,

$$U = \sqrt{\dfrac{1}{\dfrac{T}{2}}\int_0^{\frac{T}{2}} U_m^2 \mathrm{d}t} = \sqrt{\dfrac{U_m^2}{\dfrac{T}{2}} \times t \,\Bigg|_0^{\frac{T}{2}}} = U_m。$$

取波形绝对值的平均值,同样,只计算半个周期即可,

$$U_V = \dfrac{U_m \times \dfrac{T}{2}}{\dfrac{T}{2}} = U_m。$$

3. 三角波电压有效值、平均值的计算

如图 18-1(a) 所示，由于波形对称，在四分之一个周期里，$u = \dfrac{4U_m}{T} \times t$，则

有效值：

$$U = \sqrt{\frac{1}{\frac{T}{4}} \int_0^{\frac{T}{4}} u^2 \, \mathrm{d}t} = \sqrt{\frac{4}{T} \int_0^{\frac{T}{4}} \frac{4^2 U_m^2}{T^2 \times t^2} \, \mathrm{d}t} = \sqrt{\frac{4^3 U_m^2}{T^3} \int_0^{\frac{T}{4}} t^2 \, \mathrm{d}t} = \frac{U_m}{\sqrt{3}} = 00.577 U_m。$$

取波形绝对值的平均值，同样，只计算四分之一个周期即可，

$$U_V = \frac{(U_m \times \frac{T}{4})/2}{\frac{T}{4}} = \frac{U_m}{2} = 0.5 U_m。$$

在实际电路中，周期性信号的有效值用交流仪表测量，平均值用直流仪表测量，幅值用示波器测量。在本实验中，测量有效值、平均值和幅值均已制成专门的组件，从组件的输出端可直接读出它们的大小。

三、实验设备

1. MEL-06 组件（含直流数字电压表）；
2. EEL-33 组件（含实验电路组件）；
3. 函数信号发生器（含频率计）、双踪示波器、交流毫仪表。

四、实验内容

1. 观测正弦波的有效值、平均值和幅值
a. 将信号源的"波形选择"开关置正弦波信号位置上；
b. 将信号源的信号输出端与频率计输入端连接，信号源与频率计已"共地"；
c. 将信号源的信号输出端与测量"幅值"组件的输入端连接；
d. 接通信号源电源，调节信号源的频率旋钮（包括"频段选择"开关、频率粗调和频率细调旋钮），使输出信号的频率为 1 kHz（由频率计读出），调节输出信号的"幅值调节"旋钮，使"幅值"组件的输出端指示 1 V，固定信号源的频率和幅值不变；
e. 将信号源的信号输出端分别与测量"有效值"和"平均值"组件的输入端连接，记录这两个组件的输出值。
2. 观测矩形波的有效值、平均值和幅值
将信号源的"波形选择"开关置方波信号位置上，重复上述步骤。
3. 观测三角波的有效值、平均值和幅值
将信号源的"波形选择"开关置锯齿波信号位置上，重复上述步骤。

五、实验注意事项

1. 实验前，应认真预习几种仪器仪表的使用方法。
2. 注意仪器之间的"共地"连接，防止输出信号的短路。

六、预习与思考题

1. 了解周期性信号有效值、平均值和幅值的概念。

2. 在实际电路中,周期性信号的有效值、平均值和幅值各用什么类型的仪表测量?

3. 若正弦波、矩形波、三角波的幅值均为 1 V,试计算它们的有效值和平均值(正弦波的平均值按全波整流波形计算)。

七、实验报告要求

1. 回答思考题。

2. 整理实验数据,并与计算值(思考题 3)相比较。

3. 试计算图 6-2-2 所示波形(方波)的有效值和平均值。

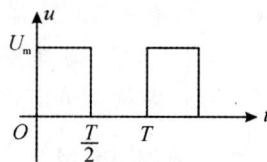

图 6-2-2

6-3　实验三　一阶电路暂态过程的研究

一、实验目的

1. 研究 RC 一阶电路的零输入响应、零状态响应和全响应的规律和特点；
2. 学习一阶电路时间常数的测量方法，了解电路参数对时间常数的影响；
3. 掌握微分电路和积分电路的基本概念。

二、原理说明

1. RC 一阶电路的零状态响应

RC 一阶电路如图 6-3-1 所示，开关 S 在"1"的位置，$u_C = 0$，处于零状态，当开关 S 合向"2"的位置时，电源通过 R 向电容 C 充电，$u_C(t)$ 称为零状态响应。

$$u_c = U_s - U_s e^{-\frac{t}{\tau}}。$$

变化曲线如图 6-3-2 所示，当 u_C 上升到 $0.632U_s$ 所需要的时间称为时间常数 τ，$\tau = RC$。

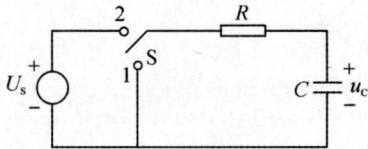

图 6-3-1

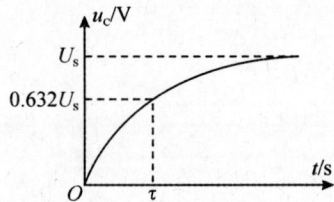

图 6-3-2

2. RC 一阶电路的零输入响应

在图 6-3-1 中，开关 S 在"2"的位置，电路电源通过 R 向电容 C 充电稳定后，再合向"1"的位置时，电容 C 通过 R 放电，$u_C(t)$ 称为零输入响应，

$$u_c = U_s e^{-\frac{t}{\tau}}0.368U_s。$$

变化曲线如图 6-3-3 所示，当 u_C 下降到 $0.368U_s$ 所需要的时间称为时间常数 τ，$\tau = RC$。

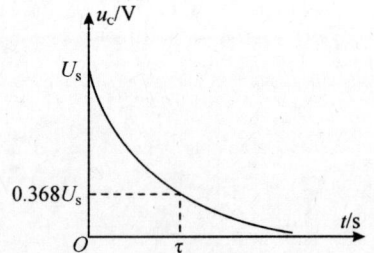

图 6-3-3

3. 测量 RC 一阶电路时间常数 τ

图 6-3-1 电路的上述暂态过程很难观察，为了用普通示波器观察电路的暂态过程，需采用图 6-3-4 所示的周期性方波 u_s 作为电路的激励信号，方波信号的周期为 T，只要满足 $\frac{T}{2} \geqslant 5\tau$，便可在普通示波器的荧光屏上形成稳定的响应波形。

电阻 R、电容 C 串联与方波发生器的输出端连接，用双踪示波器观察电容电压 u_C，便可观察到稳定的指数曲线，如图 6-3-5 所示，在荧光屏上测得电容电压最大值：$U_{Cm} = a(\text{cm})$

取 $b = 0.632a(\text{cm})$，与指数曲线交点对应时间 t 轴的 x 点，则根据时间 t 轴比例尺（扫描时间 $\frac{t}{\text{cm}}$），该电路的时间常数 $\tau = x(\text{cm}) \times \frac{t}{\text{cm}}$。

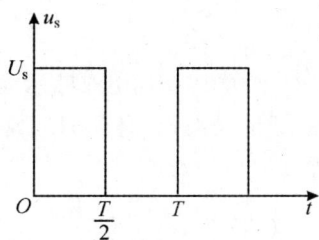

图 6-3-4

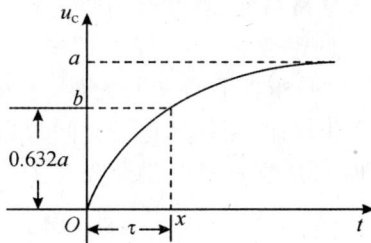

图 6-3-5

4. 微分电路和积分电路

在方波信号 u_S 作用在电阻 R、电容 C 串联电路中,当满足电路时间常数 τ 远远小于方波周期 T 的条件时,电阻 R 两端(输出)的电压 u_R 与方波输入信号 u_S 呈微分关系,$u_R \approx RC \dfrac{\mathrm{d}u_S}{\mathrm{d}t}$,该电路称为微分电路。当满足电路时间常数 τ 远远大于方波周期 T 的条件时,电容 C 两端(输出)的电压 u_C 与方波输入信号 u_S 呈积分关系,$u_C \approx \dfrac{1}{RC} \displaystyle\int u_S \mathrm{d}t$,该电路称为积分电路。

微分电路和积分电路的输出和输入对应关系如图 6-3-6 所示,其中图(a)为微分波形,图(b)为积分波形。

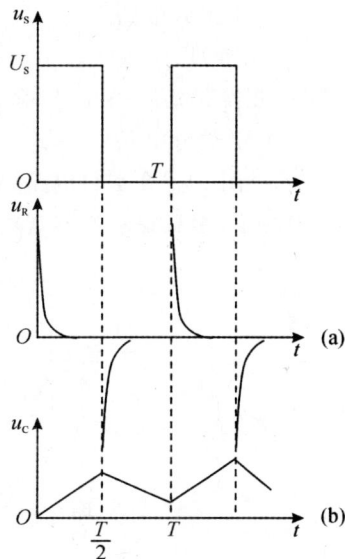

图 6-3-6

三、实验设备

1. YB43020 双踪示波器;
2. YB1602D 函数信号发生器(方波输出);
3. EEL-51D 组件(含电阻、电容)。

四、实验内容

实验电路如图 6-3-7 所示,图中电阻 R、电容 C 从 EEL-51D 组件上选取(请看懂线路板的走线,认清激励与响应端口所在的位置;认清 R、C 元件的布局及其标称值;各开关的通断位置等),用双踪示波器观察电路激励(方波)信号和响应信号。u_S 为方波输出信号,调节函数信号发生器输出,从示波器上观察,使方波的峰 — 峰值和频率为:$V_{P-P} = 2\ \text{V}$,$f = 1\ \text{kHz}$。

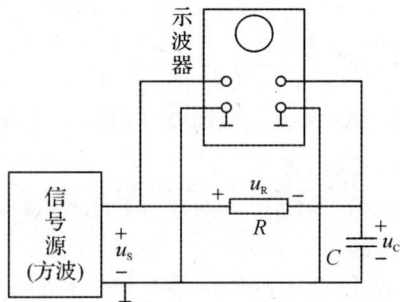

图 6-3-7

1. RC 一阶电路的充、放电过程

（1）测量时间常数 τ

选择 EEL-51D 组件上的 R、C 元件，令 $R = 3$ kΩ，$C = 0.01$ μF，用双踪示波器观察激励 u_S 与响应 u_C 的变化规律，测量并记录时间常数 τ（用坐标纸记录波形，林明时间常数 τ）。

（2）观察时间常数 τ（即电路参数 R、C）变化对暂态过程的影响

令 $R = 10$ kΩ，$C = 0.01$ μF，通过双踪示波器观察并描绘电路激励和响应的波形，继续增大 C（取 0.01 μF ~ 0.1 μF）或增大 R（取 10 kΩ、30 kΩ），定性观察对响应波形的影响并记录。

2. 微分电路和积分电路

（1）积分电路

选择 EEL-51D 组件上的 R、C 元件组成如图 6-3-8 电路，令 $R = 10$ kΩ，$C = 0.1$ μF，用双踪示波器观察激励 u_S 与响应 u_C 的变化规律并绘出曲线图（用坐标纸）。

（2）微分电路

将图 6-3-8 实验电路中的 R、C 元件位置互换，组成如图 6-3-9 电路，令 $R = 600$ Ω，$C = 0.01$ μF，用双踪示波器观察激励 u_S 与响应 u_R 的变化规律并绘出曲线图（用坐标纸）。

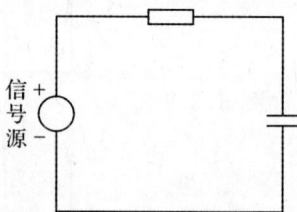

图 6-3-8　积分电路示意图　　　　图 6-3-9　微分电路示意图

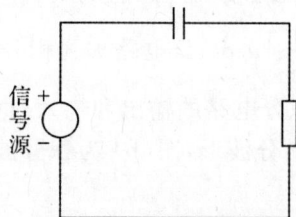

五、实验注意事项

1. 调节电子仪器各旋钮时，动作不要过猛。实验前，尚需阅读双踪示波器的使用说明，特别是观察双踪时，要注意开关，旋钮的操作与调节。

2. 信号源接地端与示波器接地端测量时需要连在一起（称共地），以防外界干扰而影响测量的准确性。本实验台内部已经"共地"，使用时要特别注意连线，防止因"共地"使被测电路造成短路故障。

3. 示波器的辉度不应过亮，尤其是光点长期停留在荧光屏上不移动时，应将辉度调暗，以延长示波管的使用寿命。

六、预习与思考题

1. 用示波器观察 RC 一阶电路零输入响应和零状态响应时，为什么激励波形必须是方波信号？（通过示波器的工作原理加以讨述）

2. 已知 RC 一阶电路的 $R = 10$ kΩ，$C = 0.01$ μF，试计算时间常数 τ，并根据 τ 值的物理意义，拟定使用示波器测量 τ 的方案。

3. 在 RC 一阶电路中，当 R、C 的大小发生变化时，对电路的响应有何影响？

4. 何谓积分电路和微分电路，它们必须具备什么条件？它们在方波激励下，其输出信号波形的变化规律如何？这两种电路有何功能？

七、实验报告要求

1. 根据实验 1(1) 观测结果,绘出 RC 一阶电路充、放电时 U_C 与激励信号对应的变化曲线,由曲线测得 τ 值,并与参数值的理论计算结果作比较,分析误差原因。

2. 根据实验 2 观测结果,绘出积分电路、微分电路输出信号与输入信号对应的波形。

3. 回答思考题 3、4。

6-4　实验四　二阶电路暂态过程的研究

一、实验目的

1. 研究 RLC 二阶电路的零输入响应、零状态响应的规律和特点，了解电路参数对响应的影响；
2. 学习二阶电路衰减系数、振荡频率的测量方法，了解电路参数对它们的影响；
3. 观察、分析二阶电路响应的三种变化曲线及其特点，加深对二阶电路响应的认识与理解。

二、原理说明

1. 零状态响应

在图 6-4-1 所示 R、L、C 电路中，$u_C(0)=0$，在 $t=0$ 时开关 S 闭合，电压方程为：

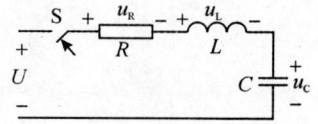

$$LC \frac{d^2 u_C}{dt^2} + RC \frac{du_C}{dt} + u_C = U。$$

图 6-4-1

这是一个二阶常系数非齐次微分方程，该电路称为二阶电路，电源电压 U 为激励信号，电容两端电压 u_C 为响应信号。根据微分方程理论，u_C 包含两个分量：暂态分量 u''_C 和稳态分量 u'_C，即 $u_C = u''_C + u'_C$，具体的解与电路参数 R、L、C 有关。

当满足 $R < 2\sqrt{\dfrac{L}{C}}$ 时，

$$u_C(t) = u''_C + u'_C = Ae^{-\delta t}\sin(\omega t + \varphi) + U$$

其中，衰减系数 $\delta = \dfrac{R}{2L}$，衰减时间常数 $\tau = \dfrac{1}{\delta} = \dfrac{2L}{R}$，

振荡频率 $\omega = \sqrt{\dfrac{1}{LC} - (\dfrac{R}{2L})^2}$，振荡周期 $T = \dfrac{1}{f} = \dfrac{2\pi}{\omega}$。

变化曲线如图 6-4-2(a)所示，u_C 的变化处在衰减振荡状态，由于电阻 R 比较小，又称为欠阻尼状态。

当满足 $R > 2\sqrt{\dfrac{L}{C}}$ 时，u_C 的变化处在过阻尼状态，由于电阻 R 比较大，电路中的能量被电阻很快消耗掉，u_C 无法振荡，变化曲线如图 6-4-2(b)所示。

当满足 $R = 2\sqrt{\dfrac{L}{C}}$ 时，u_C 的变化处在临界阻尼状态，变化曲线如图 6-4-2(c)所示。

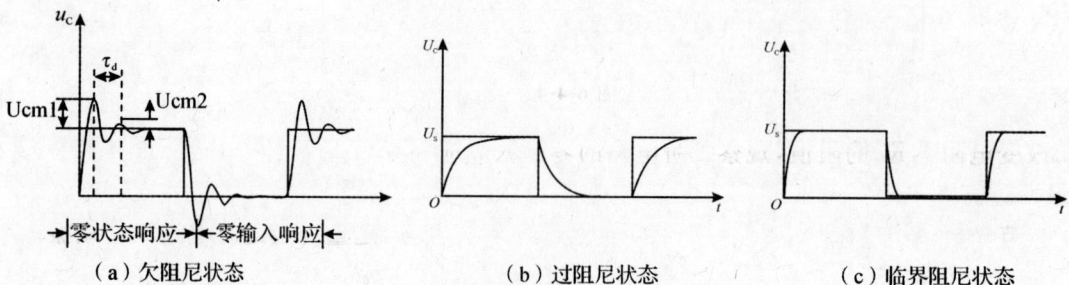

（a）欠阻尼状态　　　　　　　（b）过阻尼状态　　　　　　　（c）临界阻尼状态

图 6-4-2

2. 零输入响应

在图 6-4-3 电路中,开关 S 与"1"端闭合,电路处于稳定状态,$u_C(0) = U$,在 $t = 0$ 时开关 S 与"2"闭合,输入激励为零,电压方程为

图 6-4-3

$$LC \frac{d^2 u_C}{dt^2} + RC \frac{du_C}{dt} + u_C = 0。$$

这是一个二阶常系数齐次微分方程,根据微分方程理论,u_C 只包含暂态分量 u''_C,稳态分量 u'_C 为零。和零状态响应一样,根据 R 与 $2\sqrt{\frac{L}{C}}$ 的大小关系,u_C 的变化规律分为衰减振荡(欠阻尼)、过阻尼和临界阻尼三种状态,它们的变化曲线与图图 6-4-2 中的暂态分量 u''_C 类似,衰减系数、衰减时间常数、振荡频率与零状态响应完全一样。

本实验对 R、C、L 并联电路进行研究,激励采用方波脉冲,二阶电路在方波正、负阶跃信号的激励下,可获得零状态与零输入响应,响应的规律与 R、L、C 串联电路相同。测量 u_C 衰减振荡的参数,如图图 6-4-2(a) 所示,用示波器测出振荡周期 T,便可计算出振荡频率 $\omega = \frac{2\pi}{Td}$,按照衰减轨迹曲线,测量 -0.367 A 对应的时间 τ,便可计算出衰减系数 $\delta = \frac{1}{Td} \ln \frac{Ucm1}{Ucm2}$。

三、实验设备

1. 双踪示波器;
2. 信号源(方波输出);
3. EEL-31 组件(含电阻、电容、电感、电位器)。

四、实验内容及步骤

实验电路如图 6-4-4 所示,其中:$R_1 = 200\ \Omega$,R_2 使用 999 Ω 可变电位器(电阻箱),$L = 30$ mH,$C = 0.1\ \mu F$(电容箱),函数信号发生器的输出为 $U_m = 2$ V,频率 $f = 200$ Hz 的方波脉冲,通过输出接头接至实验电路的激励端,同时将双踪示波器的 Y_1 和 Y_2 两路探头分别接至电路的激励端和响应输出端。

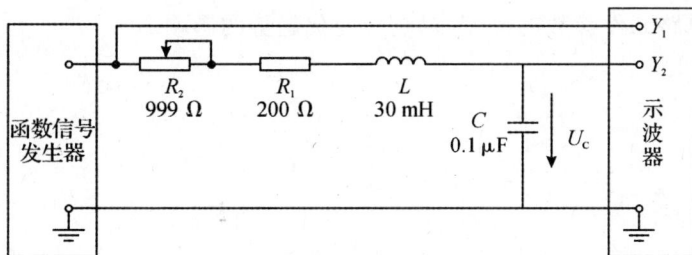

图 6-4-4

1. 改变电阻器 R_2 的阻值,观察二阶电路的零输入响应和零状态响应由过阻尼过渡到临界阻尼,最后过渡到欠阻尼的变化过渡过程,分别定性地描绘响应的典型变化波形并记录。

2. 调节 R_2 使示波器荧光屏上呈现稳定的欠阻尼响应波形,定量测定此时电路的衰减振荡的周期 Td,衰减振荡第一个正半波的峰值 $Ucm1$ 和第二个正半波的峰值 $Ucm2$,计算出衰减振

荡角频率 ω 和衰减系数 δ，并记入表 6-4-1 中；

3. 改变电路参数，按表 6-4-1 中的数据重复步骤 2 的测量，仔细观察改变电路参数时 δ 和 ω 的变化趋势，并将数据记入中。

表 6-4-1　二阶电路暂态过程实验数据

元件参数				测量值			计算值	
$R_1(\Omega)$	R_2	$L(\text{mH})$	$C(\mu\text{F})$	Td	$Ucm1$	$Ucm2$	ω	δ
200		45	0.1					
200	调至欠阻	30	0.1					
200	尼状态	15	0.1					
200		15	0.2					

五、实验注意事项

1. 调节电位器 R_2 时，要细心、缓慢，临界阻尼状态要找准。使用坐标纸记录波形。

2. 在双踪示波器上同时观察激励信号和响应信号时，显示要稳定，如不同步，注意同步触发信号的选择。

3. 预习时，使用仿真软件对实验数据和波形进行初步了解。

六、预习与思考题

1. 什么是二阶电路的零状态响应和零输入响应？它们的变化规律和哪些因素有关？

2. 根据二阶电路实验电路元件的参数，计算出处于临界阻尼状态的 R_2 之值 2

3. 在示波器荧光屏上，如何测得二阶电路零状态响应和零输入响应'欠阻尼'状态的衰减系数 δ 和振荡频率 ω？

七、实验报告要求

1. 根据观测结果，在坐标纸上描绘二阶电路过阻尼、临界阻尼和欠阻尼的响应波形。

2. 测算欠阻尼振荡曲线上的衰减系数 δ、衰减时间常数 τ、振荡周期 T 和振荡频率 ω。

3. 归纳、总结电路元件参数的改变，对响应变化趋势的影响。

4. 回答思考题 2。

6-5 实验五 交流电路频率特性的测定

一、实验目的

1. 研究电阻、感抗、容抗与频率的关系,测定它们随频率变化的特性曲线;
2. 学会测定交流电路频率特性的方法;
3. 了解滤波器的原理和基本电路;
4. 熟练掌握函数信号发生器和交流毫伏表的使用方法。

二、原理说明

1. 单个元件阻抗与频率的关系

对于电阻元件,根据 $\dfrac{\dot{U}_R}{\dot{I}_R} = R\angle 0°$,其中 $\dfrac{U_R}{I_R} = R$,电阻 R 与频率无关;

对于电感元件,根据 $\dfrac{\dot{U}_L}{\dot{I}_L} = jX_L$,其中 $\dfrac{U_L}{I_L} = X_L = 2\pi fL$,感抗 X_L 与频率成正比;

对于电容元件,根据 $\dfrac{\dot{U}_C}{\dot{I}_C} = -jX_C$,其中 $\dfrac{U_C}{I_C} = X_C = \dfrac{1}{2\pi fC}$,容抗 X_C 与频率成反比。

测量元件阻抗频率特性的电路如图6-5-1所示,图中的 r 是提供测量回路电流用的标准电阻,流过被测元件的电流(I_R、I_L、I_C)则可由 r 两端的电压 U_r 除以 r 阻值所得,又根据上述三个公式,用被测元件的电流除对应的元件电压,便可得到 R、X_L 和 X_C 的数值。

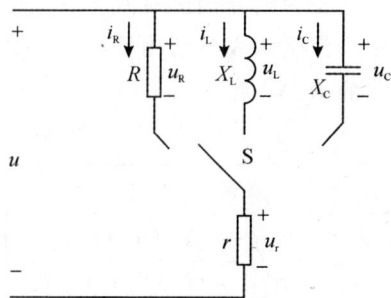

图 6-5-1

2. 交流电路的频率特性

由于交流电路中感抗 X_L 和容抗 X_C 均与频率有关,因而,输入电压(或称激励信号)在大小不变的情况下,改变频率大小,电路电流和各元件电压(或称响应信号)也会发生变化。这种电路响应随激励频率变化的特性称为频率特性。若电路的激励信号为 $E_x(j\omega)$,响应信号为 $R_e(j\omega)$,则频率特性函数为

$$N(j\omega) = \frac{R_e(j\omega)}{E_x(j\omega)} = A(\omega)\angle\varphi(\omega),$$

式中,$A(\omega)$ 为响应信号与激励信号的大小之比,是 ω 的函数,称为幅频特性;$\varphi(\omega)$ 为响应信号与激励信号的相位差角,也是 ω 的函数,称为相频特性。

在本实验中,研究几个典型电路的幅频特性,如图6-5-2所示,其中,图(a)在高频时有响应(即有输出),称为高通滤波器,图(b)在低频时有响应(即有输出),称为为低通滤波器,图中对应 $A = 0.707$ 的频率 f_C 称为截止频率,在本实验中用 RC 网络组成的高通滤波器和低通滤波器,它们的截止频率 f_C 均为 $1/2\pi RC$。图(c)在一个频带范围内有响应(即有输

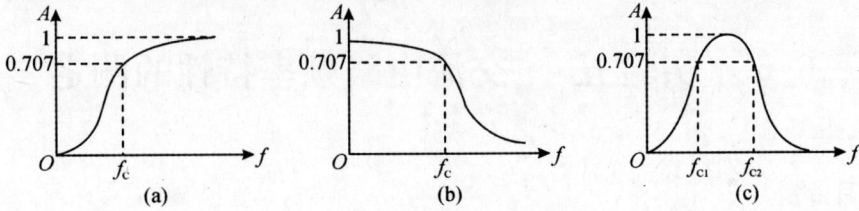

图 6-5-2

出），称为带通滤波器，图中 f_{C1} 称为下限截止频率，f_{C2} 称为上限截止频率，通频带 $BW = f_{C2} - f_{C1}$。

三、实验设备

1. 函数信号发生器；
2. 交流数字毫伏表；
3. EEL-51D、EEL-52B。

四、实验内容

1. 测量 R、L、C 元件的阻抗频率特性

实验电路如图 6-5-1 所示，图中：$r = 300\ \Omega$，$R = 1\ k\Omega$，$L = 15\ mH$，$C = 0.01\ \mu F$。选择信号源正弦波输出作为输入电压 u，调节信号源输出电压幅值，并用交流毫伏表测量，使输入电压 u 的有效值 $U = 2\ V$，并保持不变。

用导线分别接通 R、L、C 三个元件，调节信号源的输出频率，从 $1\ kHz$ 逐渐增至 $20\ KHz$，用交流毫伏表分别测量 U_R、U_L、U_C 和 Ur，将实验数据记入表 6-5-1 中。并通过计算得到各频率点的 R、X_L 和 X_C。

表 6-5-1　R、L、C 元件的阻抗频率特性实验数据

频率 f(KHz)		1	2	5	10	15	20
R(kΩ)	Ur(V)						
	I_R(mA) = Ur/r						
	U_R(V)						
	$R = U_R/I_R$						
X_L(kΩ)	Ur(V)						
	I_L(mA) = Ur/r						
	U_L(V)						
	$X_L = U_L/I_L$						
X_C(KΩ)	Ur(V)						
	Ic(mA) = Ur/r						
	U_C(V)						
	Xc = U_C/Ic						

2. 高通滤波器频率特性

实验电路如图6-5-3所示,图中:$R = 1\ \mathrm{k\Omega}, C = 0.022\ \mu\mathrm{F}$。用信号源输出正弦波电压作为电路的激励信号(即输入电压)u_i,调节信号源正弦波输出电压幅值,并用交流毫伏表测量,使激励信号 u_i 的有效值 $U_i = 2\ \mathrm{V}$,并保持不变。调节信号源的输出频率,从1 kHz逐渐增至20 KHz,用交流毫伏表测量响应信号(即输出电压)U_R,将实验数据记入表6-5-2中。

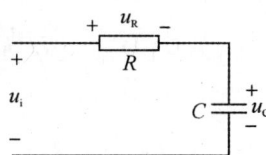

图 6-5-3

表 6-5-2　频率特性实验数据

f(kHz)	1	3	6	8	10	15	20
U_R(V)							
U_C(V)							
U_O(V)							

3. 低通滤波器频率特性

实验电路和步骤同实验2,只是响应信号(即输出电压)取自电容两端电压 U_C,将实验数据记入表6-5-2中。

4. 带通滤波器频率特性

实验电路如图6-5-4所示,图中:$R = 1\ \mathrm{k\Omega}, L = 15\ \mathrm{mH}, C = 0.1\ \mu\mathrm{F}$。实验步骤同实验2,响应信号(即输出电压)取自电阻两端电压 U_O,将实验数据记入表6-5-2中。

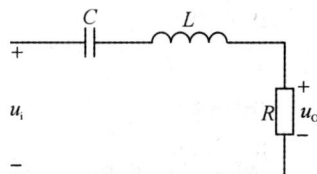

图 6-5-4

五、实验注意事项

当使用的交流毫伏表为指针(模拟)式的,则属于高阻抗电表,测量前必须先调零。

六、预习与思考题

1. 如何用交流毫伏表测量电阻 R、感抗 X_L 和容抗 X_C?它们的大小和频率有何关系?
2. 什么是频率特性?高、低通滤波器和带通滤波器的幅频特性有何特点?如何测量?

七、实验报告要求

1. 根据表6-5-1实验数据,在方格纸上绘制 R、X_L、X_C 与频率关系的特性曲线,并分析它们和频率的关系。

2. 根据表6-5-1实验数据,定性画出 R、L、C 串联电路的阻抗与频率关系的特性曲线,并分析阻抗和频率的关系。

3. 根据表6-5-2实验数据,在方格纸上绘制高通滤波器和低通滤波器的幅频特性曲线,从曲线上:(1)求得截止频率 f_C,并与计算值相比较;(2)说明它们各具有什么特点。

4. 根据表6-5-2实验数据,在方格纸上绘制带通滤波器的幅频特性曲线,从曲线上求得截止频率 f_{C1} 和 f_{C2},并计算通频带 BW。

6-6　实验六　RC 网络频率特性和选频特性的研究

一、实验目的

1. 研究 RC 串、并联电路及 RC 双 T 电路的频率特性;
2. 学会用交流毫伏表和示波器测定 RC 网络的幅频特性和相频特性;
3. 熟悉文氏电桥电路的结构特点及选频特性。

二、原理说明

图 6-6-1 所示 RC 串、并联电路的频率特性:

$$N(j\omega) = \frac{\dot{U}_o}{\dot{U}_i} = \frac{1}{3 + j(\omega RC - \frac{1}{\omega RC})},$$

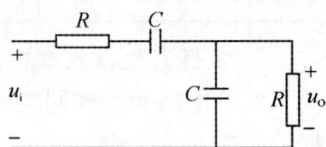

其中幅频特性为:$A(\omega) = \dfrac{U_o}{U_i} = \dfrac{1}{\sqrt{3^2 + (\omega RC - \frac{1}{\omega RC})^2}}$,

图 6-6-1

相频特性为:$\varphi(\omega) = \varphi_o - \varphi_i = -\operatorname{arctg} \dfrac{\omega RC - \dfrac{1}{\omega RC}}{3}$。

幅频特性和相频特性曲线如图 6-6-2 所示,幅频特性呈带通特性。

当角频率 $\omega = \dfrac{1}{RC}$ 时,$A(\omega) = \dfrac{1}{3}$,$\varphi(\omega) = 0°$,u_O 与 u_I 同相,即电

路发生谐振,谐振频率 $f_0 = \dfrac{1}{2\pi RC}$。也就是说,当信号频率为 f_0 时,RC

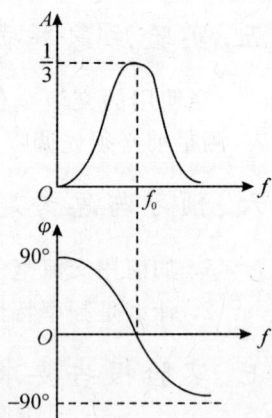

串、并联电路的输出电压 u_O 与输入电压 u_I 同相,其大小是输入电压的三分之一,这一特性称为 RC 串、并联电路的选频特性,该电路又称为文氏电桥。

图 6-6-2

测量频率特性用'逐点描绘法',图 6-6-3 表明用交流毫伏表和双踪示波器测量 RC 网络频率特性的测试图,在图中,测量幅频特性:保持信号源输出电压(即 RC 网络输入电压)U_I 恒定,改变频率 f,用交流毫伏表监视 U_I,并测量对应的 RC 网络输出电压 U_O,计算出它们的比值 $A = U_O/U_I$,然后逐点描绘出幅频特性;

测量相频特性:保持信号源输出电压(即 RC 网络输入电压)U_I 恒定,改变频率 f,用交流毫伏表监视 U_I,用双踪示波器观察 u_O 与 u_I 波形,如图 6-6-4 所示,若两个波形的延时为 Δt,周期为 T,则它们的相位差 $\varphi = \dfrac{\Delta t}{T} \times 360°$,然后逐点描绘出相频特性。

用同样方法可以测量 RC 双 T 电路的幅频特性,RC 双 T 电路见图 6-6-5,其幅频特性具有带阻特性,如图 6-6-6 所示。

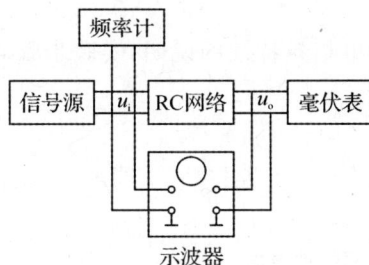

图 6-6-3

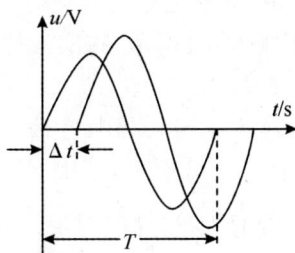

图 6-6-4

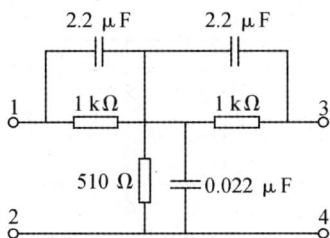

图 6-6-5

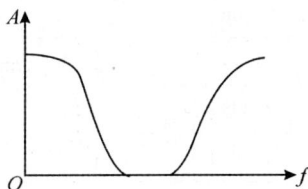

图 6-6-6

三、实验设备

1. 函数信号发生器;
2. 交流毫伏表;
3. 双踪示波器;
4. EEL-51D 元件箱。

四、实验内容

1. 测量 RC 串、并联电路的幅频特性

实验电路如图 6-6-3 所示,其中,RC 网络的参数选择为:$R = 2$ KΩ,$C = 0.22$ μF(在 EEL—51D 组件上),函数信号发生器输出正弦波电压作为电路的输入电压 u_i,调节信号源输出电压幅值,使 $U_i = 2$ V。

改变信号源正弦波输出电压的频率 f,并保持 $U_i = 2$ V 不变(用交流毫伏表监视),测量输出电压 U_o,(可先测量 $A = \dfrac{1}{3}$ 时的频率 f_o,然后再在 f_o 左右选几个频率点,测量 U_o),将数据记入表 6-6-1 中。

在图 6-6-3 的 RC 网络中,选取另一组参数:$R = 200$ Ω,$C = 2.2$ μF,重复上述测量,将数据记入表 6-6-1 中。

表 6-6-1　幅频特性数据

$R = 2$ kΩ	$f(Hz)$							
$C = 0.22$ μF	$U_0(V)$							
$R = 200$ Ω	$f(Hz)$							
$C = 2.2$ μF	$U_0(V)$							

2. 测量 RC 串、并联电路的相频特性

实验电路如图 6-6-3 所示,按实验原理中测量相频特性的说明,实验步骤同实验 1,将实验数据记入表 6-6-2 中。

3. 测定 RC 双 T 电路的幅频特性

实验电路如图 6-6-3 所示,其中 RC 网络按图 6-6-5 连接(在 EEL-51D 组件上),实验步骤同实验 1,将实验数据记入自拟的数据表格中。

表 6-6-2　相频特性数据

$R = 2$ kΩ $C = 0.22$ μF	f(Hz)									
	T(ms)									
	Δt(ms)									
	φ									
$R = 200$ Ω $C = 2.2$ μF	f(Hz)									
	T(ms)									
	Δt(ms)									
	φ									

五、实验注意事项

由于信号源内阻的影响,注意在调节输出电压频率时,应同时调节输出电压大小,使实验电路的输入电压保持不变。

六、预习与思考题

1. 根据电路参数,估算 RC 串、并联电路两组参数时的谐振频率。

2. 推导 RC 串、并联电路的幅频、相频特性的数学表达式。

3. 什么是 RC 串、并联电路的选频特性?当频率等于谐振频率时,电路的输出、输入有何关系?

4. 试定性分析 RC 双 T 电路的幅频特性。

七、实验报告要求

1. 根据表 6-6-1 和表 6-6-2 实验数据,绘制 RC 串、并联电路的两组幅频特性和相频特性曲线,找出谐振频率和幅频特性的最大值,并与理论计算值比较。

2. 设计一个谐振频率为 1 kHZ 文氏电桥电路,说明它的选频特性。

3. 根据实验 3 的实验数据,绘制 RC 双 T 电路的幅频特性,并说明幅频特性的特点。

第七章　　有源电路与双口网络实验单元

7-1　实验一　　受控源研究

一、实验目的

1. 加深对受控源的理解；
2. 熟悉由运算放大器组成受控源电路的分析方法，了解运算放大器的应用；
3. 掌握受控源特性的测量方法。

二、实验原理

1. 受控源

受控源向外电路提供的电压或电流是受其他支路的电压或电流控制，因而受控源是双口元件：一个为控制端口，或称输入端口，输入控制量（电压或电流）；另一个为受控端口或称输出端口，向外电路提供电压或电流。受控端口的电压或电流，受控制端口的电压或电流的控制。根据控制变量与受控变量的不同组合，受控源可分为四类：

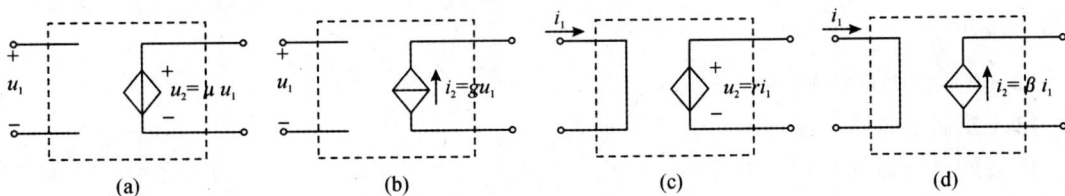

图 7-1-1

（1）电压控制电压源（VCVS），如图 7-1-1(a) 所示，其特性为：

$$u_2 = \mu u_1$$

其中：$\mu = \dfrac{u_2}{u_1}$ 称为转移电压比（即电压放大倍数）。

（2）电压控制电流源（VCCS），如图 7-1-1(b) 所示，其特性为：

$$i_2 = g u_1$$

其中：$g_m = \dfrac{i_2}{u_1}$ 称为转移电导。

（3）电流控制电压源（CCVS），如图 7-1-1(c) 所示，其特性为：

$$u_2 = r i_1$$

其中：$r = \dfrac{u_2}{i_1}$ 称为转移电阻。

（4）电流控制电流源（CCCS），如图 7-1-1(d) 所示，其特性为：

$$i_2 = \beta i_1$$

其中：$\beta = \dfrac{i_2}{i_1}$ 称为转移电流比（即电流放大倍数）。

2. 用运算放大器组成的受控源

运算放大器的电路符号如图 7-1-2 所示，具有两个输入端：同相输

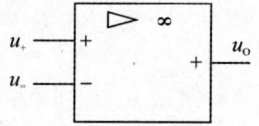

入端 u_+ 和反相输入端 u_-，一个输出端 u_o，放大倍数为 A，则 $u_o = A(u_+ - u_-)$。

对于理想运算放大器，放大倍数 A 为 ∞，输入电阻为 ∞，输出电阻

图 7-1-2

为 0，由此可得出两个特性：

特性 1：$u_+ = u_-$；

特性 2：$i_+ = i_- = 0$。

（1）电压控制电压源（VCVS）

电压控制电压源电路如图 7-1-3 所示。

由运算放大器的特性 1 可知：$u_+ = u_- = u_1$，

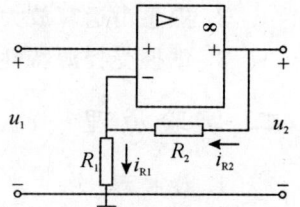

则 $i_{R1} = \dfrac{u_1}{R_1}$，

$$i_{R2} = \dfrac{u_2 - u_1}{R_2}。$$

由运算放大器的特性 2 可知：$i_{R1} = i_{R2}$，

图 7-1-3

代入 i_{R1}、i_{R2} 得：$u_2 = (1 + \dfrac{R_2}{R_1})u_1$。

可见，运算放大器的输出电压 u_2 受输入电压 u_1 控制，其电路模型如图 7-1-1(a) 所示，转

移电压比：$\mu = (1 + \dfrac{R_2}{R_1})$。

（2）电压控制电流源（VCCS）

电压控制电流源电路如图 7-1-4 所示。

由运算放大器的特性 1 可知：$u_+ = u_- = u_1$，

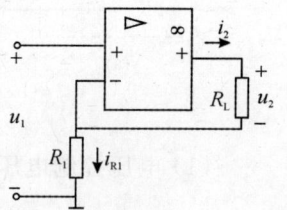

则 $i_R = \dfrac{u_1}{R_1}$。

由运算放大器的特性 2 可知：$i_2 = i_R = \dfrac{u_1}{R_1}$，即 i_2 只受输入电压 u_1

控制，与负载 R_L 无关（实际上要求 R_L 为有限值）。其电路模型如图

图 7-1-4

7-1-1(b) 所示。

转移电导为：$g = \dfrac{i_2}{u_1} = \dfrac{1}{R_1}$。

（3）电流控制电压源（CCVS）

电流控制电压源电路如图 7-1-5 所示。

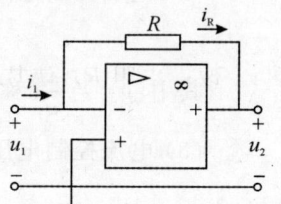

由运算放大器的特性 1 可知：$u_- = u_+ = 0$　$u_2 = Ri_R$。

由运算放大器的特性 2 可知：$i_R = i_1$。

代入上式，得：$u_2 = Ri_1$。

图 7-1-5

即输出电压 u_2 受输入电流 i_1 的控制。其电路模型如图 7-1-1(c) 所示。

转移电阻为：$r = \dfrac{u_2}{i_1} = R$。

（4）电流控制电流源（CCCS）

电流控制电流源电路如图 7-1-6 所示。

由运算放大器的特性 1 可知：$u_- = u_+ = 0$，

$$i_{R1} = \frac{R_2}{R_1 + R_2} i_2。$$

由运算放大器的特性 2 可知：$i_{R1} = -i_1$，

代入上式，$i_2 = -\left(1 + \dfrac{R_1}{R_2}\right) i_1$。

即输出电流 i_2 只受输入电流 i_1 的控制。与负载 R_L 无关。它的电路

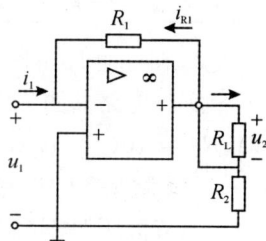

图 7-1-6

模型如图 7-1-1(d) 所示。转移电流比 $\beta = \dfrac{i_2}{i_1} = -\left(1 + \dfrac{R_1}{R_2}\right)$

三、实验设备

1. MEL-06 组件（含直流数字电压表、直流数字毫安表）；

2. 恒压源（含 +6 V，+12 V，0～30 V 可调）；

3. 恒流源；

4. EEL-31 组件（含运算放大器、电阻、电位器）。

四、实验任务

1. 测试电压控制电压源（VCVS）特性

实验电路如图 7-1-7 所示，图中，U_1 用恒压源的可调电压输出端，$R_1 = R_2 = 10$ kΩ，$R_L = 2$ kΩ（用电阻箱）。

（1）测试 VCVS 的转移特性 $U_2 = f(U_1)$

调节恒压源输出电压 U_1（以电压表读数为准），用电压表测量对应的输出电压 U_2，将数据记入表 7-1-1 中。

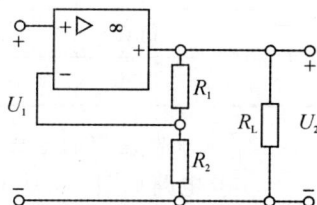

图 7-1-7

表 7-1-1　　VCVS 的转移特性数据

U_1(V)		0	1	2	3	4	5	6	7	8
U_2(V)	仿真									
	实验									
U_2'(V)	仿真									
	实验									

改变电阻 R_1，使其 $R_1 = 20$ kΩ，按上述方法测量对应的输出电压，用 U_2' 表示，并将数据记入表 7-1-1 中。

（2）测试 VCVS 的负载特性 $U_2 = f(R_L)$

保持 $U_1 = 2$ V，负载电阻 R_L 用电阻箱，并调节其大小，用电压表测量对应的输出电压 U_2，将数据记入表 7-1-2 中。

表 7-1-2　VCVS 的负载特性数据

$R_L(\Omega)$		50	70	100	200	300	400	500	1000	2000
$U_2(V)$	仿真									
	实验									

2. 测试电压控制电流源(VCCS)特性

实验电路如图 7-1-8 所示,图中,U_1 用恒压源的可调电压输出端,$R_1 = 10(k\Omega)$,$R_L = 2\ k\Omega$(用电阻箱)。

(1)测试 VCCS 的转移特性 $I_2 = f(U_1)$

调节恒压源输出电压 U_1(以电压表读数为准),用电流表测量对应的输出电流 I_2,将数据记入表 7-1-3 中。

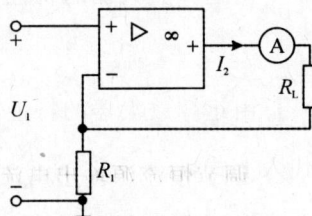

图 7-1-8

表 7-1-3　VCCS 的转移特性数据

$U_1(V)$		0	0.5	1	1.5	2	2.5	3	3.5	4
$I_2(mA)$	仿真									
	实验									

(2)测试 VCCS 的负载特性 $I_2 = f(R_L)$

保持 $U_1 = 2\ V$,负载电阻 R_L 用电阻箱,并调节其大小,用电流表测量对应的输出电流 I_2,将数据记入表 7-1-4 中。

表 7-1-4　VCVS 的负载特性数据

$R_L(k\Omega)$		50	20	10	5	3	1	0.5	0.2	0.1
$I_2(mA)$	仿真									
	实验									

3. 测试电流控制电压源(CCVS)特性

实验电路如图 7-1-9 所示,图中,I_1 用恒流源,$R_1 = 10\ k\Omega$,$R_L = 2\ k\Omega$(用电阻箱)。

(1)测试 CCVS 的转移特性 $U_2 = f(U_1)$

调节恒流源输出电流 I_1(以电流表读数为准),用电压表测量对应的输出电压 U_2,将数据记入表 7-1-5 中。

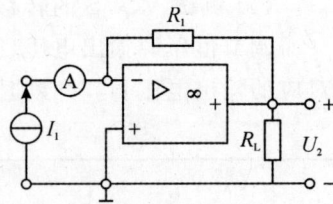

图 7-1-9

表 7-1-5　CCVS 的转移特性数据

$I_1(mA)$		0	0.05	0.1	0.15	0.2	0.25	0.3	0.4
$U_2(V)$	仿真								
	实验								

(2)测试 CCVS 的负载特性 $U_2 = f(R_L)$

保持 $I_1 = 0.2\ mA$,负载电阻 R_L 用电阻箱,并调节其大小,用电压表测量对应的输出电压 U_2,将数据记入表 7-1-6 中。

表 7-1-6　CCVS 的负载特性数据

$R_L(\Omega)$		50	100	150	200	500	1 k	2 k	10 k	80 k
$U_2(V)$	仿真									
	实验									

4. 测试电流控制电流源（CCCS）特性

实验电路如图 7-1-10 所示。图中，I_1 用恒流源，$R_1 = R_2$ = 10 kΩ，$R_L = 2$ kΩ（用电阻箱）。

（1）测试 CCCS 的转移特性 $I_2 = f(I_1)$

调节恒流源输出电流 I_1（以电流表读数为准），用电流表测量对应的输出电流 I_2，I_1、I_2 分别用 EEL-31 组件中的电流插座 5—6 和 17—18 测量，将数据记入表 7-1-7 中。

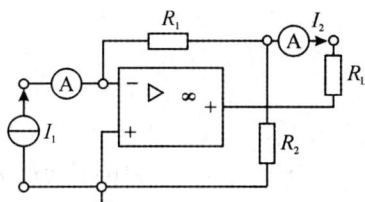

图 7-1-10

表 7-1-7　CCCS 的转移特性数据

I_1(mA)		0	0.05	0.1	0.15	0.2	0.25	0.3	0.4
I_2(mA)	仿真								
	实验								

（2）测试 CCCS 的负载特性 $I_2 = f(R_L)$

保持 $I_1 = 0.2$ mA，负载电阻 R_L 用电阻箱，并调节其大小，用电流表测量对应的输出电流 I_2，将数据记入表 7-1-8 中。

表 7-1-8　CCCV 的负载特性数据

$R_L(\Omega)$		50	100	150	200	500	1 k	2 k	10 k	80 k
I_2(mA)	仿真									
	实验									

五、实验注意事项

1. 用恒流源供电的实验中，不允许恒流源开路。

2. 运算放大器输出端不能与地短路，输入端电压不宜过高（小于 5 V）。

六、预习与思考题

1. 什么是受控源？了解四种受控源的缩写、电路模型、控制量与被控量的关系。

2. 四种受控源中的转移参量 μ、g、r 和 β 的意义是什么？如何测得？

3. 若受控源控制量的极性反向，试问其输出极性是否发生变化？

4. 如何由两个基本的 CCVC 和 VCCS 获得其他两个 CCCS 和 VCVS，它们的输入输出如何连接？

5. 了解运算放大器的特性，分析四种受控源实验电路的输入、输出关系。

七、实验报告要求

1. 根据实验数据，在方格纸上分别绘出四种受控源的转移特性和负载特性曲线，并求出

相应的转移参量 μ、g、r 和 β。

　　2. 参考表 7-1-1 数据,说明转移参量 μ、g、r 和 β 受电路中哪些参数的影响?如何改变它们的大?

　　3. 回答预习与思考题中的 3、4 题。

　　4. 对实验的结果作出合理地分析和结论,总结对四种受控源的认识和理解。

7-2　实验二　　直流双口网络的研究

一、实验目的

1. 加深理解双口网络的基本理论；
2. 掌握直流双口网络传输参数的测试方法。

二、原理说明

1. 双口网络的基本概念

对于任何一个线性双口网络，通常关心的往往只是输入端口和输出端口电压和电流间的相互关系。双口网络端口的电压和电流四个变量之间的关系，可以用多种形式的参数方程来表示。本实验采用输出口的电压 U_2 和电流 I_2 作为自变量，以输入口的电压 U_1 和电流 I_1 作为应变量，所得的方程称为双口网络的传输方程，如图 7-2-1 所示的无源线性双口网络（又称为四端网络）的传输方程为

$$\begin{cases} U_1 = AU_2 + B(-I_2) \\ I_1 = CU_2 + D(-I_2) \end{cases},$$

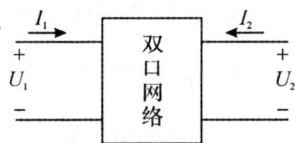

图 7-2-1

式中的 A、B、C、D 为双口网络的传输参数，其值完全决定于网络的拓扑结构及各支路元件的参数值，这四个参数表征了该双口网络的基本特性。

2. 双口网络传输参数的测试方法

（1）双端口同时测量法

在网络的输入口加上电压，在两个端口同时测量其电压和电流，由传输方程可得 A、B、C、D 四个参数：

$A = \dfrac{U_{10}}{U_{20}}$（令 $I_2 = 0$，即输出口开路时），　　　$B = \dfrac{U_{1S}}{U_{2S}}$（令 $U_2 = 0$，即输出口短路时），

$C = \dfrac{I_{10}}{U_{20}}$（令 $I_2 = 0$，即输出口开路时），　　　$D = \dfrac{I_{1S}}{U_{2S}}$（令 $U_2 = 0$，即输出口短路时）。

（2）双端口分别测量法

先在输入口加电压，而将输出口开路和短路，测量输入口的电压和电流，由传输方程可得：

$R_{10} = \dfrac{U_{10}}{I_{10}} = \dfrac{A}{C}$（令 $I_2 = 0$，即输出口开路时），

$R_{1S} = \dfrac{U_{1S}}{I_{1S}} = \dfrac{B}{D}$（令 $U_2 = 0$，即输出口短路时）。

然后在输出口加电压，而将输入口开路和短路，测量输出口的电压和电流，由传输方程可得：$R_{20} = \dfrac{U_{20}}{I_{20}} = \dfrac{D}{C}$（令 $I_1 = 0$，即输入口开路时），

$R_{2S} = \dfrac{U_{2S}}{I_{2S}} = \dfrac{B}{A}$（令 $U_1 = 0$，即输入口短路时）。

R_{10}，R_{1S}，R_{20}，R_{2S} 分别表示一个端口开路和短路时另一端口的等效输入电阻，这四个参数中有三个是独立的，因此，只要测量出其中任意三个参数（如 R_{10}，R_{20}，R_{2S}），与方程 $AD - BC =$

1(双口网络为互易双口,该方程成立)联立,便可求出四个传输参数:

$$A = \sqrt{R_{10}/(R_{20} - R_{2S})}, B = R_{2S}A, C = A/R_{10}, D = R_{20}C。$$

3. 双口网络的级联

双口网络级联后的等效双口网络的传输参数亦可采用上述方法之一求得。根据双口网络理论推得:双口网络 1 与双口网络 2 级联后等效的双口网络的传输参数,与网络 1 和网络 2 的传输参数之间有如下的关系:

$$A = A_1A_2 + B_1C_2, \quad B = A_1B_2 + B_1D_2,$$
$$C = C_1A_2 - D_1C_2, \quad D = C_1B_2 + D_1D_2。$$

三、实验设备

1. 直流数字电压表、直流数字电流表;
2. 恒压源(0 ～ 30 V 可调);
3. EEL-31 组件(含双口网络)。

四、实验内容

实验线路板 EEL-31 组件上双口网络 1、3 的电路如图 7-2-2(a)、(b) 所示,其中图(a) 为 T 型网络,图(b) 为 Ⅱ 型网络。将恒压源的输出电压调到 10 V,作为双口网络的输入电压 U_1,各个电流均用电流插头、插座测量。

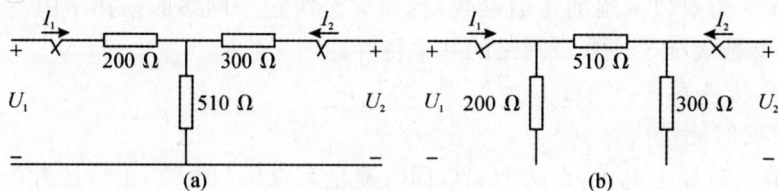

图 7-2-2

1. 用"双端口同时测量法"测定双口网络传输参数

根据'双端口同时测量法'的原理和方法,按照表 7-2-1、表 7-2-2 的内容,分别测量双口网络 1 和 3 的电压、电流,并计算出传输参数 A_1、B_1、C_1、D_1 和 A_3、B_3、C_3、D_3,将所有数据记入表 7-2-1、表 7-2-2 中。

表 7-2-1　测定传输参数的实验数据一

		测量值			计算值	
双口网络 1	输出端开路 $I_2 = 0$	$U_{10}(V)$	$U_{20}(V)$	$I_{10}(mA)$	A_1	C_1
	输出端短路 $U_2 = 0$	$U_{1S}(V)$	$I_{1S}(mA)$	$I_{2S}(mA)$	B_1	D_1

表 7-2-2　测定传输参数的实验数据二

双口网络 3	输出端开路 $I_2 = 0$	测 量 值			计 算 值	
		$U_{10}(V)$	$U_{20}(V)$	$I_{10}(mA)$	A_3	C_3
	输出端短路 $U_2 = 0$	$U_{1S}(V)$	$I_{1S}(mA)$	$I_{2S}(mA)$	B_3	D_3

2. 用"双端口分别测量法"测定级联双口网络传输参数

将双口网络 1 的输出口与双口网络 3 的输入口连接,组成级联双口网络,根据"双端口分别测量法"的原理和方法,按照表 7-2-3 的内容,分别测量级联双口网络输入口和输出口的电压、电流,并计算出等效输入电阻和传输参数 A、B、C、D,将所有数据记入表 7-2-3 中。

表 7-2-3　测定级联双口网络传输参数的实验数据

输出端开路 $I_2 = 0$			输出端短路 $U_2 = 0$			计算传输参数
$U_{10}(V)$	$I_{10}(mA)$	R_{10}	$U_{1S}(V)$	$I_{1S}(mA)$	R_{1S}	A
输入端开路 $I_1 = 0$			输入端短路 $U_1 = 0$			B
$U_{20}(V)$	$I_{20}(mA)$	R_{20}	$U_{2S}(V)$	$I_{2S}(mA)$	R_{2S}	C
						D

3. 用"双端口同时测量法"测定有源双口网络传输参数

对实验线路板 EEL-31 组件上的双口网络 2、4,重复实验 1 的步骤,将实验数据记入自拟的数据表格中。

五、实验注意事项

1. 用电流插头插座测量电流时,要注意判别电流表的极性及选取适合的量程(根据所给的电路参数,估算电流表量程)。

2. 两个双口网络级联时,应将一个双口网络 1 的输出端与另一双口网络 3 的输入端联接。

六、预习与思考题

1. 说明是双口网络的传输参数?它们有何物理意义?

2. 试述双口网络"同时测量法"与"分别测量法"的测量步骤,优缺点及其适用场合。

3. 用两个双口网络组成的级联双口网络的传输参数如何测定?

七、实验报告要求

1. 整理各个表格中的数据,完成指定的计算。

2. 写出各个双口网络的传输方程。

3. 验证级联双口网络的传输参数与级联的两个双口网络传输参数之间的关系。

4. 回答思考题 1、2、3。

7-3　实验三　　负阻抗变换器及其应用

一、实验目的

1. 加深对负阻抗概念的认识,掌握对含有负阻抗器件电路的分析方法;
2. 了解负阻抗变换器的组成原理及其应用;
3. 掌握负阻抗变换器的各种测试方法。

二、原理说明

　　负阻抗是电路理论中的一个重要的基本概念,在工程实践中也有广泛的应用。负阻的产生除某些非线性元件(如隧道二极管)在某个电压或电流的范围内具有负阻特性外,一般都由一个有源双口网络来形成一个等值的线性负阻抗。该网络由线性集成电路或晶体管等元件组成,这样的网络称作负阻抗变换器。

　　按有源网络输入电压和电流与输出电压和电流的关系,可分为电流倒置型(INIC)和电压倒置型(VNIC)两种,电路模型如图 7-3-1(a)、(b)所示。

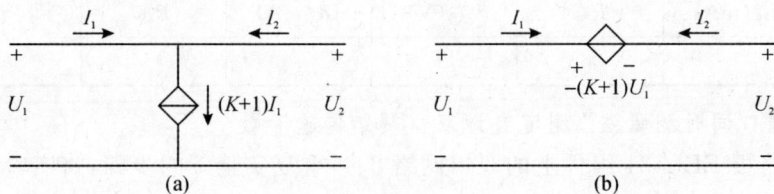

图 7-3-1

　　在理想情况下,其电压、电流关系为:
　　对于 INIC 型:$U_2 = U_1$,　$I_2 = K_1 I_1$(K_1 为电流增益)。
　　对于 VNIC 型:$U_2 = -K_2 U_1$,　$I_2 = -I_1$(K_2 为电压增益)。
　　如果在 INIC 的输出端接上负载阻抗 Z_L,如图 7-3-2 所示,则它的输入阻抗 Z_i 为

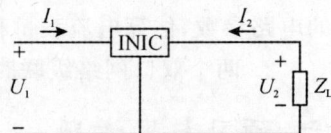

图 7-3-2

$$Z_i = \frac{U_1}{I_1} = \frac{U_2}{\dfrac{I_2}{K_1}} = \frac{K_1 U_2}{I_2} = -K_1 Z_L,$$

即输入阻抗 Z_i 为负载阻抗 Z_L 的 K_1 倍,且为负值,呈负阻特性。

　　本实验用线性运算放大器组成如图 7-3-3 所示的电路,在一定的电压、电流范围内可获得良好的线性度。

　　根据运放理论可知,
$$U_1 = U_+ = U_- = U_2,$$
又
$$I_5 = I_6 = 0,$$
$$I_1 = I_3,$$

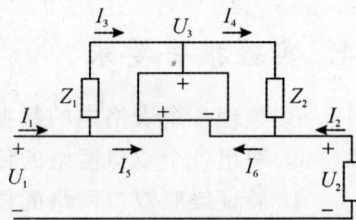

图 7-3-3

$$I_2 = -I_4,$$
$$I_4 Z_2 = -I_3 Z_1,$$
$$-I_2 Z_2 = -I_3 Z_1,$$

所以

$$\frac{U_2}{Z_L} \cdot Z_2 = -I_1 Z_1,$$

$$\frac{U_2}{I_1} = \frac{U_1}{I_1} = Z_i = -\frac{Z_1}{Z_2} \cdot Z_L = -KZ_L。$$

可见，该电路属于电流倒置型(INIC)负阻抗变换器，输入阻抗 Z_1 等于负载阻抗 Z_L 乘 $-K$ 倍。负阻抗变换器具有十分广泛的应用，例如可以用来实现阻抗变换。

假设 $Z_1 = R_1 = 1\ \text{k}\Omega, Z_2 = R_2 = 300\ \Omega$ 时，$K = \dfrac{Z_1}{Z_2} = \dfrac{R_1}{R_2} = \dfrac{10}{3}$。

若负载为电阻，$Z_L = R_L$ 时，$Z_1 = -KZ_L = -\dfrac{10}{3}R_L$。

若负载为电容 C，

$$Z_L = \frac{1}{j\omega C} \text{ 时}, Z_1 = -KZ_L = -\frac{10}{3}\frac{1}{j\omega C} = j\omega L\ (\text{令 } L = \frac{1}{\omega^2 C} \times \frac{10}{3})。$$

若负载为电感 L，

$$Z_L = j\omega L \text{ 时}, Z_1 = -KZ_L = -\frac{10}{3}j\omega L = \frac{1}{j\omega C}\ (\text{令 } C = \frac{1}{\omega^2 L} \times \frac{3}{10})。$$

可见，电容通过负阻抗变换器呈现电感性质，而电感通过负阻抗变换器呈现电容性质。

三、实验设备

1. 恒压源；
2. 信号源；
3. 直流数字电压表；
4. 交流毫伏表；
5. 双踪示波器；
6. EEL-02 组件(含负阻抗变换器)；
7. EEL-06 组件(可变电阻箱、0.1 μF 电容、100 mH 电感)。

四、实验内容

1. 测量负电阻的伏安特性

实验电路如图 7-3-4 所示，图中：U_1 为恒压源的可调稳压输出端，负载电阻 R_L 用电阻箱。

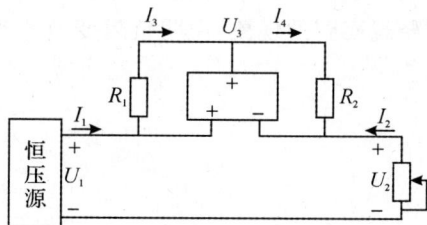

图 7-3-4

（1）调节负载电阻箱的电阻值，使 $R_L = 300\ \Omega$，调节恒压源的输出电压，使之在（$0 \sim 1\ V$）范围内的取值，分别测量 INIC 的输入电压 U_1 及输入电流 I_1，将数据记入表 7-3-1 中。

（2）令 $R_L = 600\ \Omega$，重复上述的测量，将数据记入表 7-3-1 中。

表 7-3-1　负电阻的伏安特性实验数据

	$U_1(V)$	0.1	0.2	0.3	0.4	0.5	0.6	0.7	0.8	0.9	1
$R = 300\ \Omega$	$I_1(mA)$										
	$U_{1平均}(V)$					$I_{1平均}(mA)$					
	$U_1(V)$	0.1	0.2	0.3	0.4	0.5	0.6	0.7	0.8	0.9	1
$R = 600\ \Omega$	$I_1(mA)$										
	$U_{1平均}(V)$					$I_{1平均}(mA)$					

（3）计算等效负阻

实测值：$R_- = U_{1平均}\ /\ I_{1平均}$。

理论计算值：$R'_- = -KZ_L = -\dfrac{10}{3}R_L$。

电流增益：$K = R_1/R_2$。

（4）绘制负阻的伏安特性曲线 $U_1 = f(I_1)$。

2. 阻抗变换及相位观察

用 $0.1\ \mu F$ 的电容器（串一电阻 $500\ \Omega$）和 $100\ mH$ 的电感（串 $500\ \Omega$）分别取代 R_L，用函数信号源（正弦波形，$f = 1 \times 10^3\ Hz$）取代恒压源，调节低频信号使 $U_1 < 1\ V$，并用双踪示波器观察并记录 U_1 与 I_1 以及 U_2 与 I_2 的相位差（I_1、I_2 的波形分别从 R_1、R_2 两端取出）。

五、实验注意事项

1. 整个实验中应使 $U_1 = (0 \sim 1)\ V$。

2. 防止运放输出端短路。

六、预习与思考题

1. 什么是负阻变换器？有哪两种类型？具有什么性质？

2. 负阻变换器通常用什么电路组成？如何实现负阻变换？

3. 说明负阻变换器实现阻抗变换的原理和方法。

七、实验报告要求

1. 根据表 7-3-1 数据，完成要求的计算，并绘制负阻特性曲线。

2. 根据实验 2 的数据，解释观察到的现象，说明负阻变换器实现阻抗变换的功能。

3. 回答思考题。

7-4 实验四 回转器特性测试

一、实验目的

1. 了解回转器的结构和基本特性;
2. 测量回转器的基本参数;
3. 了解回转器的应用。

二、原理说明

回转器是一种有源非互易的两端口网络元件,电路符号及其等值电路如图 7-4-1(a)、(b) 所示。

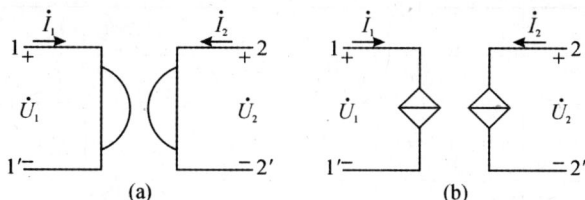

图 7-4-1

理想回转器的导纳方程为:$\begin{bmatrix} \dot{I}_1 \\ \dot{I}_2 \end{bmatrix} = \begin{bmatrix} 0 & G \\ -G & 0 \end{bmatrix} \begin{bmatrix} \dot{U}_1 \\ \dot{U}_2 \end{bmatrix}$,

或写成 $\qquad \dot{I}_1 = G\dot{U}_2 ; \dot{I}_2 = -G\dot{U}_1$。

也可写成电阻方程:$\begin{bmatrix} \dot{U}_1 \\ \dot{U}_2 \end{bmatrix} = \begin{bmatrix} 0 & -R \\ +R & 0 \end{bmatrix} \begin{bmatrix} \dot{I}_1 \\ \dot{I}_2 \end{bmatrix}$,

或写成 $\qquad \dot{U}_1 = -R\dot{I}_2 ; \dot{U}_2 = R\dot{I}_1$,

式中的 G 和 R 分别称为回转电导和回转电阻,简称为回转常数。

若在 $2—2'$ 端接一负载电容 C,从 $1—1'$ 端看进去的导纳 Y_i 为

$$Y_i = \frac{\dot{I}_1}{\dot{U}_1} = \frac{G\dot{U}_2}{-\dot{I}_2/G} = \frac{-G^2\dot{U}_2}{\dot{I}_2}, \text{又} \because \frac{\dot{U}_2}{\dot{I}_2} = -Z_L = -\frac{1}{j\omega C},$$

$$\therefore Y_i = \frac{G^2}{j\omega C} = \frac{1}{j\omega L}, \text{其中} L = \frac{C}{G^2}。$$

可见,从 $1-1'$ 端看进去就相当于一个电感,即回转器能把一个电容元件"回转"成一个电感元件,所以也称为阻抗逆变器。由于回转器有阻抗逆变作用,在集成电路中得到重要的应用。因为在集成电路制造中,制造一个电容元件比制造电感元件容易得多,通常可以用一带有电容负载的回转器来获得一个较大的电感负载。

三、实验设备

1. 信号源;
2. 交流毫伏表;

3. 双踪示波器;

4. EEL-01 组件(含回转器);

5. EEL-06 组件(含可变电阻箱、0.1 μF、1 μF 电容等)。

四、实验内容

1. 测定回转器的回转常数

实验电路如图 7-4-2 所示,在回转器的 2—2′ 端接纯电阻负载 R_L(电阻箱),取样电阻 $R_S = 1$ kΩ,信号源频率固定在 1 kHz,输出电压为 1 ~ 2 V。用交流毫伏表测量不同负载电阻 R_L 时的 U_1、U_2 和 U_{RS},并计算相应的电流 I_1、I_2 和回转常数 G,一并记入表 7-4-1 中。

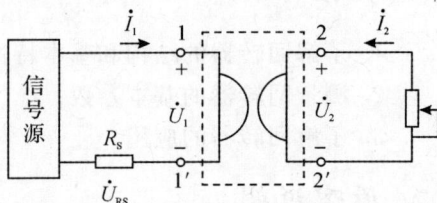

图 7-4-2

表 7-4-1　测定回转常数的实验数据

R_L (kΩ)	测量值		计算值				
	U_1(V)	U_2(V)	I_1(mA)	I_2(mA)	$G' = I_1/U_2$	$G'' = I_2/U_1$	$G = (G' + G'')/2$
0.5							
1							
1.5							
2							
3							
4							
5							

2. 测试回转器的阻抗逆变性质

(1) 观察相位关系

实验电路如图 7-4-2 所示,在回转器 2—2′ 端的电阻负载 R_L 用电容 C 代替,且 $C = 0.1$ μF,用双踪示波器观察回转器输入电压 U_1 和输入电流 I_1 之间的相位关系,图中的 R_S 为电流取样电阻,因为电阻两端的电压波形与通过电阻的电流波形同相,所以用示波器观察 U_{RS} 上的电压波形就反映了电流 I_1 的相位。

(2) 测量等效电感

在 2—2′ 两端接负载电容 $C = 0.1$ μF,用交流毫伏表测量不同频率时的等效电感,并算出 I_1、L'、L 及误差 ΔL,分析 U、U_1、U_{RS} 之间的相量关系。

3. 测量谐振特性

实验电路如图 7-4-3 所示,图中:$C_1 = 1$ μF,$C_2 = 0.1$ μF,取样电阻 $R_S = 1$ kΩ。用回转器作电感,与 C_1 构成并联谐振电路。信号源输出电压保持恒定 $U = 2$ V,在不同频率时用交流毫伏表测量表 7-4-2 中规定的各个电压,并找出 U_1 的峰值。将测量数据和计算值记入表 7-4-2 中。

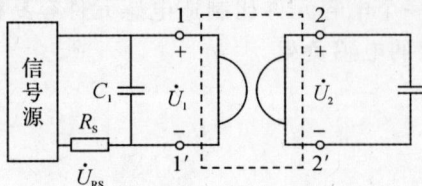

图 7-4-3

表 7-4-2　谐振特性实验数据

参数 $\backslash$ f(Hz)	200	400	500	700	800	900	1 000	1 200	1 300	1 500	2 000
U_1(V)											
U_{RS}(V)											
$I_1 = U_{RS}/R_S$(mA)											
$L' = U_1/2\pi f I_1$											
$L = C/G^2$											
$\Delta L = L' - L$											

五、实验注意事项

1. 回转器的正常工作条件是 U,I 的波形必须是正弦波,为避免运放进入饱和状态使波形失真,所以输入电压以不超过 2 V 为宜。

2. 防止运放输出对地短路。

六、预习与思考题

1. 什么是回转器?用导纳方程说明回转器输入和输出的关系。

2. 什么是回转常数?如何测定回转电导?

3. 说明回转器的阻抗逆变作用及其应用。

七、实验报告要求

1. 根据表 7-4-1 数据,计算回转电导。

2. 根据实验 2 的结果,画出电压、电流波形,说明回转器的阻抗逆变作用,并计算等效电感值。

3. 根据表 7-4-2 数据,画出并联谐振曲线,找到谐振频率,并和计算值相比较。

4. 从各实验结果中总结回转器的性质、特点和应用。

第八章　　变压器与电机拖动实验单元

8-1　实验一　　互感线圈电路的研究

一、实验目的

1. 学会测定互感线圈同名端、互感系数以及耦合系数的方法；
2. 理解两个线圈相对位置的改变，以及线圈用不同导磁材料时对互感系数的影响。

二、原理说明

一个线圈因另一个线圈中的电流变化而产生感应电动势的现象称为互感现象，这两个线圈称为互感线圈，用互感系数（简称互感）M 来衡量互感线圈的这种性能。互感的大小除了与两线圈的几何尺寸、形状、匝数及导磁材料的导磁性能有关外，还与两线圈的相对位置有关。

1. 判断互感线圈同名端的方法

（1）直流法

如图 8-1-1 所示，当开关 S 闭合瞬间，若毫安表的指针正偏，则可断定"1"、"3"为同名端；指针反偏，则"1"、"4"为同名端。

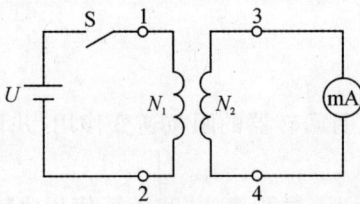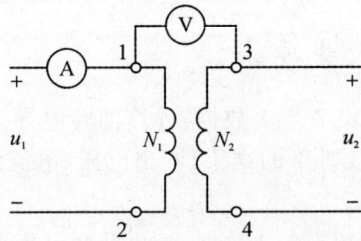

图 8-1-1　　　　　　　图 8-1-2

（2）交流法

如图 8-1-2 所示，将两个绕组 N_1 和 N_2 的任意两端（如 2、4 端）连在一起，在其中的一个绕组（如 N_1）两端加一个低电压，用交流电压表分别测出端电压 U_{13}、U_{12} 和 U_{34}，若 U_{13} 是两个绕组端压之差，则 1、3 是同名端；若 U_{13} 是两绕组端压之和，则 1、4 是同名端。

2. 两线圈互感系数 M 的测定

在图 8-1-2 电路中，互感线圈的 N_1 侧施加低压交流电压 U_1，测出 I_1 及 U_2。根据互感电势 $E_{2M} \approx U_{20} = \omega M I_1$，可算得互感系数为

$$M = \frac{U_2}{\omega I_1}。$$

3. 耦合系数 K 的测定

两个互感线圈耦合松紧的程度可用耦合系数 K 来表示

$$K = M/\sqrt{L_1 L_2},$$

其中 L_1 为 N_1 线圈的自感系数，L_2 为 N_2 线圈的自感系数，它们的测定方法如下：先在 N_1 侧加低压交流电压 U_1，测出 N_2 侧开路时的电流 I_1；然后再在 N_2 侧加电压 U_2，测出 N_1 侧开路时的电流 I_2，根据自感电势 $E_L \approx U = \omega L I$，可分别求出自感 L_1 和 L_2。当已知互感系数 M，便可算得 K 值。

三、实验设备

1. 直流数字电压表、毫安表；

2. 交流数字电压表、电流表；

3. 互感线圈、铁、铝棒；

4. EEL-23 组件（含 100 Ω/3 W 电位器、510 Ω/8 W 线绕电阻、发光二极管）；

5. 滑线变阻器：200 Ω/2 A（自备）。

四、实验内容

1. 测定互感线圈的同名端。

（1）直流法

实验电路如图 8-1-3 所示，将线圈 N_1、N_2 同心式套在一起，并放入铁芯。U_1 为可调直流稳压电源，调至 6 V，然后改变可变电阻器 R（由大到小地调节），使流过 N_1 侧的电流不超过 0.4 A（选用 5 A 量程的数字电流表），N_2 侧直接接入 2 mA 量程的毫安表。将铁芯迅速地拨出和插入，观察毫安表正、负读数的变化，来判定 N_1 和 N_2 两个线圈的同名端。

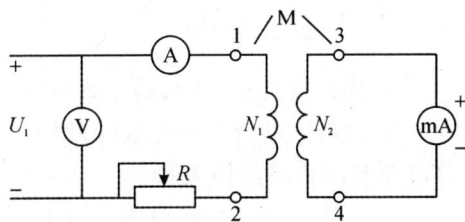

图 8-1-3

（2）交流法

实验电路如图 8-1-4 所示，将小线圈 N_2 套在线圈 N_1 中。N_1 串接电流表（选 0～5 A 的量程）后接至自耦调压器的输出，并在两线圈中插入铁芯。

接通电源前，应首先检查自耦调压器是否调至零位，确认后方可接通交流电源，令自耦调压器输出一个很低的电压（约 2 V 左右），使流过电流表的电流小于 5 A，然后用 0～20 V 量程的交流电压表测量 U_{13}，U_{12}，U_{34}，判定同名端。

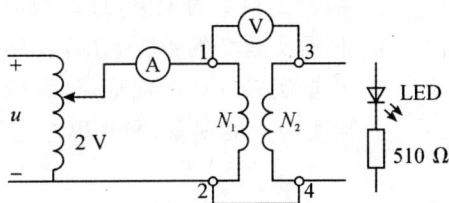

图 8-1-4

拆去 2、4 联线；并将 2、3 相接，重复上述步骤，判定同名端。

2. 测定两线圈的互感系数 M

在图 8-1-2 电路中，互感线圈的 N_2 开路，N_1 侧施加 2 V 左右的交流电压 U_1，测出并记录 U_1、I_1、U_2。

3. 测定两线圈的耦合系数 K

在图 8-1-2 电路中，N_1 开路，互感线圈的 N_2 侧施加 2 V 左右的交流电压 U_2，测出并记录

U_2、I_2、U_1。

4. 研究影响互感系数大小的因素

在图 8-1-4 电路中,线圈 N_1 侧加 2 V 左右交流电压,N_2 侧接入 LED 发光二极管与 510 Ω 串联的支路。

(1)将铁芯慢慢地从两线圈中抽出和插入,观察 LED 亮度及各电表读数的变化,记录变化现象。

(2)改变两线圈的相对位置,观察 LED 亮度及各电表读数的变化,记录变化现象。

(3)改用铝棒替代铁棒,重复步骤(1)、(2),观察 LED 亮度及各电表读数的变化,记录变化现象。

五、实验注意事项

1. 整个实验过程中,注意流过线圈 N_1 的电流不超过 1.5 A,流过线圈 N_2 的电流不得超过 1 A。

2. 测定同名端及其他测量数据的实验中,都应将小线圈 N_2 套在大线圈 N_1 中,并行插入铁芯。

3. 如实验室有 200 Ω,2 A 的滑线变阻器或大功率的负载,则可接在交流实验时的 N_1 侧。

4. 实验前,首先要检查自耦调压器,要保证手柄置在零位,因实验时所加的电压只有 2 ~ 3 V 左右。因此调节时要特别仔细、小心,要随时观察电流表的读数,不得超过规定值。

六、预习与思考题

1. 什么是自感?什么是互感?在实验室中如何测定?

2. 如何判断两个互感线圈的同名端?若已知线圈的自感和互感,两个互感线圈相串联的总电感与同名端有何关系?

3. 互感的大小与哪些因素有关?各个因素如何影响互感的大小?

七、实验报告要求

1. 根据实验 1 的现象,总结测定互感线圈同名端的方法,并回答思考题 2。

2. 根据实验 2 的数据,计算互感系数 M。

3. 根据实验 2、3 的数据,计算耦合系数 K。

根据实验 4 的现象,回答思考题 3。

8-2　实验二　　单相铁芯变压器特性的测试

一、实验目的

1. 学会测试变压器各项参数的方法；
2. 学习测绘变压器的空载特性曲线与外特性曲线；
3. 了解变压器的工作原理和运行特性。

二、原理说明

变压器工作原理电路如图 8-2-1 所示，原边绕组 AX 连接交流电源 u_1，副边绕组 ax 两端电压为 u_2，经开关 S 与负载阻抗 Z_2 连接。

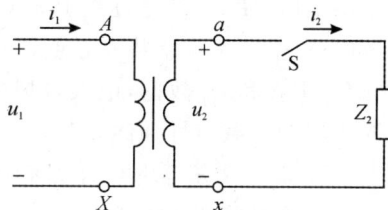

图 8-2-1

1. 变压器空载特性

当变压器副边开关 S 断开时，变压器处在空载状态，原边电流 $I_1 = I_{10}$，称为空载电流，其大小和原边电压 U_1 有关，两者之间的关系特性称为空载特性，用 $U_1 = f(I_{10})$ 表示。由于空载电流 I_{10}（励磁电流）与磁场强度 H 成正比，磁感应强度 B 与电源电压 U_1 成正比，因而，空载特性曲线与铁芯的磁化曲线（B—H 曲线）是一致的。空载实验一般在低压绕组加电压，高压绕组开路。

2. 变压器外特性

当原边电压 U_1 不变，随着副边电流 I_2 增大（负载增大，阻抗 Z_2 减小），原、副边绕组阻抗电压降加大，使副边端电压 U_2 下降，这种副边端电压 U_2 随着副边电流 I_2 变化的特性称为外特性，用 $U_2 = f(I_2)$ 表示。

3. 变压器参数的测定

用电压表、电流表、功率表测得变压器原边的 U_1、I_1、P_1 及副边的 U_2、I_2，并用万用表欧姆最低档测出原、副绕组的电阻 R_1 和 R_2，即可算得变压器的各项参数值：

电压比 $K_u = \dfrac{U_1}{U_2}$，电流比 $K_s = \dfrac{I_2}{I_1}$。

原边阻抗 $Z_1 = \dfrac{U_1}{I_1}$，副边阻抗 $Z_2 = \dfrac{U_2}{I_2}$。

阻抗比 $= \dfrac{Z_1}{Z_2}$。

负载功率 $P_2 = U_2 I_2 \cos\varphi$。

损耗功率 $P_0 = P_1 - P_2$。

功率因数 $= \dfrac{P_1}{U_1 I_1}$，原边线圈铜耗 $P_{Cu1} = I_1^2 R_1$。

副边铜耗 $P_{Cu2} = I_2^2 R_2$，铁耗 $P_{Fe} = P_0 - (P_{Cu1} + P_{Cu2})$。

三、实验设备

1. 交流电压表、交流电流表、功率表；

2. 三相调压器(输出可调交流电源);

3. EEL-55B组件(白炽灯);

4. 变压器 36 V/220 V(在主控屏上)。

四、实验内容

1. 测绘变压器空载特性

实验电路如图 8-2-2 所示,将变压器的高压绕组(副边)开路,低压绕组(原边)与调压器输出端连接。确认三相调压器处在零位(逆时针旋到底位置)后,合上电源开关,调节三相调压器输出电压,使 U_1 从零逐次上升到 1.2 倍的额定电压(1.2×36 V),总共取五点,分别记下各次测得的 U_1、U_{20} 和 I_{10} 数据,记入自拟的数据表格,绘制变压器的空载特性曲线。

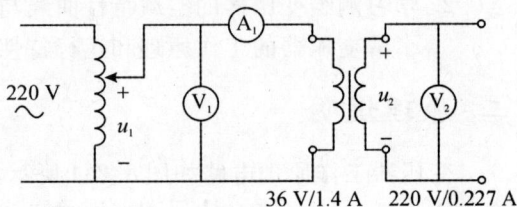

图 8-2-2

36 V/1.4 A　　　220 V/0.227 A

2. 测绘变压器外特性并测试变压器参数

实验电路如图 8-2-3 所示,变压器的高压绕组与调压器输出端连接,低压绕组接 220 V、40 W 的白炽灯组负载。将调压器手柄置于输出电压为零的位置,然后合上电源开关,并调节调压器,使其输出电压等于变压器高压侧的额定电压 220 V,分别测试负载开路及逐次增加负载(并联白炽灯)至额定值(I_{2N} = 1.4 A),总共取五点,分别记下五个仪表(见图 8-2-3)的读数,记入自拟的数据表格,绘制变压器外特性曲线。

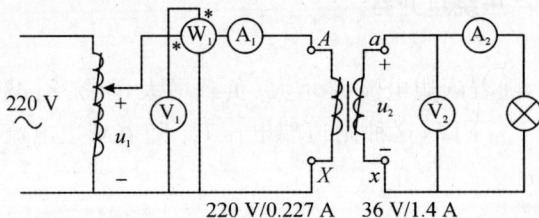

220 V/0.227 A　　　36 V/1.4 A

图 8-2-3

五、实验注意事项

1. 使用三相调压器时应首先调至零位,然后才可合上电源。每次测量完数据后,要将三相调压器手柄逆时针旋到零位置。

2. 实验过程中,必须用电压表监视调压器的输出电压,防止被测变压器输出过高电压而损坏实验设备,且要注意人身安全,以防高压触电。

3. 空载实验是将变压器作为升压变压器使用,而外特性实验是将变压器作为降压变压器使用。

4. 遇异常情况,应立即断开电源,特处理好故障后,再继续实验。

六、预习与思考题

1. 为什么空载实验将低压绕组作为原边进行通电实验?此时,在实验过程中应注意什么问题?

2. 什么是变压器的空载特性?如何测绘?从空载特性曲线如何判断变压器励磁性能的好坏?

3. 什么是变压器的外特性?如何测绘?从外载特性曲线上如何计算变压器的电压调整率?

七、实验报告要求

1. 根据实验内容,自拟数据表格,绘出变压器的空载特性和外特性曲线。

2. 根据变压器的外特性曲线,计算变压器的电压调整率

$$\Delta U\% = \frac{U_{20} - U_{2N}}{U_{20}} \times 100\% 。$$

3. 根据额定负载时测得的数据,计算变压器的各项参数。

8-3　实验三　三相异步电动机

一、实验目的

1. 了解异步电动机的结构和额定值；
2. 学习检验异步电动机绝缘情况的方法；
3. 学习三相异步电动机绕组首、末端的判别方法。

二、实验原理

异步电动机是基于电磁原理把交流电能转换为机械能的一种旋转电机。根据使用的交流电相数，异步电动机分为三相异步电动机和单相异步电动机。

异步电动机由定子和转子两个基本部分构成。定子主要由定子铁心、定子绕组和机座等组成，是电动机的静止部分。转子主要由转子铁心、转子绕组和转轴等组成，是电动机的转动部分。

三相异步电动机的定子绕组为三相对称绕组，一般有六根引出线，出线端装在机座外面的接线盒内，如图 8-3-1 所示。在已知各相绕组额定电压的情况下，根据三相电源电压的不同，三相定子绕组可以接成星形或三角形，然后与电源相连。当定子绕组通以三相电流时，便在电机内产生一旋转磁场，其转速 N_0（称同步转速）取决于电源频率 F 和电机三相绕组形成的磁极对数 P，其关系为

$$N_o = 60F/P(转 / 分)。$$

旋转磁场的转向与三相电流的相序一致。在旋转磁场作用下，转子绕组感应电动势，从而产生转子电流，转子电流与磁场相互作用便产生电磁转矩，转子在电磁转矩作用下旋转起来，转向与旋转磁场的转向一致，转速 N 始终低于旋转磁场的转速 N_0，故称异步电动机。

三相异步电动机的三相定子绕组有首（始）端和末（尾）端之分。三个首端标以 U_1、V_1 和 W_1，三个末端标以 U_2、V_2 和 W_2（见图 8-3-1）。如果没有按照首、末端的标记正确接线，则电动机可能不能起动或不能正常工作。若由于某种原因使定子绕组六个出线端标记无法辨认，则可以通过实验来判别各绕组对应的首、末端，其步骤如下：

（1）用万用表电阻挡从六个出线端中确定哪一对出线端是属于同一相绕组，分别确定三相绕组。在设定某绕组为第一绕组，将其二端标以 U_1 和 U_2。

（2）将设定的第一绕组的末端 U_2 和任意另一绕组（第二绕组）串联，并通过开关和一节干电池连接成回路，第三绕组两端接万用表直流毫安的最小量程挡（或接小量程毫安表），如图 8-3-2 所示。在开关 S 接通瞬间，观察万用表指针的摆动情况（应为正向摆动，若反向摆动，则调换万用表两测笔的测量位置）。若指针摆动幅度较大，则可判定第一、二两组绕组为末 — 首端相连，即与第一绕组末端 U_2 相连的是第二绕组的首端，于是标以 V_1，另一端标以 V_2。同时可以确定第三绕组与万用表负端测笔相连的一端与第一绕组首端 W_1 为同极性端，于是该端是第三绕组的首端，标以 W_1，另一端标以 W_2。若万用表指针摆动幅度较小或基本不动，则表示第一绕组与第二绕组为首 — 首（或末 — 末）端相连。

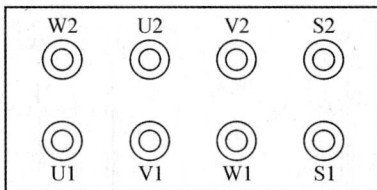

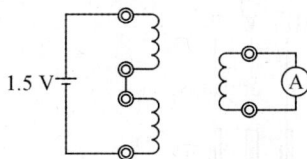

图 8-3-1　电机铭牌　　　　　　　图 8-3-2　同名端测试电路

　　三相异步电动机的直接起动电流大。而降压起动可减小起动电流,但也减小了起动转矩,故适用于起动转矩要求不大的场合。对于正常运行时定子绕组采用三角形连接的电动机,可采用 Y-$\triangle$ 降压起动。

　　要改变三相异步电动机的转向,只要改变三相电源与定子绕组连接的相序即可。

　　在安装和使用电动机之前,要对绝缘情况进行检查。电动机的绝缘电阻可以用兆欧表(俗称摇标)进行测量。兆欧表靠手摇发电机提供高电压、小电流的电源,由于没有游丝,它在未测量状态下指针不固定位置。对于电动机,要对各相绕组间的绝缘电阻及绕组与铁心(机壳)间的绝缘电阻进行测量。一般,500 V 以下的中小型电动机,用 500 V 摇表测量其相间绝缘和绕组对地绝缘电阻,小修后应不低于 0.5 MΩ 的绝缘电阻,大修更换绕组后的绝缘电阻一般不应低于 5 MΩ。

三、实验设备

　　1. 三相异步电动机;

　　2. 指针万用表;

　　3. 兆欧表(轮流使用)。

四、实验内容

　　1. 记录异步电动机的铭牌参数,并观察异步电动机的结构。

　　2. 用万用表判别三相异步电动机定子三相绕组的首、末端。

　　3. 用兆欧表检测电动机的绝缘电阻,并记入表 8-3-1 中。

表 8-3-1　三相异步电动机绝缘电阻测试

电机类型	三相异步电动机			
检测点	A—B 相间	C—B 相间	A—C 相间	绕组 — 机壳间
绝缘电阻(MΩ)				

　　4. 三相异步电动机的直接运行

　　1)采用 380 V 三相交流电源,按照图 8-3-3 接线(线圈星形连接)。闭合电源,起动电动机,观察起动电流的冲击情况和电动机的转向。

　　2)采用 220 V 三相交流电源,按照图 8-3-4 接线(线圈三角形连接)。闭合电源,起动电动机,观察起动电流的冲击情况和电动机的转向(注意观察电动机是顺时针或逆时针旋转)。

　　5. 三相异步电动机的反转

　　采用 220 V 三相交流电源,按照图 8-3-5 接线。闭合电源,起动电动机,观察电动机的转向情况(电动机的旋转方向和图 8-3-4 连线相比较)。

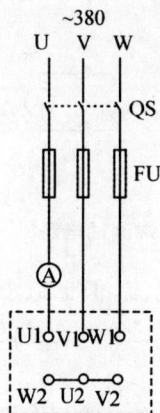

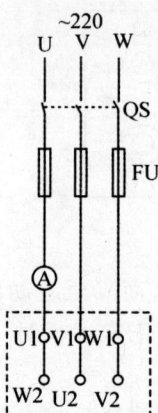

图 8-3-3　星形连接　　　　图 8-3-4　三角形连接　　　　图 8-3-5　电动机反转

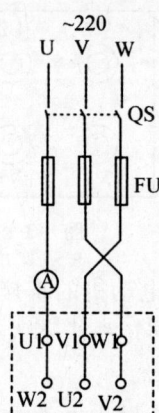

五、预习要求和思考题

1. 了解异步电动机的基本结构、工作原理、起动方法及铭牌参数等。

2. 如何确定三相异步电动机三相绕组的连接方式?若每相绕组的额定电压为 220 V,当电源电压分别为 380 V 和 220 V 时,电动机绕组应分别采用何种连接方式?

六、实验总结

1. 从所测绝缘电阻值,判断电动机的绝缘情况。

2. 对三相异步电动机的直接起动与降压起动进行比较。

注:三相交流电源分别接主控屏上三相调压输出的 U、V、W 三个插孔,调节三相调压器至三相线电压为所需电压值(220 V 或 380 V)。闭合(绿)、断开(红)按钮模拟 QS 的作用:即按下绿按钮相当于 QS 接通;按下红按钮相当于 QS 断开。

8-4　实验四　三相异步电动机点动、起动、停车控制

一、实验目的

1. 了解按钮、交流接触器和熔断器、热继电器的基本结构和动作原理；
2. 掌握三相异步电动机点动、起动、停车的工作原理、接线及操作方法；
3. 了解电动机运行时的保护原理和方法。

二、原理说明

在工农业生产中，目前广泛采用继电器接触器控制系统对中、小功率异步电动机进行各种控制。这种控制系统主要由交流接触器、按钮、热继电器、熔断器等电器组成。

交流接触器是一种由交流电压控制的自动电器，主要由铁芯、吸引线圈和触点组等部件组成。铁芯分为动铁芯和静铁芯，当静铁芯上的吸引线圈加上额定电压时，动铁芯被吸合，从而带动触点组动作。触点可分主触点和辅助触点。主触点的接触面积大，并具有灭弧装置，能通断较大的电流，可接在主电路中，控制电动机的工作。辅助触点只能通断较小的电流，常接在辅助电路（控制电路）中。触点按初始（未通电）状态分为"动合"（常开）触点和"动断"（常闭）触点，前者当吸引线圈无电时处于断开状态，后者为吸引线圈无电时处于闭合状态。当吸引线圈带电时，"动合"触点闭合，"动断"触点断开。

交流接触器在工作时，如加于吸引线圈的电压过低，动铁芯会释放，使触点组复位，故具有欠压（或失压）保护功能。

按钮是一种手动的"主令开关"，在控制电路中用来发出"接通"或"断开"的指令。它的触点也分"动合"和"动断"两种形式，前者用于接通控制电路，后者用来断开控制电路。

热继电器是利用流过继电器的电流所产生热效应而动作的保护电器，其延时动作时间随通过电路电流的增加而缩短（反时限动作），用来保护电动机免于过载。它主要由热元件和"动断"触点等组成。当电动机过载时，经过一定时间延时，"动断"触点断开，从而使控制电路失电，达到切断主电路的目的。

熔断器用作短路保护，当负载短路，很大的短路电流使熔断器立即熔断，切断故障电路。

三相异步电动机可用一个交流接触器和按钮来实现点动和起动、停车控制。

点动控制电路如图 8-4-1 所示，工作时，首先合上刀开关 QS，接通三相电源。按下起动按钮 SB，接触器 KM 吸合，其三个主触点闭合，电动机转动；松开起动按钮 SB，接触器 KM 断电，其三个主触点断开，电动机停转。熔断器 FU1、FU2 分别用做主电路和控制电路的短路保护。

起动、停车控制电路如图 8-4-2 所示，和点动控制电路相比，增加了三个环节：一是与起动按钮 SB2 并联一个接触器 KM 的辅助"动合"触点 KM_4，其作用是按下起动按钮 SB2，接触器 KM 动作，电动机起动，同时 KM_4 也闭合，当松开起动按钮时，KM_4 仍使接触器 KM 线圈继续带电，电动机继续转动，这种作用称为"自锁"，KM_4 触点称为"自锁"触点；二是为了控制电动机停车，增加一个停车按钮 SB1，按下停车按钮 SB1，切断控制电路，接触器 KM 的主触点断开，电动机停车；三是安装了热继电器 FR，当电动机过载，经过一段时间，其"动断"触点断开，

切断控制电路,接触器 KM 的主触点断开,电动机停车。

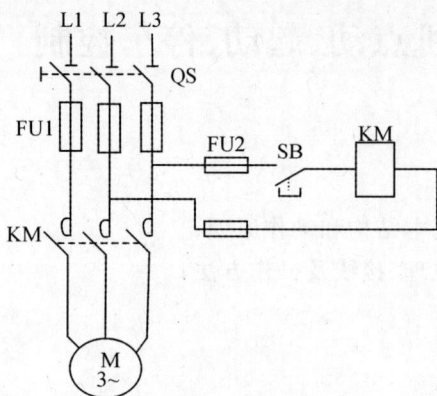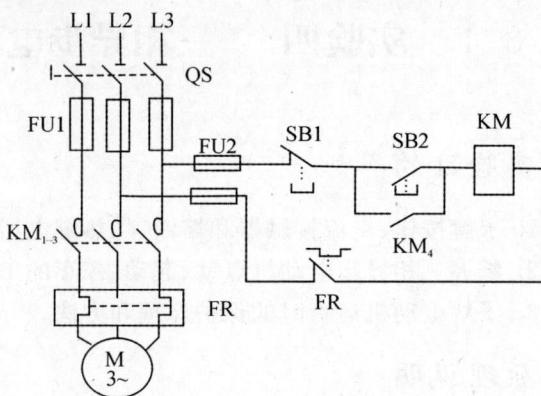

图 8-4-1　　　　　　　　　　　　　图 8-4-2

三、实验设备

1. 三相电源(提供三相四线制 380 V、220 V 电压);

2. 三相异步电动机;

3. EEL-57、EEL-58B、EEL-59D 组件(含接触器、热继电器,吸引线圈额定电压均为 220 V,按钮等)

四、实验内容

1. 认真听老师讲解,了解常用低压电器(熔断器、按钮、交流接触器、热继电器等)的结构和动作原理,掌握常用继电器接触器控制电路的工作原理。

2. 三相异步电动机的点动控制

按图 8-4-1 接线,其中:三相电源线电压为 220 V,电动机采用"Y"接法。合上闸刀开关 QS(用电源开关代替),操作按钮 SB,观察电动机和交流接触器的动作情况。

3. 三相异步电动机的起动、停车控制

在图 8-4-1 电路的基础上,接入接触器 KM 的"自锁"触点和停车按钮 SB1,如图 8-4-2 所示,合上闸刀开关 QS,操作按钮 SB2、SB1,观察电动机和交流接触器的动作情况。

五、实验注意事项

1. 每次接线、拆线或长时间讨论问题时,必须断开三相电源,以免发生触电事故。

2. 三相电源线电压调整到 220 V。

3. 为减小电动机起动电流,电动机一律"Y"连接。

4. 实验箱中的按钮均为复合式按钮,实验中起动按钮使用一个复合式按钮(绿色)的"动合"触点,而停车按钮使用另一个复合式按钮(红色)的"动断"触点。

5. 正常操作时,如电动机不转动,应立即断开电源,请指导教师检查。

六、预习与思考题

1. 认真阅读实验指导书中各项内容,初步了解交流接触器、热继电器、按钮等的基本结构和工作原理。

2. 分析图 8-4-1 和图 8-4-2 电路的工作原理,试画出接线图。

3. 如果控制电路的两端或一端接在接触器主触点和电动机之间,会出现什么问题?

4. 在图 8-4-2 电路中,如误将接触器的辅助"动断"触点与起动按钮并联,接通电源后会出现什么问题?(只能思考,不允许通电试验)

5. 在控制电路中,如接触器的线圈忘了接入,会出现什么问题?(只能思考,不允许通电试验)

七、实验报告要求

1. 根据实验现象,分析电动机点动、起动、停车控制的原理,说明"自锁"触点的作用。

2. 现有一个 220 V/6.3 V 的降压变压器和 6.3 V 的照明灯,应如何接在图 8-4-2 电路中?

3. 实验电路中的短路、过载和失压三种保护功能是如何实现的?

4. 设计一个电动机既能点动,又能起动、停车的控制电路。

5. 回答思考题 3、4、5。

8-5　实验五　　三相异步电动机的正、反转控制

一、实验目的

1. 掌握三相异步电动机正、反转控制电路的工作原理、接线及操作方法；
2. 了解三相异步电动机正、反转控制电路的应用。

二、原理说明

生产中经常需要改变电动机的旋转方向，根据三相异步电动机的原理，要改变电动机的转向，只需将电动机接到三相电源任意两根对调，改变通入电动机的三相电流相序即可。常用的控制电路可采用倒顺开关或按钮开关、接触器等电器元件实现。

图 8-5-1 为两个起动按钮分别控制两个接触器来改变通入电动机的三相电流相序，实现电动机正、反转的控制电路，其中，接触器 KM_F 用于电动机正转控制，接触器 KM_R 用于电动机反转控制。从主电路可以看出，如果两个接触器 KM_F、KM_R 由于误操作而同时工作，六个主触点同时闭合，将造成电源两相短路，这是决不能允许的。因而，控制电路的设计，必须保证两个接触器 KM_F 和 KM_R 在任何情况下只能有一个工作，为此，在正转控制电路中串入一个反转接触器 KM_R 的辅助"动断"触点 KM_R，在反转控制电路中串入一个正转接触器 KM_F 的辅助"动断"触点 KM_F。这样，在正转接触器 KM_F 工作时，它的"动断"触点 KM_F 断开，将反转控制电路切断；相反，在反转接触器 KM_R 工作时，它的"动断"触点 KM_R 断开，将正转控制电路切断。这就保证两个接触器 KM_F 和 KM_R 不会同时工作，这种相互制约的控制称为"互锁"控制，KM_F 和 KM_R 称为"互锁"触点。

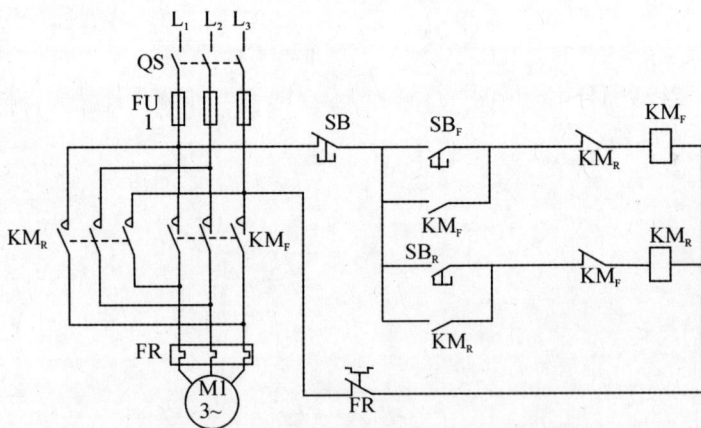

图 8-5-1

操作时，按正转起动按钮 SB_F，KM_F 线圈通电并自锁，接通正序电源，电动机正转；当要使电机反转时，必须先按下停车按钮 SB，使 KM_F 断电，然后再按反转起动按钮 SB_R，KM_R 线圈通电并自锁，实现电机的反转。

图 8-5-2 所示的正、反转控制电路，是在图 8-5-1 中控制电路的基础上增加了复合式按钮的机械"互锁"环节。这种电路的优点是：如果要使正转运行的电动机反转，不必先按停车按钮

SB,只要直接按下反转起动按钮 SB_R 即可;当然,从反转运行到正转,也是如此。这种电路具有电气和机械的双重"互锁",不但提高了控制的可靠性,而且既可实现正转 — 停止 — 反转 — 停止的控制,又可实现正转 — 反转 — 停止的控制。

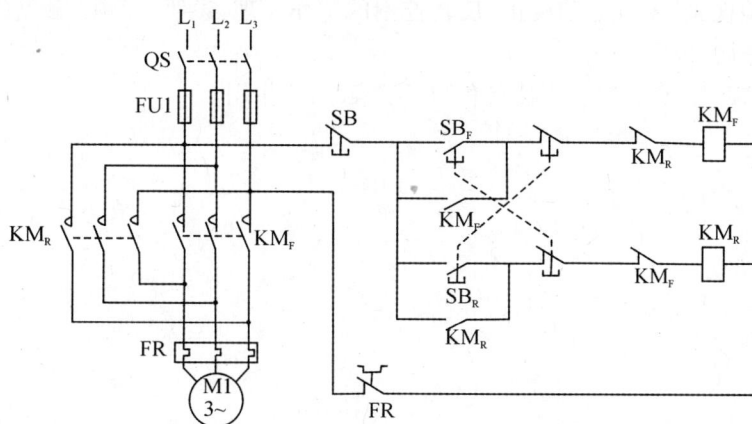

图 8-5-2

三、实验设备

1. 三相电源(提供三相四线制 380 V、220 V 电压);

2. 三相异步电动机;

3. EEL-57、EEL-58B、EEL-59D 组件(含接触器、继电器,吸引线圈额定电压均为 220 V,按钮等)。

四、实验内容

1. 按图 8-5-1 接线,检查接线正确后合上主电源。进行电动机正、反转控制操作,观察各交流接触器的动作情况和电动机的转向,体会"联锁"触头的作用。

2. 按图 8-5-2 接线,进行电动机正、反转控制操作,并与步骤 1 相比较,体会图 8-5-2 控制电路的优点。

五、实验注意事项

1. 每次接线、拆线或长时间讨论问题时,必须断开三相电源,以免发生触电事故。

2. 三相电源线电压调整到 220 V。

3. 为减小电动机的起动电流,电动机"Y"形连接。

4. 连接线路时使用的导线较多,要注意哪个是接触器 KM_F?哪个是接触器 KM_R?

5. 正常操作时,如电动机不转动,应立即断开电源,请指导教师检查。

六、预习与思考题

1. 分析电动机正、反转控制的工作原理,希望画出接线图。

2. 在图 8-5-1 控制电路中,误将接触器的辅助"动合"触点作为"互锁"触点串入另一个接触器控制电路中,会出现什么问题?

3. 试分析图 8-5-1 和图 8-5-2 控制电路在操作上有何区别?

4. 在图 8-5-2 控制电路中，有机械"互锁"，能否取消电气"互锁"？

七、实验报告要求

1. 根据实验现象，分析电动机正、反转控制的工作原理，说明"互锁"触点的作用。
2. 回答思考题 2、3、4。
3. 总结"自锁"触点、"联锁"触点和"互锁"触点的作用。

第九章   电子技术实验单元

9-1   实验一   单管放大电路

一、实验目的

1. 加深理解放大电路的基本概念；
2. 掌握单管放大器静态参数和动态参数的调试和测量的手段,进一步熟悉常用电子仪器的使用方法；
3. 观察静态工作点对输出波形和波形失真的影响；
4. 了解负反馈对放大器各项性能指标的影响。

二、实验原理

电阻分压式单管放大器实验电路,如图 9-1-1 所示,是比较简单偏置的放大电路,具有自动稳定工作的能力,因而得到广泛应用。它的偏置由 R_{B1} 和 R_{B2} 组成的分压电路提供,并在发射极中接有电阻 R_E,以稳定放大器的静态工作点。当放大器的输入端接入信号 u_i 后,其输出端得到一个与 u_i 相位相反,幅值被放大了的输出信号 u_o,实现放大作用。

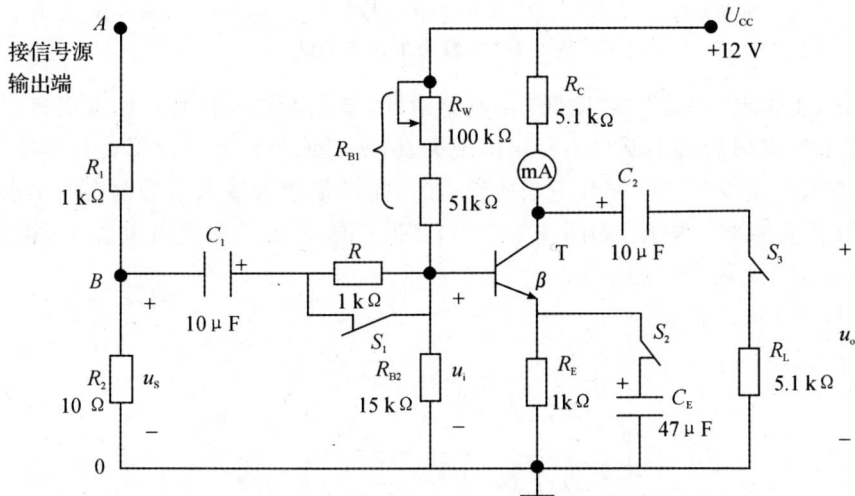

图 9-1-1   基本放大电路

由于电子器件性能的分散性大,因此在设计前应先测量所用元器件的参数,为电路设计提供依据,完成设计和装配后,还必须测量和调试放大器的静态工作点和各项性能指标,以达到设计要求。

1. 放大器静态工作点的选择

(1) 静态工作点的测量方法

静态工作点的测量常用 2 种方法。一是在输入交流信号为零时,用万用表的电压挡直接测量晶体管 CE 间的电压 U_{CEQ}、微安档测量基极电流 I_{BQ} 和毫安档测量集电极电 I_{CQ}。二是通过间接测量 R_C 或 R_E 上的电压来获得 I_{CQ}($I_{CQ} = \dfrac{U_{R_C}}{R_C}$ 或 $I_{CQ} \approx I_{EQ} = \dfrac{U_{R_E}}{R_E}$) 和 I_{BQ}($I_{BQ} = \dfrac{I_{CQ}}{\beta}$)。由于在电路中,电流的测量需将电流表串接于所测的支路,破坏电路结构,故一般采用第二种方法,用测量电压换算电流,同时也能算出 $U_{CEQ} = U_{CQ} - U_{EQ}$。为了提高测量精度,应选用内阻较高的直流电压表,而且注意选择合适的量程。

(2) 静态工作点的调试过程

放大器的基本要求是足够的电压放大倍数和小的波形失真。放大器要不失真的放大信号,必须设置合适的静态工作点,为了获得最大不失真输出电压,静态工作点应选在输出特性曲线交流负载线中点。如果静态工作点选择不当或输入信号过大,都会使输出电压波形产生非线性失真。如图 9-1-2(a) 所示,若工作点偏高,就产生饱和失真;如图 9-1-2(b) 所示,若工作点偏低,就产生截止失真;如图 9-1-2(c) 所示,若输入信号幅度过大,虽然工作点合适,但很可能会同时出现饱和失真和截止失真。这些情况都不符合放大器的要求,所以在选定工作点后还必须进行动态调试,一般采用改变放大器偏置 R_{B1} 电阻值来调节工作点(即调整图 9-1-1 中的 R_w)。

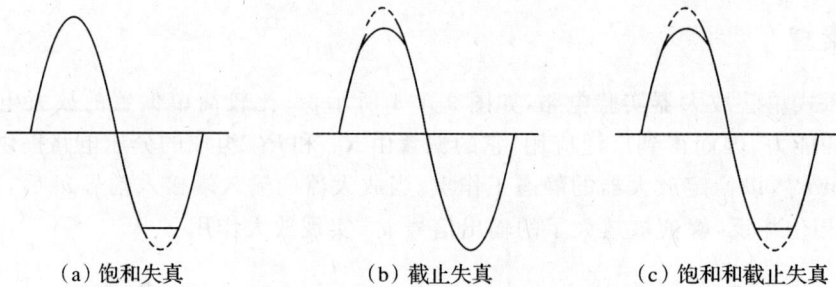

(a) 饱和失真　　　　　　(b) 截止失真　　　　　　(c) 饱和和截止失真

图 9-1-2　静态工作点调试

特别注意,工作点"偏高"或"偏低"不是绝对的,是相对输入信号的幅度而言,如果信号幅度很小,即使工作点偏高或偏低也不一定出现失真,所以输出信号的波形失真实质上是输入信号幅度与静态工作点设置之间配合不当所致。如果需满足较大输入信号幅度的要求,则静态工作点应尽量接近负载线的中点。如图 9-1-3 中,在同一输入信号幅度的前提下,将静态工作点设在 Q 点处是相对比较合适的。

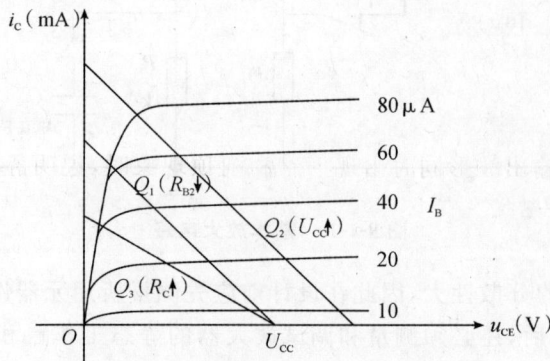

图 9-1-3　静态曲线上的工作点设置

2. 放大器动态参数的测试

放大器动态参数有电压放大倍数、输入电阻、输出电阻、最大不失真输出电压和通频带等。

(1) 电压放大倍数的测量

电压放大器的放大能力用电压放大倍数 A_u 来衡量。实验中，在合适静态工作点及输出电压 u_0 不失真的情况下，A_u 是用交流毫伏表测量输入电压有效值 U_i 和输出电压有效值 U_0，取它们的比值表示。即

$$A_u = \frac{U_0}{U_i}。 \tag{式 9-1-1}$$

(2) 输入电阻的测量

输入电阻是指从放大器输入端看进去的交流等效电阻。为方便起见，实验中采用换算法来测量。即在输入端串入电阻 $R = 1\ \text{k}\Omega$，再分别测量电阻 R 两端对地电压 U_S 和 U_i，如图 9-1-4 左侧部分所示。则

$$r_i = \frac{U_i}{I_i} = \frac{U_i}{\dfrac{U_S - U_i}{R}} = \frac{U_i}{U_S - U_i}R。 \tag{式 9-1-2}$$

测量时应注意，电阻 R 的值不易取过大或过小，以免产生较大的测量误差，通常取 R 与 r_i 为同一数量级为好，本实验取 $R = 1 \sim 2\ \text{k}\Omega$ 为宜。在测量其他参数时，该电阻 R 应被短接。

(3) 输出电阻的测量

在放大器在正常工作时，分别测量输出端不接负载 R_L 的输出电压 U_{oc} 和接入负载后的输出电压 U_L，如图 9-1-4 右侧电路所示。根据 $U_L = \dfrac{R_L}{r_o + R_L} \times U_{oC}$ 可求出 r_o 为

$$r_o = \left(\frac{U_{oC}}{U_L} - 1\right) \times R_L。 \tag{式 9-1-3}$$

在测试中应注意，必须保持 R_L 接入前后输入信号的大小不变。

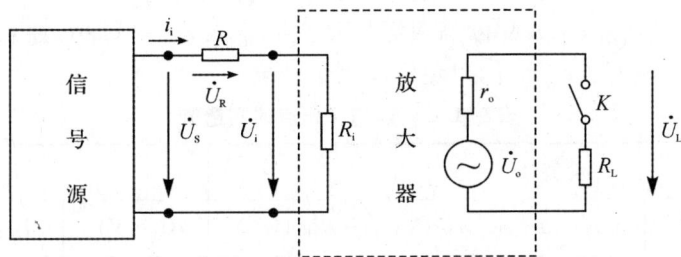

图 9-1-4　输入电阻和输出电阻的测试电路

(4) 最大不失真输出电压的测量

为了得到最大不失真电压（又称最大动态范围）$U_{op\text{-}p}$，应将静态工作点调在交流负载线的中点。测试方法是在放大器正常放大的状态下，逐渐增大输入信号的幅度，同时调节 R_W，用示波器观察 u_0 的波形。当输出波形同时出现削底和削顶现象时，说明静态工作点已调在交流负载线的中点。然后反复调整输入信号，使输出波形的幅度最大且无明显失真时，用交流毫伏表测出输出电压的有效值 U_0，则最大动态范围为

$$U_{op\text{-}p} = 2\sqrt{2}U_0， \tag{式 9-1-4}$$

或用示波器直接读出 $U_{op\text{-}p}$，即为最大动态范围。

三、实验设备

1. 电子技术实验箱；
2. 示波器、信号源、毫伏表（在主控屏上）；
3. 数字万用表；
4. 晶体三极管、电阻、电容若干。

四、实验内容

各电子仪器设备按图 9-1-5 所示方式连接，为防止干扰，各仪器的公共端必须连在一起。

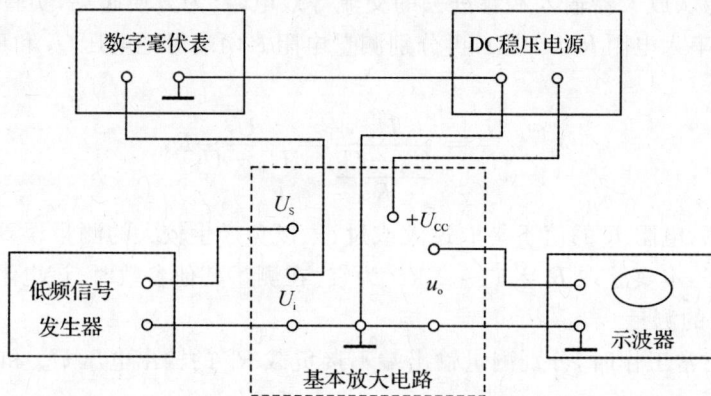

图 9-1-5　实验仪器设备之间的连接

1. 测量静态工作点

接通电源前，先将 R_W 调到最大，断开信号源输入端，将输入端 A 对地短接（即使 $U_i = 0$）。开关 S1、S2 闭合，S3 断开，接通 +12 V 电源，调节 R_W 使 $I_C = 1.2$ mA（即 $U_E = 1.2$ V），用数字电压表分别测量 U_B、U_E、U_C 及用欧姆表测量 R_{B1} 值，记入表 9-1-1 中。注意，用欧姆表测量电阻时，电路应断电，并断开关联元件，以免影响测量结果。

表 9-1-1　静态工作点的测量值

参数	测量值（$U_E = 1.2$ V）				计算值		
	U_B(V)	U_E(V)	U_C(V)	R_{B1}(KΩ)	U_{BE}(V)	U_{CE}(V)	I_C(mA)
仿真							
实验							

2. 测量电压放大倍数及输入、输出电阻

（1）保持 $I_C = 1.2$ mA 时的静态工作点，从 A 点对地输入频率为 1 kHz 的正弦信号 U_S，调节信号源的输出幅度旋钮使 $U_i = 5$ mV（有效值），用示波器监视输出信号波形不失真，并同时观察 u_o 和 u_i 的相位关系。

（2）将开关 S1 断开，S2 闭合，测量 R 两端的交流电压有效值 U_S 和 U_i，再测量 S3 开关通断前后放大器的输出电压 U_{oC} 和 U_{oL}，将测量结果记入表 9-1-2 中。并根据（式 9-1-1）、（式 9-1-2）和（式 9-1-3）计算电压放大倍数、输入电阻和输出电阻。

表 9-1-2　测量电压放大倍数、输入电阻和输出电阻

项目	测量值				计算值			
	U_S(mV)	U_i(mV)	U_oC(V)	U_oL(V)	带载 A_u	空载 A_u	r_i(KΩ)	r_o(KΩ)
仿真								
实验								

3. 观察静态工作点对放大倍数和波形失真的影响

(1) 输入端短接,调节 R_W 使 $I_C = 0.6$ mA,得到新的 Q 点。

(2) 开关 S1、S2 闭合,S3 断开,调节信号源的输出旋钮,在放大器输入端接入频率为 1 kHz 正弦波信号 U_S,调节信号源的输出幅度旋钮使 $U_i = 5$ mV。在 u_o 不失真的条件下,测量此时的输出电压值 U_o 记入表 9-1-3 中,并计算电压放大倍数。

(3) 将输入端重新短接,调节 R_W 得到不同 I_C,再按步骤(2)进行测试、记录和计算。

表 9-1-3　观察不同 Q 点对电压放大倍数的影响

	I_C(mA)	1.20	1.00	0.80	0.60
仿真	U_{oC}(V)				
	计算 Au				
实验	U_{oC}(V)				
	计算 A_u				

注意,每次测量 I_C 时,都要先将输入端 A 对地短接使 $U_i = 0$;在测量不同 Q 点下的 U_o 时应保持 U_i 不变。

(4) 设置 $R_L = 5.1$ kΩ,在放大器输入端接入频率为 1 kHz,$U_i = 3$ mV 的正弦波信号,逐渐增大输入信号的幅度,同时调节 R_W,用示波器观察 u_o 的波形。当输出波形同时出现削底和削顶现象时,略减小输入信号的幅度,输出波形为良好的正弦波,测量此时的静态参数并画出输出电压波形和最大不失真电压 U_{op-p},将结果记入表 9-1-4 中。

保持输入信号的幅度不变,调节 R_W 观察示波器上出现截止和饱和失真的波形时,测量相应的静态参数并画出输出电压波形,并将结果记入表 9-1-4 中。

表 9-1-4　观察不同 Q 点对波形失真的影响

输出波形	I_C(mA)	U_{CE}(V)	R_W	U_{op-p}	u_o 波形图
最大不失真正弦波					
截止失真					
饱和失真					

注意,以上 1～3 的实验内容,都应将图 9-1-1 中的 S_1、S_2 开关闭合,使 R 短接且无负反馈作用。

五、扩展实验

放大电路的主要参数除了电压放大倍数、输入、输出电阻外,频率特性也是一个很重要的指标,此外加入反馈对电路的参数都会造成很大的影响。下面就针对这两个方面加以介绍。

1. 放大器频率特性的测量

放大器频率特性通常是指电压放大倍数 A_u 与信号频率 f 之间的关系,简称幅频特性,如图 9-1-6 所示。在中频段,电压放大倍数为最大值 $A_u = A_{um}$。通常将电压放大倍数随频率变化下降到中频放大倍数 A_{um} 的 $\dfrac{1}{\sqrt{2}}$ 倍,即 $0.707A_{um}$ 所对应的频率分别称为下限频率 f_L 和上限频率 f_H,则通频带为

$$B_L = f_H - f_L。\qquad\qquad\qquad (\text{式 } 9\text{-}1\text{-}5)$$

可见,放大器的幅频特性就是测量不同频率信号时的电压放大倍数 A_u 的变化。为此,可以在保证输入信号幅度不变的情况下,改变输入信号的频率(升高、下降),使输出信号的幅度下降为 $0.707A_{um}$,则对应频率为 f_L 和 f_H。

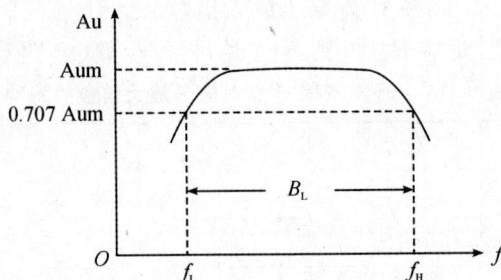

图 9-1-6　通频带

2. 负反馈的应用

负反馈是指将输出部分或全部信号返送到输入端,对输入信号起削弱作用。它的类型有电压串联型负反馈、电压并联型负反馈、电流串联型负反馈和电流并联型负反馈。本实验以电流串联负反馈为例,分析负反馈对放大器各项性能指标的影响,如稳定放大倍数,改变输入、输出电阻,减小非线性失真和展宽通频带等。

在图 9-1-1 基础上,$S2$ 断开即去掉发射极旁路电容 C_E,就构成了电流串联型负反馈放大器。

具体实验内容和步骤如下:

1. 测量放大器的上限频率和下限频率

(1) 开关 $S1$、$S2$ 闭合,$S3$ 断开,调节 R_W 使静态工作点 $I_C = 1.2\ \text{mA}$,保持输入电压有效值 $U_i = 5\ \text{mV}$ 不变,当 $f = 2\ \text{kHz}$ 时,用示波器观察并测量输出电压波形 u_o。当频率从 $2\ \text{kHz}$ 向高端增大时,使输出电压下降到 $0.707U_o$ 时,记下此时信号源的频率值,即为上限频率 f_H;同理,当频率由 $2\ \text{kHz}$ 向低端减小时,使输出电压下降到 $0.707U_o$ 时,此时对应的信号源频率即为下限频率 f_L。将实验结果填到表 9-1-5 中。注意:测量过程中均应保持 U_i 不变和波形不失真。

(2) 将 $S2$ 开关断开,使电路接入负反馈,再调节信号源 $U_i = 100\ \text{mV}$。重复上述(1)步骤进行实验和记录并分析负反馈对通频带的影响。

表 9-1-5　测量放大器的上、下限频率

	状态	f_H(KHz)	f_L(Hz)	计算 $B_L = f_H - f_l$(kHz)
仿真	无负反馈作用			
	有负反馈作用			
实验	无负反馈作用			
	有负反馈作用			

2. 观察负反馈对放大性能的影响

实验电路只是将图 9-1-1 中发射极的旁路电容 C_E 去掉（即断开 S2 开关），电路其他元件都不变。

（1）保持 $I_C = 1.2$ mA 时的静态工作点，外加信号从 A 点对地输入，频率为 1 kHz 的正弦信号 U_s，调节信号源的输出旋钮使 $U_i = 100$ mV（有效值），用示波器观察监视输出信号波形不失真，并同时观察 u_o 和 u_i 的相位关系。

（2）将开关 S1、S2 断开，测量 R 两端的交流电压有效值 U_s 和 U_i，再测量 S3 开关通断前后放大器的输出电压 U_{oC} 和 U_{oL}，将测量结果记入表 9-1-6 中。并根据（式 9-1-1）、（式 9-1-2）和（式 9-1-3）计算电压放大倍数、输入电阻和输出电阻。

表 9-1-6　观察负反馈对放大器性能的影响

项目	测量				计算			
	U_s(mV)	U_i(mV)	U_{oC}(V)	U_{oL}(V)	带载 A_{uf}	空载 A_{uf}	r_i(kΩ)	r_o(kΩ)
仿真								
实验								

六、预习要求

1. 复习理论课有关的内容，掌握静态工作点、电压放大倍数的概念和理论计算方法，了解静态工作点对输出波形的影响和负载对放大倍数的影响。

2. 根据图 9-1-1 实验电路所给定的参数，计算 A_u 和 A_{uf}。设晶体管 $\beta = 60$，$r_{be} = 1.6$ KΩ。

3. 对于示波器的 AC/DC 耦合方式，在不同的测量场合应如何选择。

4. 有条件的可对实验电路进行仿真实验，并将仿真数据与理论计算数据、实验数据进行对比。

七、实验报告要求

1. 列表整理测量结果，并把实测的静态工作点、电压放大倍数、输入电阻、输出电阻之值与理论计算值相比较（取一组数据进行比较），分析讨论实验结果。

2. 讨论静态工作点变化对放大倍数和输出电压波形失真的影响。在工作点确定之后，放大倍数与哪些因素有关。

3. 根据实验结果，总结电流串联负反馈对放大器性能的影响。

4. 回答以下思考题：

（1）如何根据静态工作点判别电路是否工作在放大状态？

（2）按实验电路图 9-1-1，若输入信号增到 100 mV，求输出电压，验证是否满足 $U_o = U_i \times A_v$，并说明其原因。

9-2　实验二　运算放大器的线性应用

一、实验目的

1. 了解集成运算放大电路主要参数内容和意义,熟悉这些主要指标的测试方法;
2. 熟悉运算放大器芯片的使用方法;
3. 学会应用运算放大器构成各种运算电路,并掌握测试运算电路参数的方法。

二、实验原理

　　运算放大器常用的芯片有 LM324 和 μA741,其管脚分布如图 9-2-1 所示。其中,LM324 为四组形式完全相同的运算放大器,均不带"调零"功能。它的电路功耗很小,工作电压范围宽,可用 3 ~ 30 V 或 ±1.5 V ~ ±15 V 供电。除电源共用外,四组运放互相独立。每组运算放大器都有"+"、"—"信号输入端和信号输出端。μA741 为单运算放大器,国外同类产品有 LM741等,国内同类产品有 FX741、F006、F007 等,可互换使用,极限电压为 ±20 V。与 LM324 比较,它的 1 脚和 5 脚为"调零"端,增加了"零点"调节功能。

　　若使用运算放大器采用正、负双电源时,其正、负极性端不能接反,以免损坏芯片。

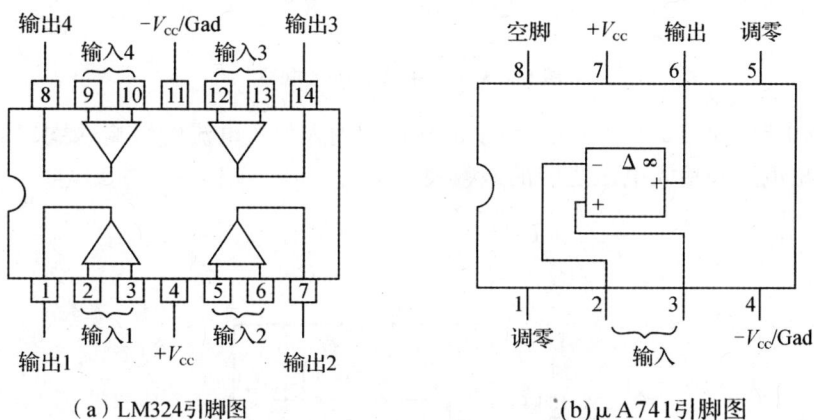

（a）LM324引脚图　　　　　　　　（b）μA741引脚图

图 9-2-1　运算放大器的管脚分布

　　当运算放大器外部接入不同的线性或非线性元器件时,可以灵活构成各种模拟运算或非线性变换功能的电路。本实验以 LM324 为例,研究它在线性方面的应用,可组成比例、加法、减法、积分、微分等典型模拟运算电路。

　　反相比例运算电路,如图 9-2-2 所示。其输出电压与输入电压之间的函数关系为

$$U_o = -\frac{R_F}{R_1}U_i。\qquad\qquad\text{（式 9-2-1）}$$

　　为了减小输入级偏置电流引起的运算误差,在同相端接入的平衡电阻 $R_2 = R_1 /\!/ R_F$。当 $R_F = R_1$ 时,输出电压的数值等于输入电压值,即该电路称为反相跟随器。

　　反相加法运算电路,如图 9-2-3 所示。其输出电压与输入电压之间的函数关系为

$$U_o = -\left(\frac{R_F}{R_1}U_{i1} + \frac{R_F}{R_2}U_{i2}\right)。\qquad\qquad\text{（式 9-2-2）}$$

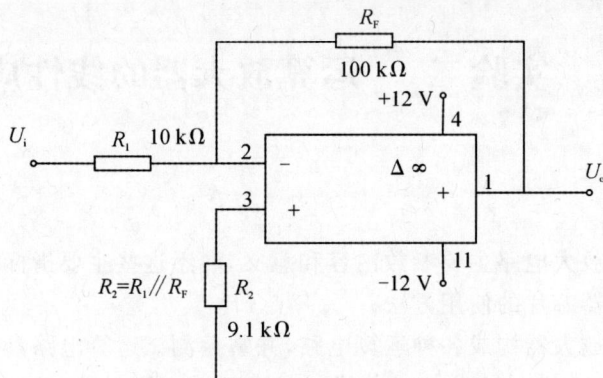

图 9-2-2   反相比例运算电路

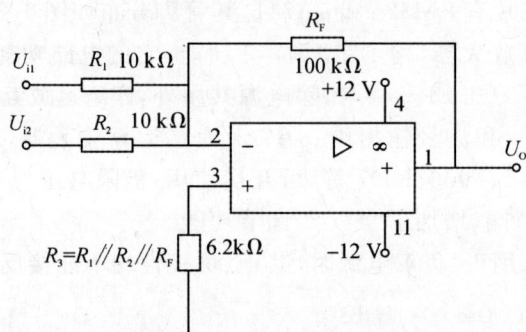

图 9-2-3   反相加法运算电路

减法运算电路,如图 9-2-4 所示。为了消除运放输入偏置电流的影响,要求 $R_1 = R_2$,$R_F = R_3$。该电路输出电压和输入电压之间的函数关系为

$$U_o = \frac{R_F}{R_1}(U_{i2} - U_{i1})。 \tag{式 9-2-3}$$

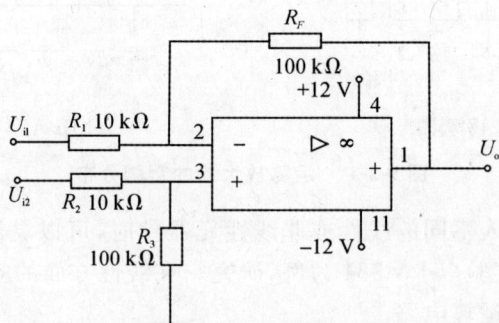

图 9-2-4   减法运算电路

积分运算电路如图 9-2-5 所示。在理想化条件下,输出电压为

$$U_{o(t)} = -\left(\frac{1}{R_1 C_F}\int_o^t U_i dt + U_C(0)\right), \tag{式 9-2-4}$$

式中 $U_C(0)$ 是 $t = 0$ 时刻电容 C_F 两端的电压值,即初始值。

为了实现线性积分运算,在进行积分之前先应对运放输出调零。简便方法是将图 9-2-5 中的 S_1 闭合,通过 R_3 的负反馈作用实现自动调零。再将 S_1 断开,以免因 R_3 的接入而造成积分

误差。然后接通 S_2，为电容 C_F 提供放电通路，使 $t=0$ 的 $U_C(0)$ 为零，便于控制积分的起始点。只要 S_2 一断开，C_F 就被恒流充电而开始积分运算。

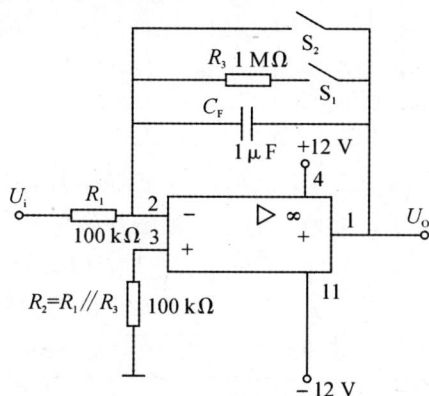

图 9-2-5　积分运算电路

若输入为直流电压 U_i，且使 $U_C(0)=0$ 时，则电路输出电压与时间成线性关系。即

$$U_0(t)=-\frac{1}{R_1C_F}\int_0^t U_i dt=-\frac{U_i}{R_1C_F}t。 \qquad\text{(式 9-2-5)}$$

应用积分运算电路可将方波变换为三角波。只要 u_i 为方波信号并满足 $R_2C_F\gg T_P$（T_P 为方波的脉冲宽度），输出就得到三角波 u_o，如图 9-2-6 所示。

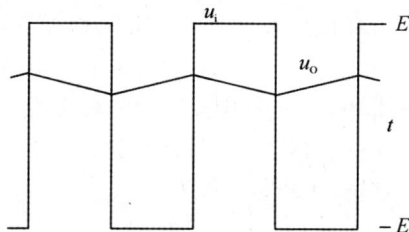

图 9-2-6　积分运算电路的波形

三、实验设备

1. 电子技术实验箱；
2. 示波器、信号源、毫伏表（在主控屏上）；
3. 数字万用表；
4. 运算放大器（LM324 和 μA741）、电阻、电容若干。

四、实验内容

实验前要看清运放器件各管脚的位置；切勿将正、负电源输入端的极性接反或输出端短路，以免损坏集成芯片。

1. 反相比例运算电路

（1）按图 9-2-2 连接电路，运算放大器采用 LM324 芯片。在电路中，选择 $R_2=R_F \mathbin{/\mkern-5mu/} R_1=10 \mathbin{/\mkern-5mu/} 100 \approx 9.1$ kΩ，U_i 取用可调节的直流电压。通过测量输出电压 U_o，并计算电压放大倍数，记录于表 9-2-1 中。根据表中数据画出传输特性曲线 $u_o=f(u_i)$。根据表中数据，验证是否满足（式 9-2-1）的函数关系。

表 9-2-1　反相比例运算的参数记录表

	u_i(V)	0.60	0.40	0.20	0	−0.20	−0.40	−0.60
仿真	u_o(V)							
	A_{uf}				/			
实验	u_o(V)							
	A_{uf}				/			

　　(2) 在反相输入端输入 $U_i = 0.5$ V，$f = 1$ kHz 正弦信号，用双踪示波器观察 u_i 和 u_o 的波形及相位关系。(测试时应注意防止共地端的错误接线导致信号短路。) 逐步增大 u_i 值，测量运放输出最大不失真时的 $U_{ip\text{-}p}$ 和输出峰—峰值 $U_{op\text{-}p}$ (即为比例放大器的动态范围) 的数据，记录到表 9-2-2 中。根据表中数据，说明运算放大器的动态范围与哪些因素有关。

表 9-2-2　反相比例运放电路的动态范围记录表

	$U_{ip\text{-}p}$(V)	$U_{op\text{-}p}$(V)	u_i 波形	u_o 波形
仿真				
实验				

　　2. 反相加法运算电路

　　(1) 实验箱上的直流信号源作为输入信号，注意调节合适的直流电压幅度，以确保运算放大器工作在线性区。(另可按图 9-2-7 右图构成直流信号源，取 2 个电位器滑动端对地电压作为加法器的输入信号源。)

　　(2) 按图 9-2-3 连接电路，运算放大器采用 LM324。使用图 9-2-7 右图所示电路或实验箱上的直流信号源接入输入信号，用数字电压表测量输入和输出的电压值，记录到表 9-2-3 中。改变输入信号的组合电压值，测量相应输出电后并记录到表 9-2-3 中。

　　(3) 多次改变输入信号的组合电压值，测量相应输出电压值，并记录到表 9-2-3 中，根据表中数据，验证是否满足(式 9-2-3) 的函数关系。

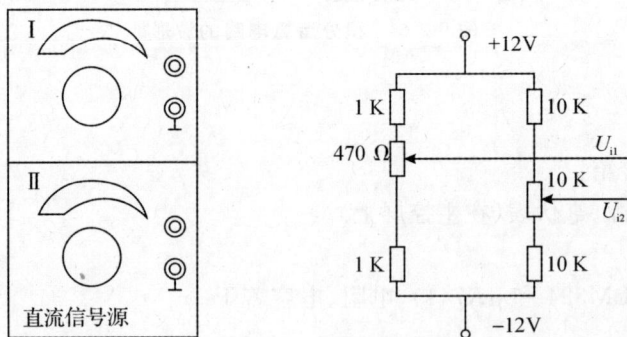

图 9-2-7　直流信号源

表 9-2-3　反相加法运算的参数记录表

仿真	U_{i1}(V)				
	U_{i2}(V)				
	U_o(V)				
实验	U_{i1}(V)				
	U_{i2}(V)				
	U_o(V)				

3. 减法运算电路

（1）按图 9-2-4 连接电路，运算放大器采用 LM324，并从图 9-2-7 所示电路或直流信号源选择输入信号。同样要求运算放大器工作在线性区。

（2）用数字电压表测量输入和输出的电压值，记录到表 9-2-4 中。

（3）多次改变输入信号组合的电压值，测量相应输出电压，并记录到表 9-2-4 中。根据表中数据，验证是否满足（式 9-2-3）的函数关系。

表 9-2-4 减法运算的参数记录表

仿真	U_{i1}(V)				
	U_{i2}(V)				
	U_o(V)				
实验	U_{i1}(V)				
	U_{i2}(V)				
	U_o(V)				

4. 反相积分电路

（1）按图 9-2-5 电路进行接线，运算放大器采用 μA741。在进行积分之前首先应对运放输出调零。然后接通 S_2 为电容 C_F 提供放电通路，使 $t=0$ 的 $U_C(0)$ 为零，便于控制积分的起始点。只要 S_2 一断开，C_F 就被恒流充电而开始积分运算。

（2）在输入峰—峰值为 2 V，频率为 1 kHz 的矩形波信号之后，用双踪示波器观察 u_i 和 u_o 的波形和参数并记录到坐标纸上。根据波形关系，说明电路输出与时间的变化规律。

五、扩展实验

对于具有调零端的运算放大器，使用前一般都要进行失调电压和失调电流的测试。下面介绍简易的测试方法。

1. 输入失调电压的测试

理想运算放大器输入信号为零时，其输出直流电压亦应为零。但实际上，如果无外接调零元件，由于运放内部差动输入级参数的不对称性，输出电压往往不为零。这种现象称为运算放大器的失调。此时，输出端出现的电压折算到同相输入端的数值，称为输入失调电压 U_{OS}。

失调电压的测试电路，如图 9-2-8 所示。闭合开关 K_1 及 K_2，使电阻 R_B 短接，测量此时的输出电压 U_{O1} 即为输出失调电压。将 U_{O1} 值记录到自行设计的表格中，并通过以下公式求得输入失调电压为

$$U_{OS} = \frac{R_1}{R_1 + R_F} U_{O1} 。 \qquad \text{（式 9-2-6）}$$

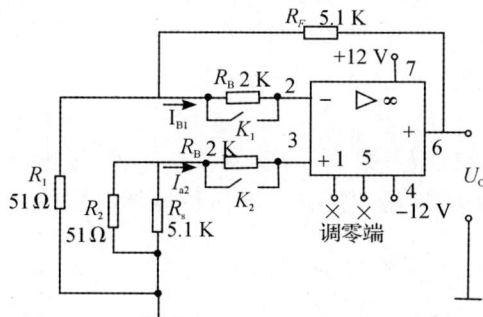

图 9-2-8 失调电压和失调电流的测试电路

实际测出的 U_{O1} 可能为正，也可能为负；对于高质量的运算放大器，其 U_{OS} 一般在 1 mV 以下。测试中应注意：应将运算放大器的调零端开路，并要求电阻 R_1 和 R_2，R_S 和 R_F 的参数严格对称。

　2. 输入失调电流的测试

输入失调电流 I_{OS} 是指当输入信号为零时，运算放大器两个输入端的基极偏置电流之差。即

$$I_{OS} = |I_{B1} - I_{B2}|。\qquad\qquad (式 9\text{-}2\text{-}7)$$

输入失调电流的大小反映了运算放大器内部差动输入级两个晶体管 β 的失配度。但由于 I_{B1}、I_{B2} 数值很小（微安级），难以直接测量得到，故通常采用如图 9-2-8 所示的测试电路，通过间接测量输出电压来获得。

　(1) 闭合开关 K_1 及 K_2，在低输入电阻下测出输出电压 U_{O1}。可见，这是由输入失调电压 U_{OS} 所引起的输出失调电压。

　(2) 断开 K_1 及 K_2，运放接入输入电阻 R_B。由于输入电阻较大，使输入电流微弱的差异变成输入电压较大的差异，直接影响输出电压的大小。因此，只要测出此时的输出电压 U_{O2}，并扣除输入失调电压 U_{OS} 的影响，则输入失调电流 I_{OS} 为

$$I_{OS} = |I_{B1} - I_{B2}| = |U_{O2} - U_{O1}| \frac{R_1}{R_1 + R_F} \times \frac{1}{R_B}。\qquad (式 9\text{-}2\text{-}8)$$

将测量的 U_{O1} 和 U_{O2} 记录到表 9-2-5 中。测试时注意，应将运放调零端开路；并使两输入端电阻 R_B 精确配对。正常情况下，运算放大器的 I_{OS} 一般都在 100 nA 以下。

表 9-2-5　输入失调电压 U_{OS} 和失调电流 I_{OS} 的记录表

	测量值		计算值	
	U_{O1}(mV)	U_{O2}(mV)	U_{OS}(mV)	I_{OS}(nA)
仿真				
实验				

六、预习要求

　1. 查阅 LM324、μA741 典型指标数据及外部引脚功能。

　2. 复习运算放大器在线性电路中的应用知识，理解各种模拟信号运算电路的工作原理，并根据电路参数计算理论值。

　3. 熟悉实验步骤和实验内容，画好实验数据记录表格。

　4. 有条件的可对实验电路进行仿真实验，并将仿真数据与理论计算数据、实验数据进行对比。

七、实验报告要求

　1. 将理论计算结果（或典型参数值）和实测数据比较，分析产生误差的原因。

　2. 整理实验数据，根据实验任务要求画出各种运算电路的传输特性和波形图，注意波形之间的相位和幅值关系。

　3. 回答下列思考题：

　(1) 在反相加法器中，如果 U_{i1} 和 U_{i2} 均采用直流信号，并选定 $U_{i2} = -1$ V，当考虑到运算

放大的最大输出幅度(± 12 V) 时,$|U_{i1}|$ 的大小不应超过多少伏?

(2) 在积分电路中,如 $R_1 = 100$ kΩ,$C_f = 4.7$ μF,求时间常数。

假设 K_1 闭合,u_1 输入幅值为 0.5 V 的阶跃信号,若使输出电压 u_o 达到 -5 V,需多长时间(设 $U_c(0) = 0$)?

(3) 测量输入失调参数时,为什么运放反相及同相输入端的电阻要精选,以保证严格对称?在测量输入失调参数时,为什么要将运放调零端开路,而在进行其他测试时,则要求对输出电压进行调零?

9-3　实验三　直流稳压电源

一、实验目的

1. 理解整流、滤波和稳压电路的工作原理,学会用集成稳压芯片构成直流稳压电源的设计方法;
2. 研究单相桥式整流电路、滤波电路和稳压电路的特性;
3. 掌握直流稳压电源主要技术指标的测试方法。

二、实验设备

1. 交流可调电源、变压器(220/15 V,15 W)、示波器、毫伏表(在主控屏上);
2. 电子技术实验箱(面包板)、万用表;
3. 可调电阻 200 Ω/2 W、硅堆、滤波电容器若干、集成稳压芯片 7812 等。

三、实验原理

电子设备通常都需要直流电源供电。除了少数直接用干电池和直流发电机提供直流电能之外,多数是通过把交流电转变为直流电来获得。直流稳压电源由电源变压器、整流电路、滤波电路和稳压电路等组成,其原理框图如图 9-3-1 所示。典型的串联型集成稳压电源,如图 9-3-2 所示。图中,电网供给的交流电压 u_1 经电源变压器降压后,得到符合电路需要的交流电压 u_2,由整流电路变换成方向不变、大小随时间变化的脉动电压 u_3,再经过滤波电路滤除不需要的交流分量,以得到较平滑的直流电压 u_4。但这样的直流输出电压不够稳定,它会随着电网电压的波动或负载变化而变化。因此,通常还需要采用稳压电路,以保证输出直流电压更加稳定。

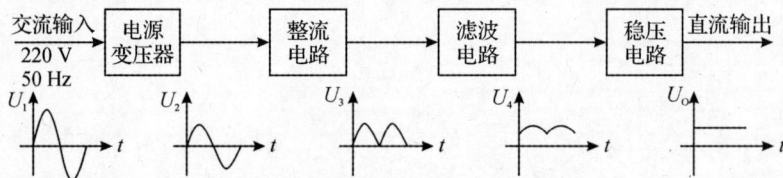

图 9-3-1　直流稳压电源的原理框图

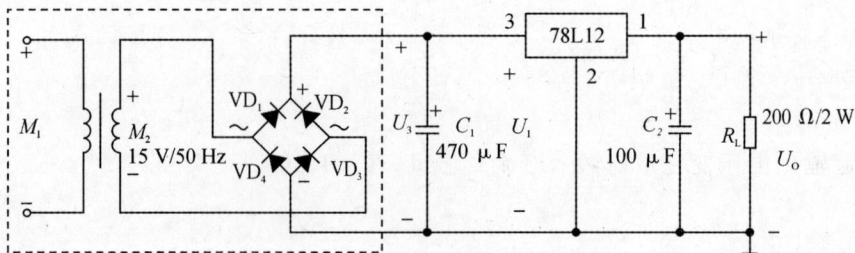

图 9-3-2　串联型集成稳压电源

1. 器件的选用原则

三端集成稳压芯片通常可根据给定的输出电压值和极性要求、输出电流值和实际使用条件选取。若要求输出正极性电压,可选用 78 系列芯片;若要求输出负极性电压,可选用 79 系列芯片。当集成稳压芯片不能满足输出电流或输出电压的要求时,可考虑外接功率管进行扩流或扩压。选用芯片时还要注意,其输入电压 u_r 应比输出电压 u_o 高 3～5 V,以保证集成稳压器在线性范围内工作。

滤波电容 C_1、C_2 可按一般滤波电路的要求选择。通常 C_1 选取几百微法至几千微法,C_2 选取几十微法至几百微法的电解电容器,电容器耐压值按各电容所处位置端电压 1.5 倍以上选取。使用时要注意其极性,以免接错。当稳压电路与整流滤波电路距离较远时,可在 C_1 处并上电容器 C_3(0.33 μF),以抵消长线路的电感效应,防止自激振荡;C_2 处还可并上电容 C_4(0.1 μF)用于滤除高频信号,改善电路的暂态响应。

桥式整流的 4 个二极管容量,应按照流过二极管的平均电流 I_D($I_D = \frac{1}{2}I_O$,I_O 为输出电流)和承受的最大反向电压 U_{RM}($U_{RM} = \sqrt{2}U_2$)选择,并适当留有余量。

电源变压器的作用是将电网 220 V 的交流市电 u_1,经过降压后得到整流电路所需要的交流电压 u_2。在桥式整流的集成稳压电路中,U_2(有效值)一般可按稳压器输出电压＋稳压器压降(3～5 V)＋整流器压降(1～1.4 V)＋滤波器压降(按 RC 滤波器上的电阻实际压降计算)之和再乘以 0.8～0.9 系数选取;其输出电流按负载电流的 1.4～2 倍选取。根据负载供电要求得出变压器各二次绕组应输出的电压和电流后,即可大致按电压与电流的乘积分别求得各二次绕组的输出功率,并将这些功率相加再除以 0.85～0.9 系数,以得到所选用电源变压器的功率容量。在抗干扰性要求高的场合,应选择带有静电屏蔽层的电源变压器,以保证进入变压器一次绕组的干扰信号直接入地,降低干扰。

2. 主要性能指标

(1) 输出电压 U_O 和输出电流 I_O　　输出电压 U_O 通常指稳压后的额定直流输出电压值。例如采用集成稳压器 7812,其输出电压为 12 V。输出电流 I_O 通常指稳压器的额定输出电流。例如 78L12 额定输出电流为 100 mA。简便方法是在稳压器输出端接上 120 Ω 负载电阻 R_L,直接测量流过 R_L 的电流来确定。

(2) 稳压系数 S　　稳压系数是指在负载保持不变时,稳压器的输出电压相对变化量与输入电压相对变化量之比。即

$$S = \frac{\Delta U_O / U_O}{\Delta U_r / U_r}。 \tag{9-3-1}$$

工程上通常把电网电压波动 $\pm 10\%$ 作为极限条件,故将此时稳压器输出电压的相对变化 $\Delta U_O / U_O$ 作为衡量指标,称为电压调整率。

(3) 输出电阻 R_O　　稳压电路输出电阻是指在输入电压 U_r 保持不变时,通过改变负载电阻,得到引起输出电压变化量与输出电流变化量 ΔI_O 的比值。即

$$R_O = \frac{\Delta U_O}{\Delta I_O} \,\big|\, \Delta U_r = 0。 \tag{9-3-2}$$

(4) 纹波电压　　输出纹波电压是指在额定负载条件下,输出电压中所含交流分量的有效值(或峰值)。要求当输入电压变化 10% ,且 $I_O = 100$ mA 时测得的纹波电压仍能满足要求。

四、实验内容

1. 整流电路的测试

(1) 在电子技术实验箱上按图 9-3-3 搭接实验电路。负载电阻 R_L 选取 200 Ω(2 W)。

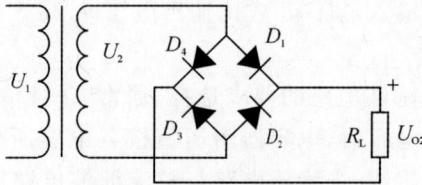

图 9-3-3　整流电路

(2)U_1 取三相交流电源的一相接到变压器的一次绕组 N1,先将交流电压输出调节旋钮回零,然后再接通电源,调节交流电压输出调节旋钮使变压器的二次绕组 N2 两端电压 U_2 为 15 V。用示波器分别观测 U_2 和 R_L 上的电压波形,记录到表 9-3-1 中。

(3) 万用表选择交流电压挡测量 U_2 和 $\widetilde{U}_{02}$ 的交流电压的有效值,记录到表 9-3-1 中。万用表选择直流电压挡测量 R_{L1} 上的平均直流电压 $\overline{U}_{02}$,填入表 9-3-1 中。

(4) 计算基波电压幅值 $U_d = \sqrt{2}\widetilde{U}_{02}$ 和脉动系数 $S_1 = U_d/\overline{U}_{02}$。

表 9-3-1　整流电路的参数测试记录

测试内容	测试参数	U_2	$\widetilde{U}_{02}$	$\overline{U}_{02}$	U_d	S_1
仿真	电压值					
	波形图					
实验	电压值					
	波形图					

2. 滤波电路的测试

(1) 在图 9-3-3 整流电路的基础上,将电容 C 为 100 μF/25 V 并接到 R_L 上,分别测量 R_L 上的电压的直流成分 $\overline{U}_{02}$ 和交流成分的有效值 $\widetilde{U}_{02}$,并用示波器观察 $\widetilde{U}_{02}$ 的电压波形。

(2) 保持 R_{L1} 不变,将 C 改为 470 μF/25 V,重复上述测量和观察波形。

(3) 改变 $R_{L1} \to \infty$,保持 C 为 470 μF/25 V,重复上述测量和观察波形。

将上述(1)～(3)的测量数据分别记入表 9-3-2 中。

表 9-3-2　滤波电路的参数测试记录

测试内容	测试参数	$\overline{U}_{02}$	$\widetilde{U}_{02}$	$\widetilde{U}_{02}$ 波形
$R_{L1} = 200$ Ω,$C = 100$ μF/25 V	仿真			
	实验			
$R_{L1} = 200$ Ω,$C = 470$ μF/25 V	仿真			
	实验			
$R_{L1} \to \infty$,$C = 470$ μF/25 V	仿真			
	实验			

测试时应注意,每次改接电路时,必须切断电源。

3. 稳压电路的测试

(1) 按图 9-3-2 搭接电路,即在上述电路基础上接入三端稳压器 7812。

(2) 万用表选择直流电压挡分别测量 R_L 为空载($R_L \to \infty$)时的输出电压 U_o 和带载($R_L = 200\ \Omega$)时的输出电压 U_{oL},然后计算出稳压器的输出电阻 $R_o = \dfrac{\Delta U_o}{\Delta I_o}$($\Delta U_o = U_o - U_{oL}$、$\Delta I_o = \dfrac{U_{oL}}{R_L}$)。

(3) 用交流毫伏表测量稳压器带载时的输出纹波电压 $\widetilde{U}_0$。

(4) 拆除 9-3-2 电路的整流前端电路(即图中虚框中的电路部分),从滤波器输入端 U_3 两端用直流电压源输入,从零 V 开始调节旋钮使使稳压器的输入电压 $U_r = 15\ V$,测量负载 R_L 输出电压 U_{oL}。然后改变输入电压 U_r 变化 $\pm 10\%$,测量相应的输出电压,并计算稳压系数 S。

将上述(1)~(4)的测量数据,分别记录到表 9-3-3 中。

表 9-3-3 7812 稳压电路的参数测试记录

测试条件＼测试参数		U_o	U_{oL}	$\widetilde{U}_0$	R_o	S
(1) ~ (3)	仿真					
	实验					
$U_r = 15\ V$	仿真					
	实验					
$U_r = 13.5\ V$	仿真					
	实验					
$U_r = 16.5\ V$	仿真					
	实验					

五、扩展实验

按图 9-3-4 连接电路,即在图 9-3-2 电路基础上将 78L12 芯片更换为 LM317 稳压器,构成输出电压可调的直流稳压电路。连接时要注意芯片的引脚功能,防止接错。

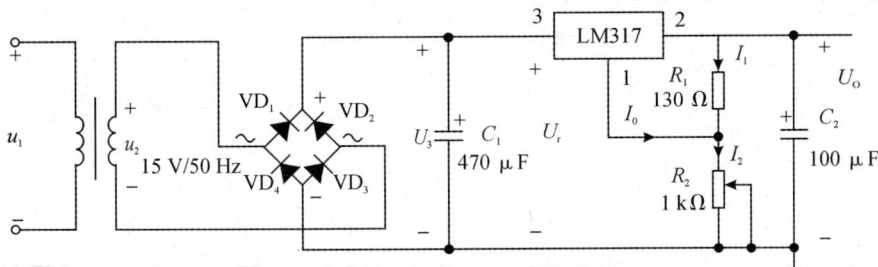

图 9-3-4 输出电压可调的直流稳压电路

1. 调节 R_2,测量输出电压的可变范围。

2. 调节 R_2,使空载输出电压 $U_o = 9\ V$,按稳压电路的测试方法测量此时稳压器的输出电阻、纹波电压和稳压系数,并将上述的测量数据记录到表 9-3-4 中。

表 9-3-4　　输出电压可调的直流稳压电路

测试参数 测试项目	U_o	U_{oL}	$\tilde{U}_0$	R_o	S
仿真					
实验					

六、预习要求

1. 复习直流稳压电源的原理,说明图 9-3-2 中 U_1、U_2、U_3、U_O 的物理意义,并考虑从实验仪器中选择合适的测量仪表。

2. 根据图 9-3-2 的实验电路参数估算 $U_o = 12$ V 时,U_1、U_2、U_3 及 U_1、U_o 的数值。有条件可对实验电路进行仿真实验。

3. 在桥式整流电路中,如果某个二极管发生开路、短路或反接三种情况,将会出现什么问题?

4. 为了使稳压电源的输出电压 $U_o = 12$ V,则其输入电压的最小值 U_{1min} 应等于多少?交流输入电压 U_{2min} 又怎样确定?

5. 当稳压电源输出不正常,或输出电压 U_o 不随图 9-3-4 取样电位器 R_2 而变化时,应如何进行检查找出故障所在?

6. 如何提高稳压电源的性能指标(减小 S 和 R_o)?

七、实验报告要求

1. 画出实验电路,按实验要求估算电路的参数。

2. 整理实验数据和画出测量波形,计算 S 和 R_o,并与手册上的典型值进行比较。

3. 根据整理的数据,计算测量结果并与理论值比较,分析误差产生的原因。

4. 回答以下思考题。

(1) 在桥式整流稳压电路实验中,能否用双踪示波器同时观察变压器输出电压 u_2 和负载电阻电压 u_o 波形,为什么?

(2) 试分析 $R_L \to \infty$,$C = 470\ \mu\text{F}$ 时波形产生的原因。

5. 分析讨论实验中发生的现象和问题。

9-4 实验四 组合逻辑电路和译码器的应用

一、实验目的

1. 掌握组合逻辑电路的分析方法。学习编码器和译码器的电路原理,性能和使用方法。
2. 掌握应用集成电路设计编码器和译码器的一般方法。
3. 了解 LED 七段显示器的工作原理和使用方法。

二、实验设备

1. 函数信号发生器、示波器;
2. 电子技术实验箱和配套实验板;
3. 74LS00、74LS138、74LS147 等芯片。

三、实验原理

对于组合逻辑电路而言,任意时刻的输出仅仅取决于该时刻的输入,与电路的以前状态无关,电路中不包含记忆单元;电路中不存在输出到输入的反馈连接。

分析组合逻辑电路的目的是为了确定已知电路的逻辑功能,其步骤大致如下:

(1)由逻辑图写出各输出端的逻辑表达式;

(2)化简和变换各逻辑表达式,列出真值表;

(3)根据其真值表和逻辑表达式对逻辑电路进行分析,最后确定其功能。

随着微电子技术的不断发展,中、大规模集成组合逻辑电路也越来越广泛的被应用,其中编码器和译码器是最常用的组合逻辑功能器件。

译码器是对给定的输入代码进行"翻译",使输出通道中相应的一路逻辑状态有效输出。译码器在数字系统中有广泛的用途,不仅用于代码的转换、终端的数字显示,还用于数据分配,存储器寻址和组合控制信号等,不同的功能可选用不同种类的译码器。

1. 二进制译码器

74LS138 芯片是常用的 $3-8$ 线译码器,它的引脚如图 9-4-1 所示,功能见表 9-4-1。其中 A_2、A_1、A_0 为地址输入端,$\overline{Y}_0 \sim \overline{Y}_7$ 为译码输出端,$\overline{S}_1$、$\overline{S}_2$、$\overline{S}_3$ 为使能端。

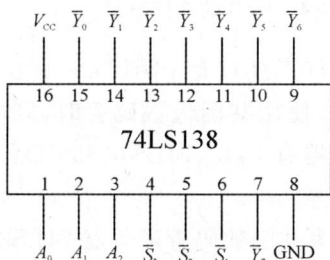

图 9-4-1 74LS138 的外部引脚 · 图 9-4-2 函数实现原理图

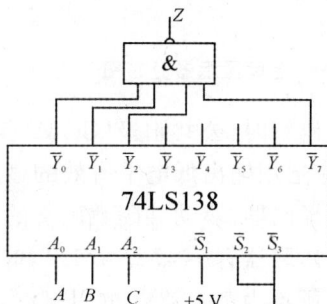

表 9-4-1　74LS138 功能表

输入					输出							
S_1	$\bar{S}_2+\bar{S}_3$	A_2	A_1	A_0	$\bar{Y}_0$	$\bar{Y}_1$	$\bar{Y}_2$	$\bar{Y}_3$	$\bar{Y}_4$	$\bar{Y}_5$	$\bar{Y}_6$	$\bar{Y}_7$
0	X	X	X	X	1	1	1	1	1	1	1	1
X	1	X	X	X	1	1	1	1	1	1	1	1
1	0	0	0	0	0	1	1	1	1	1	1	1
1	0	0	0	1	1	0	1	1	1	1	1	1
1	0	0	1	0	1	1	0	1	1	1	1	1
1	0	0	1	1	1	1	1	0	1	1	1	1
1	0	1	0	0	1	1	1	1	0	1	1	1
1	0	1	0	1	1	1	1	1	1	0	1	1
1	0	1	1	0	1	1	1	1	1	1	0	1
1	0	1	1	1	1	1	1	1	1	1	1	0

上表中 X 表示为任意输入状态,在片选使能的状态下 8 线输出始终只有 1 线为 0。

从功能表可知,74LS138 译码器有三个输入(A_0、A_1、A_2),共有 8 种组合状态,即可译出 3 个变量函数的全部最小项,可以实现三个变量的函数。例如函数 $Z = \overline{ABC} + \overline{AB}\overline{C} + A\overline{B}\,\overline{C} + ABC$,可用图 9-4-2 实现。

2. 数码显示译码器

LED 数码显示目前普遍应用七段显示器。七段数码管的分布如图 9-4-3 所示,h 端用于连接小数点的数码管;连接方式分为共阳极和共阴极 2 种,接法如图 9-4-4 所示。

图 9-4-3　七段显示器分布图　　　　　图 9-4-4　LED 的连接方式

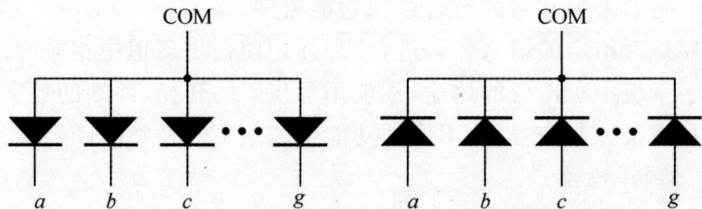

使用共阳数码管时,公共阳极(COM)接电源电压(正极),七个阴极 a～g 由相应七段译码器的输出驱动,应选用输出低电平有效的显示译码器。使用共阴极数码管时,则应选用输出高电平有效的显示译码器。驱动共阴数码管的七段译码器有 7448、74LS48 和 CD4511 等;驱动共阳数码管的显示译码器有 7447、74LS47 和 74LS247 等。

如图 9-4-6 所示为 74LS247 的引脚图,表 9-4-2 为共阴数码管译码器 74LS247 的功能表。其中,A3、A2、A1、A0 为 BCD 码输入端,$\overline{BI}$ 为消隐功能端。($\overline{BI} = 1$ 正常显示;$BI = 0$ 字型消隐。)$\overline{LT}$ 为灯测试端,($\overline{LT} = 1$ 正常显示;$LT = 0$ 示器显示 8)。

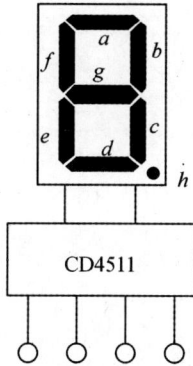

图 9-4-5 数码显示管与 4511 连接电路

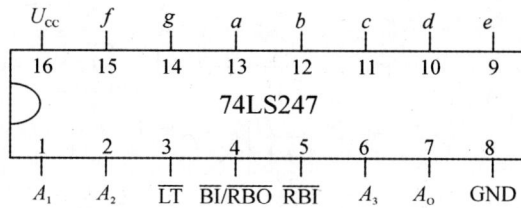

图 9-4-6 74LS247 的引脚图

表 9-4-2 74LS247 七段显示译码器功能表

十进制功能	输入端			A3	A2	A1	A0	输出端							字形
	$\overline{LT}$	$\overline{BRI}$	$\overline{BI}/\overline{RBO}$					a	b	c	d	e	f	g	
灭灯	×	×	0	×	×	×	×	1	1	1	1	1	1	1	全灭
试灯	0	×	1	×	×	×	×	0	0	0	0	0	0	0	全亮(8)
灭零	1	0	0	0	0	0	0	0	0	0	0	0	0	0	灭零
0	1	1	1	0	0	0	0	0	0	0	0	0	0	1	0
1	1	×	1	0	0	0	1	1	0	0	1	1	1	1	1
2	1	×	1	0	0	1	0	0	0	1	0	0	1	0	2
3	1	×	1	0	0	1	1	0	0	0	0	1	1	0	3
4	1	×	1	0	1	0	0	1	0	0	1	1	0	0	4
5	1	×	1	0	1	0	1	0	1	0	0	1	0	0	5
6	1	×	1	0	1	1	0	0	1	0	0	0	0	0	6
7	1	×	1	0	1	1	1	0	0	0	1	1	1	1	7
8	1	×	1	1	0	0	0	0	0	0	0	0	0	0	8
9	1	×	1	1	0	0	1	0	0	0	0	1	0	0	9

数码管正常工作时每段电流约为 8 mA ～ 10 mA。驱动共阳数码管时,可在数码管与显示译码器之间应串入 510 Ω 的限流电阻,如图 9-4-7 所示。驱动共阴数码管时,显示译码器通常内部有限流电阻而不需外接。如果译码器的驱动电流较小(2 mA ～ 8 mA),应在驱动器输出端接上约 1 kΩ 的上拉电阻,以增强驱动电流。

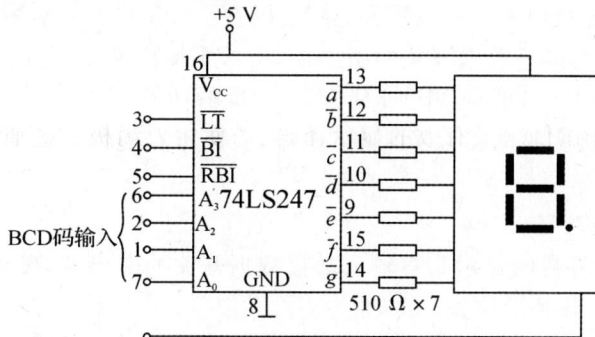

图 9-4-7 译码与显示电路

四、实验内容

1. 组合逻辑电路功能分析

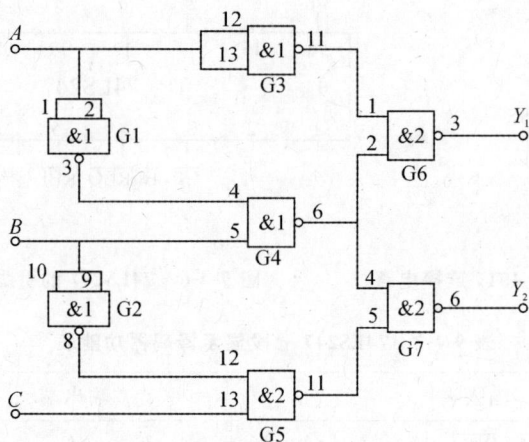

图 9-4-8　组合逻辑功能分析

（1）用 2 片 74LS00 组成图 9-4-8 所示逻辑电路。

（2）图中 A、B、C 输入接数据开关，Y1,Y2 接发光管电平指示。

（3）按表 9-4-3 要求，改变 A、B、C 的状态填表并写出 Y1,Y2 逻辑表达式。

（4）将运算结果与实验比较。

表 9-4-3　组合逻辑功能分析

输入			输出	
A	B	C	Y_1	Y_2
0	0	0		
0	0	1		
0	1	0		
0	1	1		
1	0	0		
1	0	1		
1	1	0		
1	1	1		

2. 译码器逻辑功能的测试

（1）参照图 9-4-1 连接电路，在 16 脚和 8 脚之间接上 5 V 电源，将译码器使能端 S_1、$\bar{S}_2$、$\bar{S}_3$ 及地址端 A_2、A_1、A_0 分别接至数据开关的引出端，将八个输出端 $\bar{Y}_7 \cdots \bar{Y}_0$ 依次连接在电平指示灯。拨动数据开关，按表 9-4-1 逐项测试 74LS138 的逻辑功能。

（2）按图 9-4-2 搭接实验电路以及 +5V 电源，验证所实现的逻辑功能并将结果记录到自行设计的表格中。

3. 译码及显示功能验证

（1）参照图 9-4-3，将数码显示管各输入端接数据开关的引出端，拨动数据开关，判断数码显示管的极性，并验证 a-h 各段位置。

（2）将图 9-4-5 中 CD4511 四个输入端接数据开关的引出端，分别验证译码显示功能到自行设计的表格中。

（3）实验中给出已经按照图 9-4-7 连接的实验板，将实验板装配到电子技术实验箱上。将各功能端与输入端分别接到数据开关的引出端，拨动数据开关并观察 LED 的显示情况，根据表 9-4-2 验证各功能端的逻辑功能。

五、扩展实验

二进制译码器实际上也是一种负脉冲输出的脉冲分配器。利用 74LS138 一个使能端作为输入端来输入数据信息，就可构成一个数据分配器（又称多路分配器），如图 9-4-9 所示。图中，若在 S_1 输入端输入数据信息，$\bar{S}_2 = \bar{S}_3 = 0$，地址码所对应的输出是 S_1 数据信息的反码；若从 $\bar{S}_2$ 端输入数据信息，令 $S_1 = 1$、$\bar{S}_3 = 0$，地址码所对应的输出就是 $\bar{S}_2$ 端数据信息的原码。若输入的数据信息是时钟脉冲，则数据分配器便成为时钟脉冲分配器。

二进制译码器根据输入地址的不同组合译出唯一地址，可用作地址译码器。若将它构成数据分配器，可将一个信号源的数据信息传输到不同的地点。

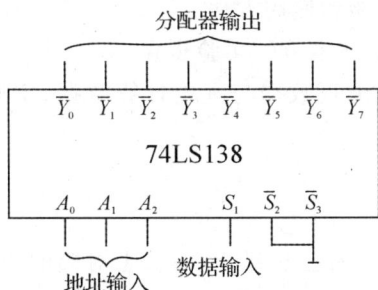

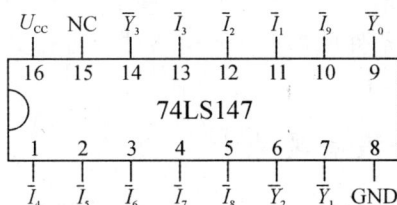

图 9-4-9 数据分配器　　　图 9-4-10 74LS147 引脚图

编码器功能和译码器功能相反，它将有特定意义的输入信号变换成相应的二进制代码。编码器的输入 $m \geqslant$ 输出 n，对应 m 个输入只有一个有效，而 n 个输出的状态就可构成与输入对应的二进制编码。

74LS147 是一种 BCD 优先编码器。它允许两个以上的信号同时输入，但是编码器只对优先级最高的输入对象实现编码。图 9-4-10 为 74LS147 的引脚图，表 9-4-4 为 74LS147 的功能表。其中 $\bar{Y}_3$、$\bar{Y}_2$、$\bar{Y}_1$、$\bar{Y}_0$ 是输出 8421BCD 码的反码，$\bar{I}_1 \cdots \bar{I}_9$ 为输入从 9 到 1 优先级逐步降低。

表 9-4-4 74LS147

输入（低电平有效）									输出（8421 反码）				
$\bar{I}_9$	$\bar{I}_8$	$\bar{I}_7$	$\bar{I}_6$	$\bar{I}_5$	$\bar{I}_4$	$\bar{I}_3$	$\bar{I}_2$	$\bar{I}_1$	$\bar{Y}_3$	$\bar{Y}_2$	$\bar{Y}_1$	$\bar{Y}_0$	GS
1	1	1	1	1	1	1	1	1	1	1	1	1	0
0	×	×	×	×	×	×	×	×	0	1	1	0	1
1	0	×	×	×	×	×	×	×	0	1	1	1	1
1	1	0	×	×	×	×	×	×	1	0	0	0	1
1	1	1	0	×	×	×	×	×	1	0	0	1	1
1	1	1	1	0	×	×	×	×	1	0	1	0	1
1	1	1	1	1	0	×	×	×	1	0	1	1	1
1	1	1	1	1	1	0	×	×	1	1	0	0	1
1	1	1	1	1	1	1	0	×	1	1	0	1	1
1	1	1	1	1	1	1	1	0	1	1	1	0	1

1. 用 74LS138 构成数据分配器

（1）参照图 9-4-9 画出数据分配器的实验电路并搭接线路，时钟脉冲 CP 频率约为 10 kHz，要求该分配器输出端 $\bar{Y}_0 \sim \bar{Y}_7$ 信号与 CP 输入信号同相。

（2）用示波器观察和记录在地址端 A_2、A_1、A_0 分别取 000～111 这 8 种不同状态时 $\bar{Y}_7 \cdots \bar{Y}_0$ 端的输出波形，注意输出波形与 CP 输入波形之间的相位关系。

2. 参照图 9-4-10 连接电路，将编码器输入端 $\bar{I}_1 \cdots \bar{I}_9$ 接至数据开关引出端，将 4 个输出端 $\bar{Y}_3$、$\bar{Y}_2$、$\bar{Y}_1$、$\bar{Y}_0$ 依次连接在电平指示灯的 4 个输入口上，拨动数据开关，按表 9-4-4 逐项测试 74LS147 的逻辑功能。

3. 结合 74LS147 的逻辑功能，自行设计并实现一个编码、译码、显示电路。

4. 按设计的电路进行搭接线路，并根据自行设计的实验过程来验证实验结果。

六、预习要求

1. 复习有关译码器、编码器和数据分配器的基本原理。

2. 熟悉 74LS138、74LS147、74LS247 的逻辑功能和使用方法。

3. 根据实验任务，画出实验线路及记录表格。了解本节的实验步骤。

4. 有条件的可对实验电路进行仿真实验，并将仿真数据与理论计算数据、实验数据进行对比。

七、实验报告要求

1. 画出数据分配器实验线路，在观察前将波形画在坐标纸上，并标上对应的地址码。

2. 对实验结果进行分析、讨论。

3. 画出编码、译码、显示电路的实验线路，记录实验结果并分析逻辑功能。

4. 分析讨论实验中发生的现象和问题。

9-5　实验五　　组合逻辑电路设计及应用

一、实验目的

1. 学习组合逻辑电路的一般设计方法。
2. 用实验方法验证组合逻辑电路的设计结果。
3. 掌握组合逻辑电路的调试方法,提高应用能力。
4. 了解中规模数字集成电路的应用。

二、实验设备

1. 电子技术实验箱;
2. 74LS20、74LS00、74LS138 等芯片。

三、实验原理

使用集成电路来设计组合电路是最常见的逻辑电路。设计组合电路的一般步骤如图 9-5-1 所示。

根据设计任务的要求建立输入、输出变量,并列出真值表。然后用逻辑代数或卡诺图化简法求出简化的逻辑表达式。再按实际选用逻辑门的类型变换逻辑表达式。根据简化后的逻辑表达式画出逻辑图,并用标准器件构成逻辑电路。最后用实验方法验证设计的正确性。

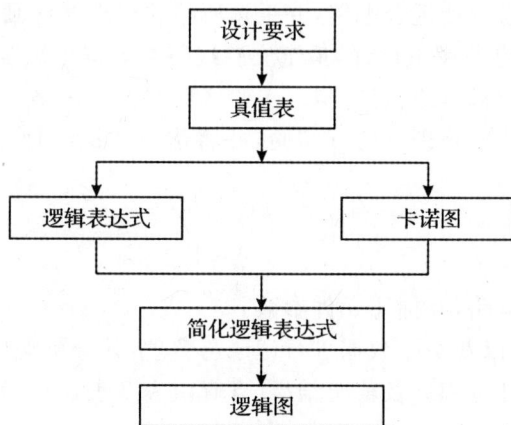

图 9-5-1　组合逻辑电路设计流程

四、实验内容

1. 数据判别电路

设计 A、B、C、D 代表四位二进制数码,$X = 8A + 4B + 2C + D$,用 74LS20 及 74LS00 设计一个组合逻辑电路,当输入数 $4 < X \leqslant 15$ 时,它的输出 $Y = 1$,否则为 0。

(1) 列出真值表。

(2) 由真值表得出函数表达式,并化简为用与非门实现的最简逻辑表达式,便于用 74LS20

及 74LS00 实现。

　　(3)画出逻辑图以及连线图。

　　(4)搭接设计电路,完成逻辑功能的验证并将结果填入自行设计的表格。

　　2. 函数信号发生器

　　用 74LS138 及 74LS20 双四输入与非门构成函数信号发生器,实现 $P = A\overline{BC} + \overline{A}(B+C)$ 的逻辑函数。

　　(1)将已知的逻辑函数化简为与或表达式。

　　(2)画出用 74LS138 和 74LS20 构成逻辑函数发生器实验线路图。

　　(3)搭接设计电路,完成逻辑功能的验证并将结果填入自行设计的表格。

五、扩展实验

　　用集成电路设计联锁器。所谓联锁器即为电子锁,其输入为 K1、K2、K3 开关,报警和解锁输出分别为 L1、L2。其中 K1、K2、K3 为单刀双掷开关,通过拨动可分别置 l 或置 0。当 $L1 = l$,表示不报警,否则报警。当 $L2 = l$,表示解锁,否则安锁,设计要求:

　　(1)当联锁器处于始态($K1 = K2 = K3 = l$),则令 $L1 = l$、$L2 = 0$,即安锁且不报警。

　　(2)为保证联锁器的安全,试根据逻辑代数方法,设计一个既能解锁又不报警的开关唯一拨动顺序,列出真值表说明。(逻辑关系自行设计)

　　(3)用 $74LS138$ 和最少双输入与非门设计实现所设计电路。用实验验证设计的正确性。

六、预习要求

　　1. 学会查出 $74LS20$、$74LS00$、$74LS138$ 集成芯片的引脚图及功能真值表。

　　2. 根据实验任务要求设计组合电路,并根据所给的标准器件画出逻辑图。

　　3. 进行数据 X 判别电路逻辑设计,拟定实验线路和数据记录表格。

　　4. 进行函数发生器逻辑电路设计,拟定实验线路及记录表格。

　　5. 有条件的可对实验电路进行仿真实验,并将仿真数据与理论计算数据、实验数据进行对比。

七、实验报告要求

　　1. 按要求画出实验电路,并标明元件参数。

　　2. 对实验步骤、线路以及实验数据进行记录与整理,并分析得出结论。

　　3. 写出连锁器的设计过程以及检验结果(含真值表及表达式,画出实现的逻辑图)。

　　4. 回答以下思考题。

　　(1)如何用最简单的方法验证"与或非"门的逻辑功能是否完好?

　　(2)在"与或非"门中,当某一组"与"端不用时,应作如何处理?

附录一　MT-1280　数字万用表

一、概述

仪表采用 40 mm 字高 LCD 显示器，可用来测量交直流电压和电流、电阻、电容、二极管、三极管、通断测试、温度等参数。整机以双积分 A/D 转换芯片为中心。

二、安全事项

1. 各量程测量时，禁止输入超过量程的极限值。

2. 36 V 以下的电压为安全电压。在测量高于 36 V 直流、25 V 交流电压时，要检查表笔是否正确连接、是否绝缘良好，以防电击。

3. 更换功能和量程时，以及更换电池或保险丝前，表笔应离开测试点，并关闭电源开关。

4. 选择正确的功能和量程，谨防误操作。测量电阻时，请勿输入电压。

5. 在电池没有装好和后盖没有上紧时，请不要使用此表进行测试工作。

6. 安全符号说明

"⚠"操作者必须参照说明书；"🔋"低电压符号；"⏚"接地；"▣"双绝缘。

三、特性

1. 一般特性

1-1　显示方式：LCD 液晶显示。

1-2　最大显示：1999(3 1/2 位)自动极性显示（"—"极显示）。

1-3　测量方式：双积分式 A/D 转换。

1-4　采样速率：约每秒 3 次。

1-5　超量程显示：最高位显示"1"或"−1"（后几位没有显示）。

1-6　低电压显示："🔋"符号显示。

1-7　工作环境：(0～40)℃，相对湿度＜80％。

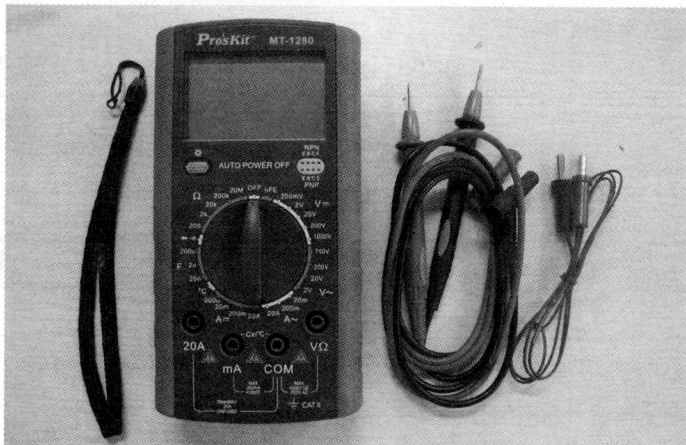

附图 1-1　MT-1280 数字万用表、表笔和 K 型热电偶

1-8　电源:1粒 9 V 电池(6F22 型或同等型号)。

1-9　尺寸:175×93×55 mm。

1-10　重量:包括 9 V 电池约 400 g。

1-11　附件:使用说明书一本、防震盒、外包装盒各一个、10 A 表笔一付、K 型热电偶 TP01 一支。

2. 技术特性

2-1　保证准确度环境温度:(23±5)℃,相对湿度<75％。

2-2　MT-1280 数字万用表功能包括:直流电压 DCV、交流电压 ACV、直流电流 DCA、交流电流 ACA、电阻 Ω、二极管/通断、电容 C、温度℃、三极管 hFE。

2-3　技术指标

附表 1-1　直流电压(DCV)

量程	准确度	分辨率
200 mV		100 μV
2 V		1 mV
20V	±(0.5％+3d)	10 mV
200 V		100 mV
1000 V	±(0.8％+10d)	1 V

输入阻抗:所有量程均为 10 MΩ。

超载保护:200 mV 量程为 250 V 直流或交流峰值;其余为 1000 V 直流或交流峰值。

附表 1-2　交流电压(ACV)

量程	准确度	分辨率
2 V		1 mV
20V	±(0.8％+5d)	10 mV
200 V		100 mV
750 V	±(1.2％+10d)	1 V

输入阻抗:10 MΩ。

超载保护:1000 V 直流或交流峰值。

频率响应:200 V 以下量程:(40～400)Hz,750 V 量程:(40～200)Hz。

显示:正弦波有效值(平均值响应)。

附表 1-3　直流电流(DCA)

量程	准确度	分辨率
200 μA	±(0.8％+10d)	0.1 μA
20 mA	±(0.8％+10d)	10 μA
200 mA	±(1.2％+8d)	100 μA
20 A	±(2.0％+5d)	10 mA

最大输入压降:200 mV。

最大输入电流:20 A(测试时间不超过 10 秒)。

超载保护:0.2 A/250 V 自恢复保险丝,20 A 量程无保险丝。

附表 1-4   交流电流(ACA)

量程	准确度	分辨率
20 mA	±(1.0%+15d)	10 μA
200 mA	±(2.0%+5d)	100 μA
20 A	±(3.0%+10d)	10 mA

最大测量压降:200 mV。

最大输入电流:20 A(测试时间不超过 10 秒)。

超载保护:0.2 A/250 V 自恢复保险丝,20 A 量程无保险丝。

频率响应:(40~200)Hz。

显示:正弦波有效值(平均值响应)。

附表 1-5   电阻(Ω)

量程	准确度	分辨率
200 Ω	±(0.8%+5d)	0.1 Ω
2 KΩ		1 Ω
20 KΩ	±(0.8%+3d)	10 Ω
200 KΩ		100 Ω
20 MΩ	±(1.0%+25d)	10 KΩ

开路电压:0.7 V。

超载保护:250 V 直流和交流峰值。

注意事项:在使用 200 Ω 量程时,应先将表笔短路,测得引线电阻,然后在实测中减去。

⚠警告:为了安全在电阻量程禁止输入电压值!

附表 1-6   电容(C)

量程	准确度	分辨率
20 nF	±(2.5%+20d)	10 pF
2 μF		1 nF
200 μF	±(5.0%+10d)	100 nF

超载保护:36 V 直流或交流峰值。

附表 1-7   温度(℃)

量程	准确度	分辨率
(20~1000)℃	<400 ℃±(1.0%+5d) ≥400 ℃±(1.5%+15d)	1 ℃

感应器:K 型热电偶(镍铬—镍硅)香蕉插头。

附表 1-8   二极管及通断测试

量程	显示值	测试条件
	二极管正向电压	正向直流电流约 1 mA,反向电压约 3 V
	测试阻值小于(70±20)Ω,蜂鸣器长响	开路电压约 3 V

超载保护:250 V 直流或交流峰值

附表 1-9   晶体三极管 hFE 参数测试

量程	显示范围	测试条件
hFE/NPN/PNP	0～1000	基极电流约 10 μA,Vce 约为 3 V

四、使用方法

操作面板说明(见附表 1-2)

1. 型号栏:宝工实业股份有限公司生产的 MT-1280 型数字万用表。

2. 液晶显示屏:采用 40 mm 字高 LCD,显示仪表测量的数据。

3. 发光三极管:使用通断检测功能,处于"通"状态时配合机内蜂鸣器报警之用。

4. 功能选择及电源开关:用于改变测量功能、量程以及控制开关仪表(电源开关)。

5. 20 A 电流"+"端测试插座。

6. 电容、温度测试附件"—"极端输入以及小于 200 mA 电流"+"极端测试插座。

7. 电容、温度测试附件"+"极端输入插座以及公共地。

8. 电压、电阻、二极管"+"极输入插座。

9. 三极管测试座:测试三极管输入插座。

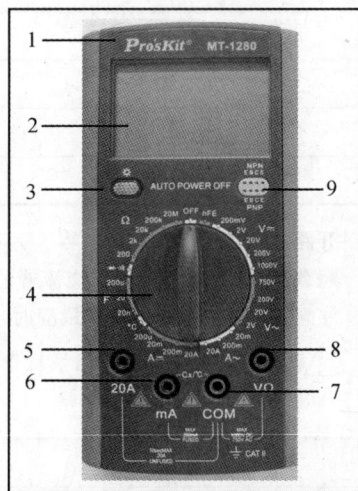

附图 1-2   MT-1280 数字万用表面版

直流电压测量

1. 将黑表笔插入"COM"插座,红表笔插入 V/Ω 插座。

2. 将量程开关转至相应的 DCV 量程上,然后将测试表笔跨接(并联)在被测电路上,红表笔所接的该点电压与极性显示在显示器上。

⚠ 注意:

(1)如果事先对被测电压范围没有概念,应将量程开关转到最高的档位,然后根据显示值转至相应的档位上。

(2)如显示"1"或"—1",表明已超过量程范围,须将量程开关转至较高档位上。

交流电压测量

1. 将黑表笔插入"COM"插座,红表笔插入 V/Ω 插座。

2. 将量程开关转至相应的 ACV 量程上,然后将测试表笔跨接(并联)在被测电路上,红表笔所接的该点电压显示在显示器上。

⚠注意：

(1)如果事先对被测电压范围没有概念，应将量程开关转到最高的档位，然后根据显示值转至相应的档位上。

(2)如果显示"1"或"—1"，表明已超过量程范围，须将量程开关转至较高档位上。

直流电流测量

1. 将黑表笔插入"COM"插座，红表笔插入"mA"插座中（最大量程为 200 mA），或红表笔插入"20 A"插座中（最大量程为 20 A）。

2. 将量程开关转至相应 DCA 档位上，然后将仪表的表笔串接入被测电路中，被测电流值以及红表笔点的电流极性将同时显示在显示器上。

⚠注意：

(1)如果事先对被测电流范围没有概念，应将量程开关转到最高的档位，然后根据显示值转至相应的档位上。

(2)如果显示"1"或"—1"，表明已超过量程范围，须将量程开关转至较高档位上。

(3)在测量 20 A 时要注意，该档位没有加装保险丝，连续测量最大电流将会使电路发热，影响测量精度甚至损坏仪表。

交流电流测量

1. 将黑表笔插入"COM"插座，红表笔插入"mA"插座中（最大量程为 200 mA），或红表笔插入"20 A"插座中（最大量程为 20 A）。

2. 将量程开关转至相应 ACA 档位上，然后将仪表的表笔串接入被测电路中，被测电流值显示在显示器上。

⚠注意：

(1)如果事先对被测电流范围没有概念，应将量程开关转到最高的档位，然后根据显示值转至相应的档位上。

(2)如果显示"1"或"—1"，表明已超过量程范围，须将量程开关转至较高档位上。

(3)在测量 20 A 时要注意，该档位没有加装保险丝，连续测量最大电流将会使电路发热，影响测量精度甚至损坏仪表。

电阻测量

1. 将黑表笔插入"COM"插座，红表笔插入 V/Ω 插座。

2. 将量程开关转至相应的电阻量程上，然后将测试表笔跨接在被测电阻上。

⚠注意：

(1)如果电阻值超过所选的量程，则显示"1"或"—1"，这时应将量程开关转至较高档位上。当测量电阻值超过 1 MΩ 以上时，读数需几秒时间才能稳定，这在测量高（大）电阻时是正常的。

(2)当输入端开路时，则显示超载情形。

(3)测量在线电阻时，要确认被测电路上所有电源都已关断及所有电容都已完全放电时，才可进行。

电容测量

1. 将红表笔插入"COM"插座，黑表笔插入"mA"插座。

2. 将量程开关转至相应的电容量程上，表笔对应极性（注意红表笔极性为"＋"极）接入被测电容。

⚠注意：

(1)如果事先对被测电容范围没有概念，应将量程开关转到最高的档位，然后根据显示值转至相应的档位上。

(2)如果显示"1"或"－1"，表明已超过量程范围，须将量程开关转至较高档位上。

(3)在测试电容前，显示值可能尚未归零，残留读数会逐渐减小，但可以不予理会，它不会影响测量的准确度。

(4)大电容档测量严重漏电或击穿电容时，将显示一些数值且不稳定。

(5)请在测试电容容量之前，必须对电容充分放电，以防止损坏仪表。

(6)单位：1 μF＝1000 nF　　　1 nF＝1000 pF

二极管及通断测试

1. 将黑表笔插入"COM"插座，红表笔插入 V/Ω 插座（注意红表笔极性为"＋"极）。

2. 将量程开关转至"➤▶•)))"档，并将表笔连接到待测二极管上，读数为二极管正向压降的近似值。

3. 将表笔连接到待测线路的两点，如果两点之间电阻低于约(70±20)Ω，则仪表内置蜂鸣器发声，同时发光三极管点亮。

温度测量

测量温度时，将热电偶感应器的冷端（自由端）负极插入"mA"插座，正极插入"COM"插座中，热电偶的工作端（测温端）置于待测物体上面或内部，可直接从显示屏上读取温度值，读数为摄氏度。

三极管 hFE 测量

1. 将量程开关置于 hFE 档。

2. 确定所测三极管为 NPN 或 PNP 型，将发射极(e)、基极(b)、集电极(c)分别插入测试附件上相应的插孔。

自动断电(关机)

当仪表停止使用约(20±10)分钟后，仪表便自动断电进入休眠状态；若要重新启动电源，须先将量程开关转至"OFF"档，然后再转至用户需要使用的档位上即可。

五、仪表保养

该仪表是一台精密仪器，使用者不要随意更改电路。

1. 请注意防水、防尘、防摔。

2. 不宜在高温高湿、易燃易爆和强磁场的环境下存放、使用仪表。

3. 请使用湿布和温和的清洁剂清洁仪表外表，不要使用研磨剂及酒精等烈性溶剂。

4. 如果长时间不使用仪表，应取出电池，防止电池漏液腐蚀仪表。

5. 注意 9 V 电池使用情况，当显示屏出现"⊞"符号时，应更换电池。步骤如下：

(1)取下防震套，退出电池盖。

(2)取下旧电池，换上新的电池。虽然任何标准 9 V 电池都可使用，但为了加长使用时间，最好使用碱性电池。

(3)装回电池盖。

六、故障排除

故障现象	检查部位及方法
没有显示	电源未接通 换电池 换保险丝
┼╌符号出现	换电池
显示误差大	换电池

附录二　YB43020B 双踪示波器

示波器是一种用途十分广泛的电子测量仪器。它将被测的电信号变换成看得见的图像，便于人们更加直观地研究各种电现象的变化过程。示波管利用狭窄的高速电子束，打在涂有荧光物质的屏面上，产生细小的光点。在被测信号的作用下，电子束就好像一支笔尖，在屏面上描绘出被测信号的瞬时值的变化曲线。利用示波器能观察各种不同信号幅度随时间变化的波形曲线，测试各种不同的电量，如电压、电流、频率、相位差、调幅度等等。

一、示波器的工作原理

（一）示波器的组成

普通示波器有五个基本组成部分：显示电路、垂直（Y 轴）放大电路、水平（X 轴）放大电路、扫描与同步电路、电源供给电路。

1. 显示电路

显示电路包括示波管及其控制电路部分。阴极射线管（CRT）简称示波管，是示波器的核心。通过它将电信号转换为光信号。

示波管是一种特殊的电子管，它由电子枪、偏转系统和荧光屏三部分密封在一个真空玻璃壳内组成，构成了一个完整的示波管，见附图 2-1。

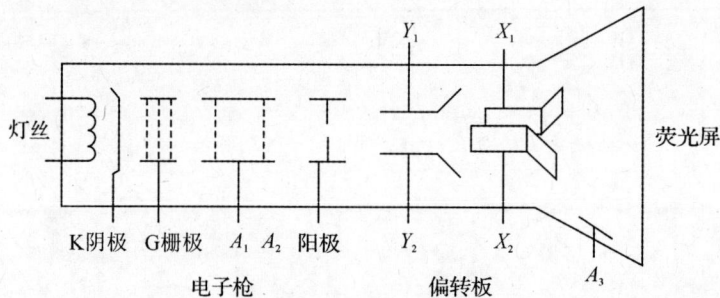

附图 2-1　示波管的组成

（1）电子枪

电子枪功能为产生高速、聚束的电子流，去轰击荧光屏使之发光。其主要由灯丝 F、阴极 K、控制极 G、第一阳极 A1、第二阳极 A2 组成。除灯丝外，其余电极的结构都为金属圆筒，且它们的轴心都保持在同一轴线上。阴极被加热后，可沿轴向发射电子；控制极相对阴极来说是负电位，改变电位可以改变通过控制极小孔的电子数目，也就是控制荧光屏上光点的亮度。为了提高屏上光点亮度，又不降低对电子束偏转的灵敏度，现代示波管中，在偏转系统和荧光屏之间还加上一个后加速电极 A3。

第一阳极对阴极而言加有约几百伏的正电压。在第二阳极上加有一个比第一阳极更高的正电压。穿过控制极小孔的电子束，在第一阳极和第二阳极高电位的作用下，得到加速，向荧光屏方向作高速运动。由于电荷的同性相斥，电子束会逐渐散开。通过第一阳极、第二阳极之间电场的聚焦作用，使电子重新聚集起来并交汇于一点。适当控制第一阳极和第二阳极之间电位差的大小，便能使焦点刚好落在荧光屏上，显现一个光亮细小的圆点。改变第一阳极和第二阳极之间的电位差,可起调节光点聚焦的作用,这就是示波器的"聚焦"和"辅助聚焦"调节的原理。

(2)偏转(板)系统

示波管的偏转系统大都是静电偏转式,它由两对相互垂直的平行金属板组成,分别称为水平(X)偏转板和垂直(Y)偏转板。分别控制电子束在水平方向和垂直方向的运动方向。当电子在偏转板之间运动时,如果偏转板上没有加电压,偏转板之间无电场,离开第二阳极后进入偏转系统的电子将沿轴向运动,射向屏幕的中心。如果偏转板上有电压,偏转板之间则有电场,电子在偏转电场的作用下射向荧光屏的指定位置。

两块垂直偏转板互相平行,当它们的电位差等于零时,通过偏转板空间的,具有速度 v 的电子束就会沿着原方向(设为轴线方向)运动,并打在荧光屏的坐标原点上。如果两块偏转板之间存在着电位差,则偏转板间就形成一个电场,这个电场与电子的运动方向相垂直,于是电子就朝着电位比较高的偏转板偏转。这样,在两偏转板之间的空间,电子就沿着抛物线在这一点上做切线运动。最后,电子降落在荧光屏上的 A 点,这个 A 点距离荧光屏原点(0)有一段距离,这段距离称为偏转量,用 y 表示。偏转量 y 与偏转板上所加的电压 V 成正比。同理,在水平偏转板上加有直流电压时,也发生类似情况,只是光点在水平方向上偏转。

(3)荧光屏

荧光屏位于示波管的终端,它的作用是将偏转后的电子束显示出来,以便观察。在示波器的荧光屏内壁涂有一层发光物质,因而,荧光屏上受到高速电子冲击的地点就显现出荧光。此时光点的亮度决定于电子束的数目、密度及其速度。改变控制极的电压时,电子束中电子的数目将随之改变,光点亮度也就改变。在使用示波器时,不宜让很亮的光点固定出现在示波管荧光屏一个位置上,否则该点荧光物质将因长期受电子冲击而烧坏,从而失去发光能力。

涂有不同荧光物质的荧光屏,在受电子冲击时将显示出不同的颜色和不同的余辉时间,通常供观察一般信号波形用的是发绿光的,属中余辉示波管,供观察非周期性及低频信号用的是发橙黄色光的,属长余辉示波管;供照相用的示波器中,一般都采用发蓝色的短余辉示波管(注:余辉:当电子停止轰击后,荧光点不会立即消失而要保留一段时间,荧光点在屏幕上停留时间的长度称之)。

2. 垂直(Y轴)放大电路

由于示波管的偏转灵敏度甚低,所以一般的被测信号电压都要先经过垂直放大电路的放大,再加到示波管的垂直偏转板上,以得到垂直方向的适当大小的图形。

YB43020B 双踪示波器的偏转系数为:5 mV/div ～ 5 V/div,共分 10 档。

3. 水平(X轴)放大电路

由于示波管水平方向的偏转灵敏度也很低,所以接入示波管水平偏转板的电压(锯齿波电压或其他电压)也要先经过水平放大电路的放大以后,再加到示波管的水平偏转板上,以得到水平方向适当大小的图形。

YB43020B 双踪示波器的扫描时间系数为:0.15 μs/div ～ 0.2 s/div,共分 20 档。

4. 扫描与同步电路

扫描电路产生一个锯齿波电压。该锯齿波电压的频率能在一定的范围内连续可调。锯齿波电压的作用是使示波管阴极发出的电子束在荧光屏上形成周期性的、与时间成正比的水平位移,即形成时间基线。这样,才能把加在垂直方向的被测信号按时间的变化波形展现在荧光屏上。

5. 电源供给电路

电源供给电路供给垂直与水平放大电路、扫描与同步电路以及示波管与控制电路所需的负高压、灯丝电压等。

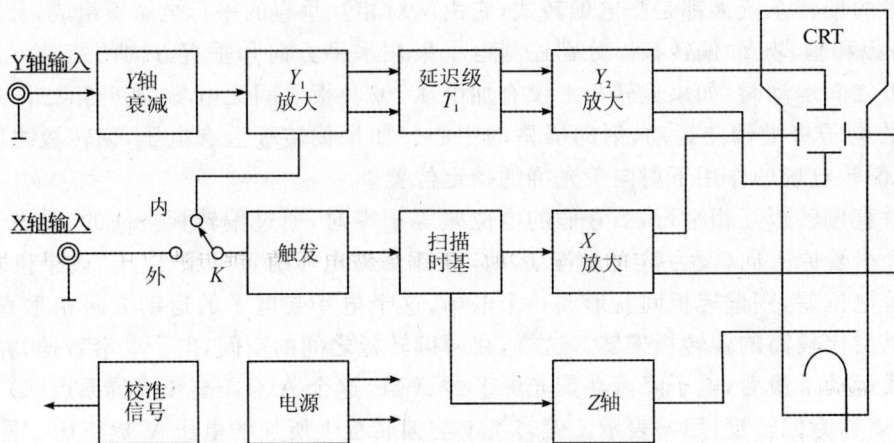

附图 2-2　示波器原理功能框图

示波器的原理功能方框图可见附图 2-2,被测信号电压加到示波器的 Y 轴输入端,经垂直放大电路加于示波管的垂直偏转板。示波管的水平偏转电压,虽然多数情况都采用示波器内部产生的锯齿波电压信号(用于观察波形时),但有时也采用其他的外加电压(用于测量频率、相位差等时),因此在水平放大电路输入端有一个水平信号选择开关,以便按照需要选用锯齿波电压信号,或选用外加在 X 轴输入端上的其他电压信号作为水平偏转电压。

此外,为了使荧光屏上显示的图形保持稳定,要求锯齿波电压信号的频率和被测信号的频率应保持同步。这样,不仅要求锯齿波电压的频率能连续调节,而且在产生锯齿波的电路上还要输入一个同步信号。对于只能产生连续扫描(即产生周而复始、连续不断的锯齿波)一种状态的简易示波器而言,需要在其扫描电路上输入一个与被观察信号频率相关的同步信号,以牵制锯齿波的振荡频率。对于具有等待扫描功能(即平时不产生锯齿波,当被测信号来到时才产生一个锯齿波,进行一次扫描)功能的示波器而言,需要在其扫描电路上输入一个与被测信号相关的触发信号,使扫描过程与被测信号密切配合。为了适应各种需要,同步(或触发)信号可通过同步或触发信号选择开关来选择,通常来源有 3 个:①从垂直放大电路引来被测信号作为同步(或触发)信号,此信号称为"内同步"(或"内触发")信号;②引入某种相关的外加信号为同步(或触发)信号,此信号称为"外同步"(或"外触发")信号,该信号加在外同步(或外触发)输入端;③有些示波器的同步信号选择开关还有一档"电源同步",是由 220 V,50 Hz 电源电压,通过变压器次级降压后作为同步信号。

(二)波形显示的基本原理

由示波管的原理可知,一个直流电压加到一对偏转板上时,将使光点在荧光屏上产生一个固定位移,该位移的大小与所加直流电压成正比。如果分别将两个直流电压同时加到垂直和水平两对偏转板上,则荧光屏上的光点位置就由两个方向的位移所共同决定。(思考:这时荧光屏上出现什么现象?)

当水平偏转板上电压为零时,如果将一个正弦交流电压加到一对垂直偏转板上时,光点在荧光屏上将随电压的变化而上下移动。当加在垂直偏转板上的交流电压频率在 10 Hz~20

Hz 以上，则由于荧光屏的余辉现象和人眼的视觉暂留现象，在荧光屏上看到的就不是一个上下移动的点，而是一根垂直的亮线了。该亮线的长短在示波器的垂直放大增益一定的情况下决定于正弦交流电压峰一峰值的大小。（思考：当垂直偏转板上加的是三角波或其他交变电压时，荧光屏上将出现什么现象？）

当水平偏转板上加有锯齿波电压的过程称为扫描。在水平轴加有周期性锯齿波电压时，扫描将周而复始地进行下去。光点距离起始位置零点的瞬时值，将与加在偏转板上的电压瞬时值成正比。

当垂直偏转板上电压为零时，如果加在偏转板上的锯齿波电压频率在 10 Hz～20 Hz 以上，则由于荧光屏的余辉现象和人眼的视觉暂留现象，就看到一根水平亮线，该水平亮线的长度，在示波器水平放大增益一定的情况下决定于锯齿波电压值，锯齿波电压值是与时间变化成正比的，而荧光屏上光点的位移又是与电压值成正比的，因此荧光屏上的水平亮线可以代表时间轴。在此亮线上的任何相等的线段都代表相等的一段时间。

如果将被测信号正弦波电压信号加到垂直偏转板上，锯齿波扫描电压加到水平偏转板上，而且被测信号电压的频率等于锯齿波扫描电压的频率，则荧光屏上将显示出一个周期的被测信号电压随时间变化的波形曲线（如附图 2-3 所示）。所以说，荧光屏上显示出来的被测信号电压是随时间变化的稳定波形曲线。

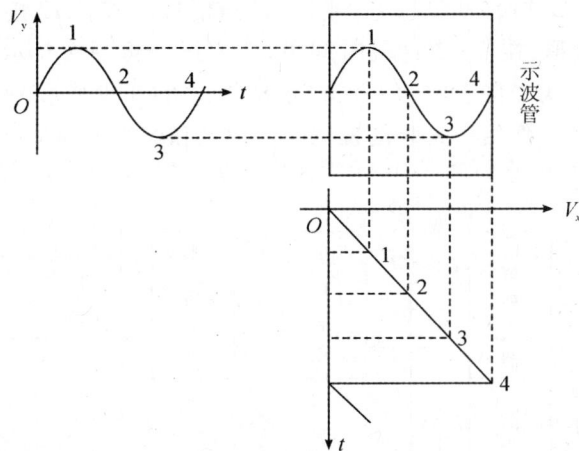

附图 2-3　正弦信号和锯齿波信号在荧光屏上的合成图形

若被测信号电压的频率等于锯齿波电压频率整数倍数时，则荧光屏上将显示出周期为整数的被测信号稳定波形。而当被测信号电压的频率与锯齿波电压的频率不成整数倍数时，则荧光屏上不能获得稳定的波形。因此，荧光屏上显示出被测信号稳定波形被测电压频率和扫描频率应满足以下关系：

$$T_y = \frac{T_x}{n}, f_y = nf_x^2 \quad n = 1, 2, 3, \cdots$$

由上述可见，为使荧光屏上的图形稳定，被测信号电压的频率应与锯齿波电压的频率保持整数比的关系，即同步关系。为了实现这一点，就要求锯齿波电压的频率连续可调，以便适应观察各种不同频率的周期信号。另外，由于被测信号频率和锯齿波振荡信号频率的相对不稳定性，即使把锯齿波电压的频率临时调到与被测信号频率成整倍数关系，也不能使图形一直保持稳定。为此，示波器电路中都设有同步装置。也就是在锯齿波电路加上一个同步信号来促使扫描的同步,对于只能产生连续扫描一种状态的简易示波器而言,在其扫描电路上输入一个与被观察信号频率相关的同步信号,当所加同步信号的频率接近锯齿波频率的整数倍时,就可以把锯齿波频率"拖入同步"或"锁住"。对于具有等待扫描功能(即平时不产生锯齿波,当被测信号来到时才产生一个锯齿波进行一次扫描)的示波器而言,需要在其扫描电路上输入一个与被测信号相关的触发信号,使扫描过程与被测信号密切配合。这样,只要按照需要来选择适当的同步信号或触发信号,便可使任何欲研究的过程与锯齿波扫描频率保持同步,使荧光屏上显示稳定的波形。

(三)双踪示波器的显示原理

上面我们讨论的为单踪示波器的工作原理,在实践过程中,常常遇到需要同时观察两路信号随时间变化的过程,并对其进行电参量的测试和比较。为此,人们在应用普通单踪示波器原理的基础上,采用双踪示波法制造出来双踪示波器。

双踪示波器是在单线示波器的基础上,增设一个专用电子开关,用它来实现两路待测输入波形的分别显示。

(1)双踪示波器的显示原理

附图 2-4 中,电子开关的作用是使加在示波管垂直偏转板上的两路信号电压作周期性转换。例如,在 0~1 这段时间里,电子开关与信号通道 CH1 接通,这时在荧光屏上显示出信号 U_{CH1} 的一段波形;在 1~2 这段时间里,电子开关 K 与信号通道 CH2 接通,这时在荧光屏上显现出信号 U_{CH2} 的一段波形;在 2~3 这段时间里,荧光屏上再一次显示出信号 U_{CH1} 的一段波形;在 3~4 这段时间里,荧光屏上将再一次显示出 U_{CH2} 的一段波形……这样,两个信号在荧光屏上虽然是交替显示的,但由于人眼的视觉暂留现象和荧光屏的余辉现象,就可在荧光屏上同时看到两个被测信号波形。

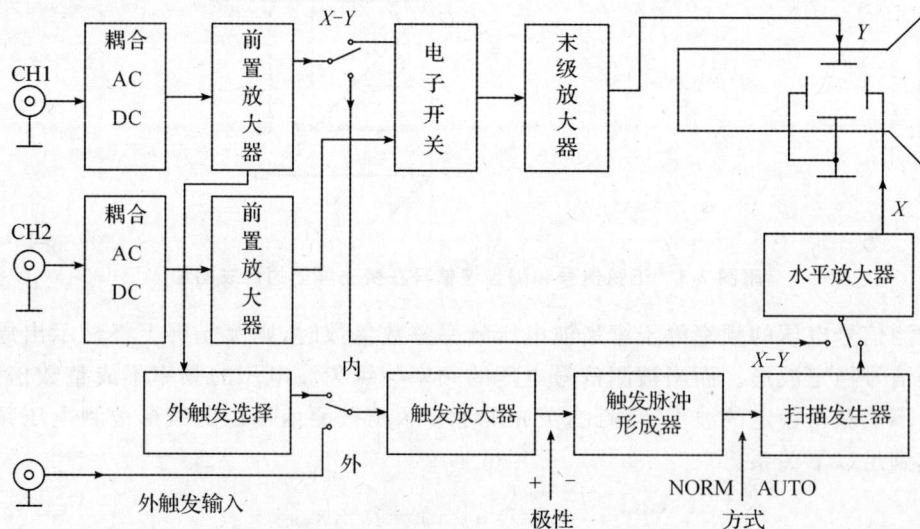

附图 2-4　双踪示波法基本原理的示意图。

为了保持荧光屏上的两路信号波形稳定显示,则要求被测信号频率、扫描信号频率与电子开关的转换频率三者之间必须满足一定的关系。

首先,两个被测信号频率与扫描信号频率之间应该是成整数比的关系,也就是要求"同步"。这一点与单线示波器的原理是相同的,只是扫描电压是一个,被测信号是两个。在实际应用中,需要观察和比较的两个信号常常是互相有内在联系的,所以上述的同步要求一般是容易满足的。

第二,除满足上述要求外,还必须合理地选择电子开关的转换频率,使得在示波器上所显示的波形个数合适,以便于观察。

电子开关的工作方式有"交替"转换和"断续"转换两种。

电子开关"交替"转换工作方式时:在 0～1 时间内,电子开关与通道 CH1 接通,加在 X 轴上的扫描信号开始进行第一个正程扫描,此时荧光屏上将显现出信号 U_{CH1} 的波形;在完成 U_{CH1} 波形显示后,扫描电压迅速回扫;在 1～2 时间内,电子开关 K 与通道 CH2 接通,X 轴上的扫描信号开始进行第二个正程扫描,荧光屏上显示出信号 U_{CH2} 的波形;在 2～3 时间内,荧光屏上再一次显示信号 U_{CH1} 的波形;在 3～4 时间内,荧光屏上再一次显示出信号 U_{CH2} 的波形……由此可见,被测信号 U_{CH1}、U_{CH2} 的波形是依次、交替地出现在荧光屏上的。显然,此时电子开关的转换与 X 轴的扫描始终保持着一致的步调,即电子开关的转换频率等于 X 轴扫描信号的频率。

采用交替转换工作方式的显示的波形与双线示波法显示的波形非常相似,它们都没有间断点。但由于被测信号 U_{CH1}、U_{CH2} 的波形是依次交替地出现在荧光屏上的,所以,如果交替的间隙时间超过了人眼的视觉暂留时间和荧光屏的余辉时间,则人们所看到的荧光屏上的波形就会有闪烁现象。为了避免这种情况的出现,就要求电子开关有足够高的转换频率。这就是说当被测信号的频率较低时,不宜采用交替转换工作方式,而应采用"断续"转换工作方式。

当电子开关用"断续"转换工作方式时,在 X 轴扫描的每一个过程中,电子开关都以足够高的转换频率,分别对所显示的每个被测信号进行多次取样。这样,即使被测信号频率较低,也可避免出现波形的闪烁现象。同时,由于在一次扫描的过程中,光点在两个图形上交换的次数极多,所以图形上的细小断裂痕迹不显著,并不妨碍对波形细节的观察。实际上,由于开关的转换频率选得远大于 X 轴扫描频率,所以荧光屏上显示的图形不会是断续图形,而是连续的图形。

(2)双踪示波器的基本组成

附图 2-5 是双踪示波器的原理功能方框图。由图可见,它主要是由两个通道的 Y 轴前置放大电路、门控电路、电子开关、混合电路、延迟电路、Y 轴后置放大电路、触发电路、扫描电路、X 轴放大电路、Z 轴放大电路、校准信号电路、示波管和高低压电源供给电路等组成。

观察信号波形时,被测信号 U_{CH1},U_{CH2} 通过 CH1,CH2 输入端输入示波器,分别送到 Y 轴前置放大电路 Y1 和 Y2 进行放大。因通道 Y1 和通道 Y2 都受电子开关的控制,所以 U_{CH1},U_{CH2} 两信号轮换着输送到后面的混合电路,加到示波管的垂直偏转板上。

为了适应各种不同的测试需要,电子开关可五种不同的工作状态,即交替、CH1、CH2、CH1+CH2、断续等。这 5 种工作状态由显示方式开关来控制。

当显示方式开关置于交替位置时,电子开关为一双稳态电路。它受由扫描电路来的闸门信号控制,使得 Y 轴两个前置通道随着扫描电路门信号的变化而交替地工作。每秒钟交替转换次数与由扫描电路产生的扫描信号的重复频率有关。交替工作状态适用于观察频率不太低的被测信号。

当显示方式开关置于 CH1 或 CH2 位置时,电子开关为一单稳态电路。前置放大电路 CH1 或 CH2 可单独工作,此时,双踪示波器可作为普通单线示波器使用。

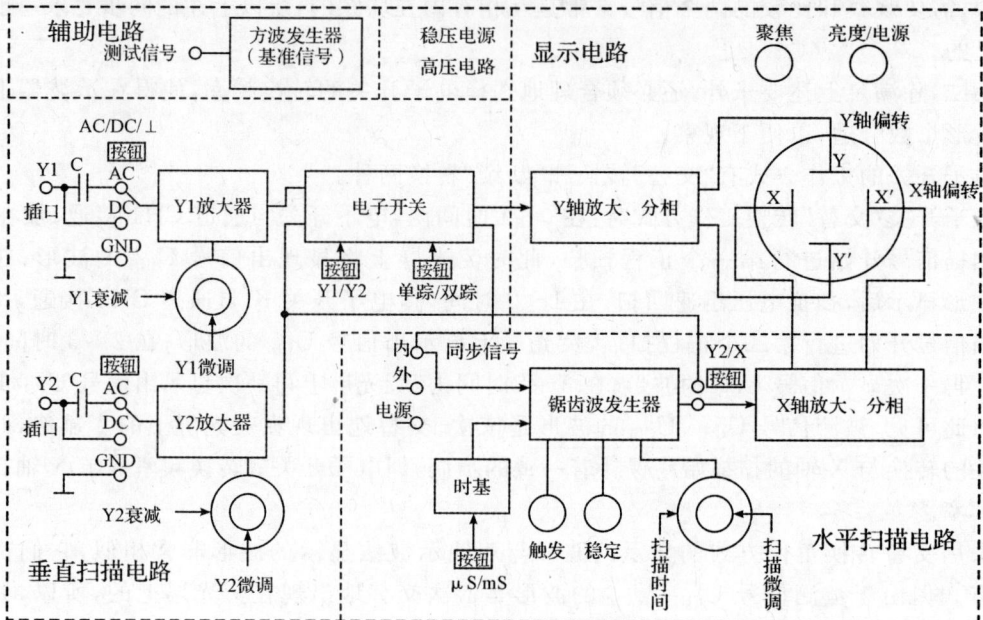

附图 2-5　双踪示波器工作原理框图。

当显示方式开关置于 CH1+CH2 位置时,电子开关处于不工作状态。此时 CH1、CH2 两通道同时工作,因而可得到两信号相加或两信号相减的显示。然而,两信号究竟是相加还是相减,这要通过 CH1 通道的极性作用开关来选择。这个开关有两个位置,在第一个位置时,荧光屏上的图形为两信号之和;在第二个位置(—CH1)时,荧光屏上的图形为两信号之差。

为了观察被测信号随时间变化的波形,示波管的水平偏转板上必须加以线性扫描电压(锯齿波电压)。这个扫描电压是由扫描电路产生的。当触发信号加到触发电路时,触发了扫描电路,扫描电路就产生相应的扫描信号;当不加触发信号时,扫描电路就不产生扫描信号。

触发有内触发、外触发两种,由触发选择开关来选择。当该开关置于内的位置时,触发信号来自经 Y 轴通道送入的被测信号。当该开关置于外的位置时,触发信号是由外部送入的。这个信号应与被测信号的频率成整数比的关系。示波器在使用中,多数采用内触发工作方式。

所谓内触发也分为两种情况,并由内触发选择开关控制。当开关置于常态的位置时,触发电路的触发信号来自 CH1,CH2 通道。此时,两个通道即可同时稳定地显示出各自的被测信号。当用双踪显示来作时间比较分析时,就应该将内触发选择开关置于 CH2 的位置。在这个位置时,触发电路的触发信号只取自 CH2 通道的输入信号。此时只有当 U_{CH1},U_{CH2} 的频率成整数比时,荧光屏上才能同时稳定地显示两个波形。

扫描电路产生的扫描信号(锯齿波信号),通过 X 轴选择开关接到 X 轴放大电路,经放大后送到示波管的 X 轴偏转板。这就是通常在观察信号随时间变化的波形时,开关选扫描档的情况。除上述情况外,用示波器进行其他测试(比如观察李沙育图形时),开关置 X 外接档,此时可将 X 轴输入端输入的信号,加到 X 轴放大电路进行放大,随后再送至 X 轴偏转板。

Z 轴放大电路对荧光屏上光点辉度起着调节的作用,抹去不必要显示的光点轨迹。当扫描电路闸门信号来到 Z 轴放大电路,Z 轴放大电路便输出正向的增辉脉冲信号,加至示波管的控制极。这就是说,在扫描信号的过程中,荧光屏上的光点得以增辉;在电子开关的转换过程中,电子开关电路将输出脉冲信号也加至 Z 轴放大电路,此时 Z 轴放大电路便输出负向脉冲信号,加至示波管的控制极。这样,在电子开关的转换过程中,就消去了两个通道交替工作时的过渡光点,以提高显示波形的清晰度。

校正信号电路产生一个固定频率、固定幅度的矩形信号(如 YB43020B 型两踪示波器的校正信号是频率为 1 kHz、幅度为 0.5 V 方波信号)。它是作校正 Y 轴放大电路的灵敏度和 X 轴的扫描速度之用的。

高、低压电源供给电路中的低压是供给示波器各级所需的低压电源的,高压是供给示波管显示系统电源的。

(四)示波器探头工作原理

示波器探头不仅仅是把测试信号判定以示波器输入端的一段导线,而且是测量系统的重要组成部分。探头有很多种类型号各有其特性,以适应各种不同的专门工作,其中一类称为有源探头,探头内包含有源电子元件可以提供放大能力,不含有源元件的探头称为无源探头,其中只包含无源元件如电阻和电容。这种探头通常对输入信号进行衰减。我们集中讨论通用无源探头,说明主要技术指标以及探头对被测电路和被测信号的影响,接着简单介绍几种专用探头的分类。

1. 探头的主要技术指标

(1)屏蔽

示波器探头的一个重要任务是确保只有希望观测的信号才在示波器上出现,如果我们仅仅使用一条导线来代替探头,那它的作用就好像是一根天线,接收到很多不希望见到的干扰信号,其这些噪声甚至还能注入被测电路中去。所以我们首先需要的是屏蔽的同轴电缆,示波器探头的屏蔽电缆通过探头尖端的接地线和被测电路连接,从而保证了很好的屏蔽。

(2)示波器探头带宽

和示波器一样,示波器探头也具有其允许的有限带宽。如果我们使用一台 100 MHz 的示波器和一个 100 MHz 的探头,那么它们组合起来的响应就小于 100 MHz,探头的电容和示波器的输入电容相加,这就减小了系统的带宽。

示波器配备的探头都能使示波器保证在探头尖端获得规定的示波器带宽,要求探头本身的带宽要比示波器的带宽宽得多。

(3)示波器探头负载效应

当我们进行测量时,我们常常以为测得的电压和电路中未连入示波器时是完全一样的。

实际上,每个示波器探头都有其输入阻抗,输入阻抗包含了电阻、电容和电感分量。由于探头引入的额外负载,所以连入探头后就会影响被测电路。因此分析测量结果时必须考虑探头的特性以及测试电路的阻抗。

有些示波器探头里没有串联的电阻,这类探头主要就由一段电缆和一个测试头构成,因此,在其工作频率范围或有用带宽之内,探头对信号没有衰减作用。这类探头称为 1:1 或 X1 探头。由于这类探头在测试点处将其自身的电容(包括电缆的电容)与示波器的输入阻抗连在了一起,所以这种探头具有负载效应。

当信号频率强时,探头的容性负载效应更加显著。由于电缆的类型和长度的不同以及探头本身构造等原因,1:1 探头的输入电容通常可以从大约 35 pF 到 100 pF 以上,这等于给被测电路施加了一个低阻抗负载,具有 47 pF 输入电容 1:1 探头在 20 MHz 之下的电抗仅为 169 W,这就使得这个探头在此频率无法使用。

我们可以在探头中增加一个和示波器输入阻抗相串联的阻抗,用这种衰减式办法减小探头的负载效应。然而,这就意味着输入电压不能完全加到示波器的输入端,因为我们现在已经引入了一个分压器。即由 Rp 和 Rs 构成了一个 10∶1 的分压器,Rs 为示波器的输入阻抗。调节补偿电容 C 补偿使得探头和示波器相匹配,保证了在探头的尖端获得正确的频率响应曲线,使得这种探头的频率响应比 1∶1 探头频率响应要宽得多。

一个实际的 10∶1 探头具有几个可调的电容和电阻以便在很宽的频率范围内获得正确的频率响应,这些可调元件的大多数都是在制造探头时由工厂调好的。只有一个微调电容留给用户去调节。这个电容称为低频补偿电容,应当通过调节这个电容使得探头和与相配用的示波器匹配,使用示波器前面板上的信号输出可以很容易地进行这项调节工作,示波器的这个输出端标有"探头调节"、或者"探头校准"等标志,并能送出一个方波输出电压。方波中包含很多频率分量。当所有这些分量都以正确的幅度送至示波器时,就能在示流器屏幕上再现方波信号。

所以在使用的衰减探头之前一定不要忘记检查探头的补偿情况。由于一台示波器的不同输入通道的输入电容可能有小的差异,所以您应当按照示波器上要使用的通道来进行探头补偿调整工作。

(4)示波器探头最大输入电压

多数通用 10∶1 探头的构造使这些探头适合于最大输入电压为峰值 400 V 或 500 V 的情况下使用,所以这些探头可以用于信号电平高达数百伏的广泛的应用场合,对于需要测量更高电压的场面合,我们推荐使用电压额定值更高的 100∶1 探头。

(5)安全接地

为保证电气上的安全,多数示波器都通过电源线与安全地线相连。被测信号有可能和地线具有相同的参考电位,但并非必然如此,因此在连接探头的地线时,一定要注意不要因此而把被测系统的某一部分短路。另一方面,既使被测系统和示波器的地线具有相同的参考电位,这也并不意味着可以用安全地线来作信号返回通路,这是由于安全地线连接走线很长,具有很大的引线电感,因此不适合作信号返回通路。这时一定要用探头的接地引线来作为信号的参考地线。

2. 示波器探头类型

我们研究了 10∶1 和 1∶1 两种探头,此外还有多种其他类型的通用探头。常见当有:

(1)可切换式示波器探头

这种探头将 10∶1 探头和 1∶1 探头容为一体,使用起来非常方便,在一般情况下最好使用 10∶1 档,因为在这一档探头对被测电路的负载效应小,而且频带宽。而 1∶1 档则可在测量低频低电平信号时使用。

(2)衰减器示波器探头

另一种常用的衰减器探头为 100∶1 探头,其输入电容较低,典型值为 2.5 pF,输入电阻为 20 MW,探头的额定电压值很高,典型值为 4 kV。因此这种探头适合于在测量高压变换器等电压很高的场合使用。

(3)FET 示波器探头

这是一种可在高频下使用的有源探头,其使用频率可达 650 MHz。其输入电容可低达 1.4 pF,因此特别适合于在具有很高源阻抗的电路中测量快速瞬变,或者其他要求探头负载效应最小的场合。由于采用有源设计方案,所以 FET 探头也可用于 1∶1 的情况,仍具有极低的输入电容。

二、YB43020B双踪示波器的结构和操作

一、结构特征

外形图(见附图2-6)

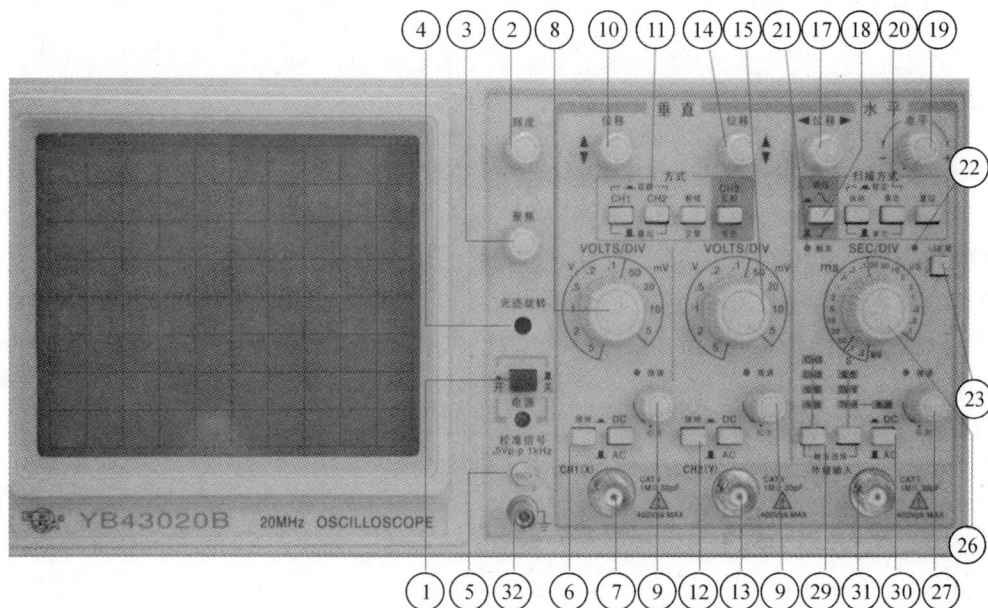

附图 2-6　YB43O20 双踪示波器正面结构

调节控制机件的作用:(序号与外形对应)

(1)电源开关:按下此开关,示波器电源接通,同时开关下方的绿色 LED 指示灯点亮,经短暂预热后示波器即可正常工作。

(2)辉度:辉度控制,控制显示波形亮度,顺时针方向旋转为增亮,当光点停留在屏幕上不动时,应将亮度减弱或熄灭,以延长示波管寿命。

(3)聚焦:控制示波管聚焦极电压使电子束正好落在屏幕上,成为清晰的圆点。

(4)光迹旋转:调节光迹与水平线平行。

(5)校准信号:校准信号输出。此端口输出幅度为 $0.5V_{p-p}$,频率为 1 KHz 的方波信号。

(6)CH$_1$通道输入信号耦合方式选择按键:这里包含两个按键。左边按键按下后(接地),输入端接地,弹出后解除。右边按键按下后(DC),输入信号与仪器通道直接耦合,当需要观察待测信号的直流分量或被测信号频率较低时选择此方式;右边按键弹出后为 AC 方式,此时适合观察频率较高的输入信号,因其仪器耦合通道中串有隔直电容,电路信号中的直流分量被隔离,用以观察交流分量。

(7)CH$_1$(X)输入端口:为双功能端口,在常规使用时,此端口作为 Y$_1$ 输入端。当示波器工作在 X-Y 方式时,此端口作为 X 输入端。

(8)CH$_1$通道垂直衰减选择开关(VOLTS/DIV):可改变 Y$_1$ 输入灵敏度从 2 mV～10 V/div,共十二个档级。

(9)微调:Y$_1$微调电位器,微调显示波形的垂直幅度,顺时针方向旋转使显示的波形幅值连续增大,增大范围≥2.5 倍。逆时针旋足为校准位置。

(10)位移:控制 Y_1 显示迹线在屏幕上垂直方向的位置。

(11)选择垂直系统工作方式组合按钮:其中有多种组合工作方式。

A. CH1 和 CH2 两键同时按下为"双踪"显示方式,这时 CH1、CH2 两路输入信号各自在屏幕上显示。

B. CH1 和 CH2 两键同时弹起为"叠加"显示方式,这时 CH1、CH2 两路输入信号"叠加"在屏幕上显示。即此时电子开关不工作,两路信号同时通过门电路相加显示;当 CH2"反相"按下后,则两路信号相减显示。

C. 当 CH1 和 CH2 两键各自按下时,则显示各自选中的输入通道。

D. 当"断续/交替"按键按下时,两路信号"断续"显示。此时电子开关不受扫描信号控制,而是被固定的 200 KHz 方波信号所控制,电子开关快速交替接通 CH1 和 CH2 通道,两路信号"断续"显示。当被测频率较高时,断续现象十分明显,甚至无法观测;被测频率较低时,断续现象则被掩盖。因此"断续"模式适合同时观测工作频率较低的两路信号。

当"断续/交替"按键弹起时,两路信号"交替"显示。电子开关受扫描信号控制,每次扫描都轮流接通 CH1 和 CH2 通道,当输入信号频率愈高,扫描频率就愈高,电子开关转换速率就愈快,不会有闪烁现象。因此"交替"模式适合同时观测工作频率较高的两路信号。

E. "CH2 反相"按键弹出时,CH2 通道信号常态显示,

以下按键、端口和旋钮是控制 CH2 通道的,定义参照:(12)→(6);(13)→(7);(14)→(10);(15)→(8)。

(17)位移:水平移位,调节显示光迹在屏幕水平方向上移动位置。

(18)极性:选择被测信号在上升沿或下降沿触发。

(19)电平:调节和确定扫描触发点在信号波形上位置,即调节输入信号变化至某一电平时触发扫描。

(20)扫描方式:

自动:无触发信号输入时屏幕上显示扫描光迹;一旦有触发信号输入,电路自动转换为触发扫描方式,调节电平可使波形稳定的显示在屏幕上。此方法适合显示频率在 50 Hz 以上的信号。

常态:无信号输入时屏幕上无扫描光迹;有信号输入时,且触发电平合适,电路被触发。被测信号频率低于 50 Hz 时,必须选用此种方式。

锁定:无需调整触发电平,即可稳定显示输入波形。

单次:进入"单次"状态时,按动"复位"按键,扫描电路处于等待状态,当触发信号输入时,扫描只产生一次;下次扫描要重新按动"复位"后等待触发信号。

(21)触发指示灯:该指示灯有两种功能指示。

当仪器工作在非单次扫描方式时,灯亮表示扫描电路工作在被触发状态。

当仪器工作在单次扫描方式时,灯亮表示扫描电路处于等待状态,信号输入产生一次扫描后,指示灯随之熄灭。

(22)扫描扩展指示灯:灯亮表示仪器工作在"×5 扩展"状态。

(23)×5 扩展按钮:按下后电路扫描速度扩展 5 倍。

(26)扫描速率选择开关(SEC/DIV):从 0.2 S～0.1 μs 分二十档,可根据被测信号的频率选择合适的量程。当"微调"置"校准"位置时,可根据"扫速开关"所置位置决定和波形在水平轴的距离读出被测信号的时间参数。

(27)微调:用于连续调节扫描速率,其范围≥25倍。逆时针旋转到底为"校准"位置。

(29)触发选择组合按键:分为 A、B 两组触发源选择,其中左侧为触发源 A,右侧为触发源 B,被选中时红色 LED 指示灯点亮。

在触发源 B 选择"常态"时,触发源 A 有四种选择:

CH1:在双踪信号显示时,触发信号来自 CH1 通道。单踪显示,触发信号来自被显示通道。

CH2:在双踪信号显示时,触发信号来自 CH2 通道。单踪显示,触发信号来自被显示通道。

交替:在双踪信号交替显示时,触发信号交替来自两个 Y 通道,单踪显示,用于同时观察两路互不相关的输入信号。

外接:触发信号来自触发输入端口。

触发源 B 同样有四种选择:

常态:配合触发源 A 用于一般常规信号测量。

TV-V:用于观察电视场信号。

TV-H:用于观察电视行信号。

电源:用于与市电信号同步。

(30)AC/DC:外触发信号的耦合方式。当外触发源信号频率很低时,选择"DC"方式。

(31)外触发输入端口:当选择外触发方式时,触发信号由此插座输入。

二、使用说明

(一)使用前注意事项

1. 本仪器使用的电源进线形式为单相三线,其中的地线必须与大地接触良好,以确保安全。

2. 仪器使用电源为交流 220 V,示波器背面有一"电源输入变换"开关,用于 AC 220 V 或 AC 110 V 之间电源转换,用于市电电源选择。(同学禁止拨动)

3. 使用前应先参阅说明书的技术性能,控制件作用及使用等有关章节,以帮助正确掌握仪器的使用范围及操作方法。

(二)使用前的检查

1. 将 Y_1、Y_2 输入探头连接"校准信号"输出("0.5 V_{P-P} 1 KHz"端),仪器各控制机件按下表规定设置。

开机前面板控制机件所处位置

面板控制机件	作用位置	面板控制机件	作用位置
位移(10)(14)(17)	居中	扫描方式(20)	自动
垂直方式(11)	CH1、CH2	极性(18)	弹出
VOLT/DIV(8)(15)	0.1 V	SEC/DIV(26)	0.5 ms
微调(9)(27)	逆时针旋足	触发源选择(29)	CH1、常态
输入耦合(6)	DC	耦合方式(30)	AC

2. 按下"电源开关",应听到电源起振的"吱"一声叫声,指示灯亮,表示电源接通。

3. 经预热片刻,屏幕中出现光迹后,分别调节亮度和聚焦旋钮,使光迹的亮度适中、清晰。分别调节 Y 轴和 X 轴的位移,使光迹在屏幕的适当位置。

4. 呈现附图 2-7 波形,其幅度为 1 div/V,说明 Y 灵敏度正常,水平方向为 2 div/周期,说明

时基系统工作正常。当幅度小时,注意探头衰减所处的位置:"×1"档或"×10"档。(见附图 2-8)

附图 2-7　校准信号波形

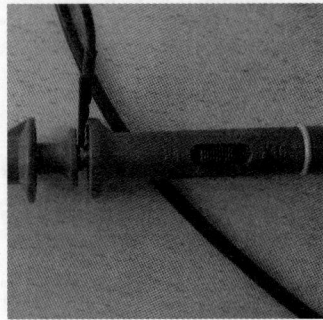

附图 2-8　探头衰减开关

(三)时间测量

用本仪器来测量各种信号的时间参数,方法简便,读数较精确,通常测量步骤如下:

1. 调节有关控制件使显示波形稳定,将"t/div"开关置于适当挡级 b/div。b 为扫描开关刻线所对准的数字,注意扫描微调旋钮应置于校准位置,即逆时针方向旋到底)

2. 借助刻度可读出被测波形上所需测定 P、Q 二点间的距离 D(div)。

3. 被测量二点之间的时间间隔为 $D \times b$,见附图 2-9。

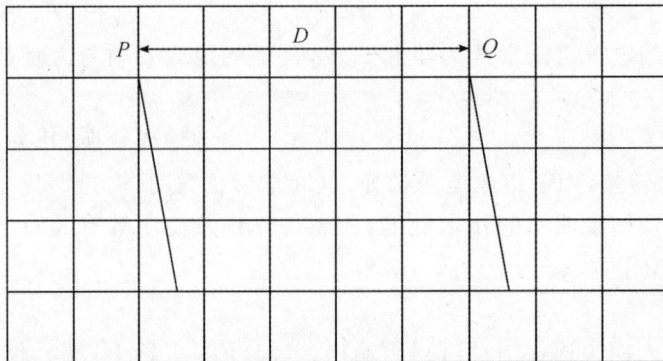

附图 2-9　时间的测量

4. 测量时基如扩展置于"×5"位置,则测得的时间间隔为 $D \times b \div 5$

5. 脉冲信号时间测量

若脉冲重复频率高于扫描的频率时,借助于扫速扩展,还是能方便地测出其前沿或后沿的参数,方法如下:(以脉冲信号上升时间为例)

(1)将有关控制件置于右表位置。

(2)调节"触发电平"及"X 移位",使波形的前沿在屏幕中央稳定显示,测得被测波形的幅度 10%~90%间波形前沿水平刻度读数 a(例 a=1.6 div)。见附图 2-10。

面板控件名称	作用位置
Y 微调(9)	校准
Y 输入耦合(6)	AC 或 DC
触发源(29)	CH1、常态
触发极性(18)	+
T/div 开关(26)	0.5 μs/div
X 扩展	×5

(3)上升时间 $Tr = a \times 0.5 \mu s \div 5 = 1.6 \times 0.5 \mu s \div 5 = 0.08 \mu s \div 5 = 160$ ns。

(4)若被测脉冲的前沿接近于本机固有额定的上升时间(35 ns),则

$$Tr = \ Tr_2^2 - Tr_1^2$$

式中：Tr_2 为读出的上升时间，Tr_1 为本机固有的上升时间。

如上例 $Tr_2 = 160\ \text{ns}$，$Tr_1 = 35\ \text{ns}$。

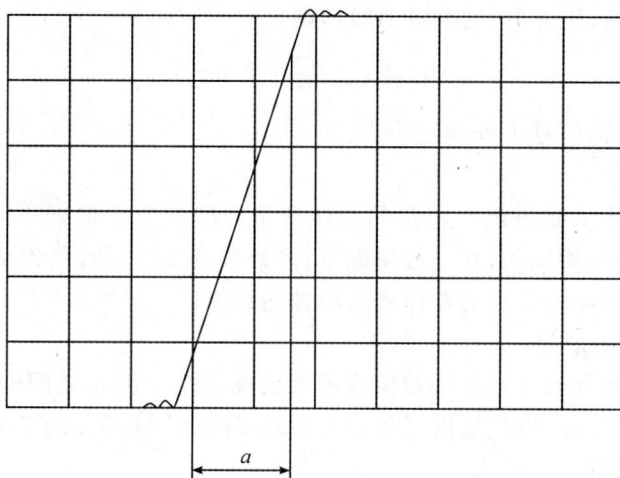

附图 2-10　脉冲上升时间的测量

则 $Tr = \sqrt{Tr_2^2 - Tr_1^2} = 156.1\ \text{ns}$。

（四）相位测量

在许多场合，需测量某一网络的相移，例如要测量一正弦波经放大器后，相位滞后若干角度等，可用下述相位测量方法。

1. 单踪测量

将触发选择置于"外"，将导前信号由外触发输入，并同时将该信号输入 Y_1，使波形稳定读出 A，然后将滞后信号输入 Y_1，并读出 B（此时仪器的 X 移位，电平电位器等都不能重新调整），然后再读出信号周期为 T，则 φ（相位）$= \dfrac{B-A}{T} \times 360°$。

在相移较小时读 A 时应十分仔细，否则将影响测量精度。（见附图 2-11）。

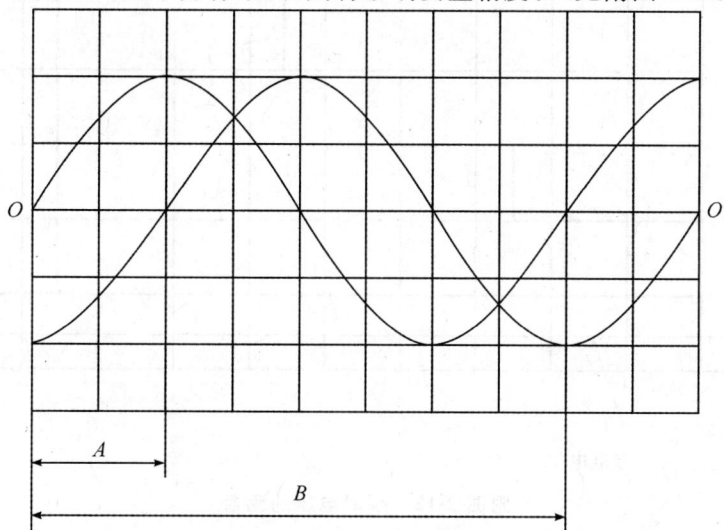

附图 2-11　相位测量

2. 双踪测量

因本仪器两 Y 通道放大器间相移很小,故可使本仪器工作于"交替"(频率低时可用断续),然后将滞后信号输至 Y_2 通道.使波形稳定并调节 Y_1、Y_2 移位使二通道的波形均移到上下对称于 OO′轴处,读出 A、B 与 T(见附图 2-11),则

$$\varphi(相位)=\frac{B-A}{T}\times 360°。$$

注:测量时仍将导前信号由外触发输入。

(五)电压测量

用本仪器可对被测试波形进行定量的电压测量。测量方法根据不同的测试波形有所差异,但测量的基本原理是相同的,在一般情况下,多数被测波形同时包含交流和直流分量,测量时也经常需要测量两种分量复合的数值或是单独的数值。

1. 交流分量电压测量

一般是测量波形峰顶到峰谷之间数值或者测量峰到某一波谷之间的数值,测量时通常将 Y 输入选择置于"AC"位置,当测量重复频率极低的交流分量时应置于"DC"位置,否则将因频响的限制,产生不真实的测试结果。

测量步骤:

a. 将 Y 微调旋至"校准"位置,调整"V/div"开关到适当的位置 B(V/div)。

b. 读出欲测量的两点在 Y 轴偏转距离上的读数 A(div),则被测电压=A(div)× B(V/div)=$A \cdot B$(v)。

c. 若用 10:1 探头,则应乘上探头的衰减因素,如此时 V/div 开关在 0.05 V/div 档,A 为 3 div,则:被测电压=0.05 V/div×3 div×10=1.5 V。

2. 瞬时电压测量

瞬时电压测量需要一个相对的参考基准电位,一般情况下,基准电位指地电位,但也可以是其他参考电位。

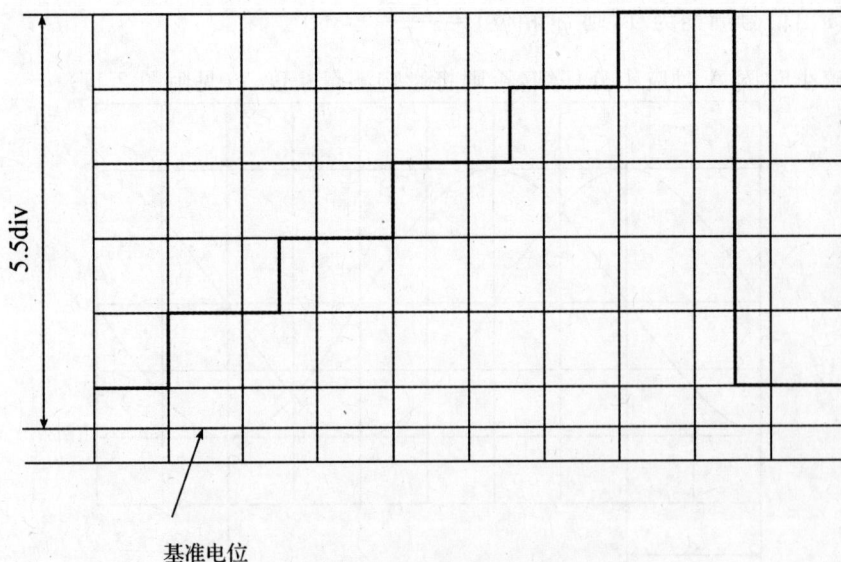

附图 2-12　瞬时电压的测量

测量步骤：

a. 将测试探极接入所需参考电位，"电平"拉出置于"HF"，（或将通过输入信号耦合方式选择按键的左键按下，使输入端接地）此时出现一扫描线，调节 Y 移位，使光迹移到荧光屏上的合适位置（基准电位），此时 Y 移位不能再调节。

b. 将测试探头移至被测信号端，推入"电平"（或左键弹出）并调节触发电平，使波形稳定显示。

c. 读出被测波形上的某一瞬时相对于基准刻度，在 Y 轴上的距离 B(div)；则：被测瞬时电压＝n×A×B（式中：n 为探极衰减比）。

A 为 Y 轴 V/div 开关所处档级读数。

例：使用 10:1 探极，V/div 开关在 0.5 V/div，欲测试点 P 离基准刻度为 5.5 div 见附图 2-12。

则：P 点对基准电位的瞬时电压＝10×0.5 V/div×5.5 div＝27.5 伏。

三、日常维护

1. 存放条件

仪器在日常使用时，应保持干燥和清洁，不使用时，应罩上塑料外罩，以避免金属杂物和尘埃的进入，存放处应干燥和通风，在气候潮湿时，应放进干燥剂，以免机内元件受潮，造成不应有的故障。

2. 使用注意事项

本仪器使用的电源为单相三线制，故仪器通电前应检查供电电源是否符合此要求。

仪器在使用时，应注意辉度适中，荧光屏上的光迹不宜长期停留于一点，以免示波管受损。

3. 元器件的更换

当发现仪器需更换元器件时，应首先切断电源，拔去电源插头，然后按元件目录所列元件规格进行更换。

附录三　YB1602D 函数信号发生器

1. 概述

　　YB1602 系列函数信号发生器,是一种新型高精度信号源,仪器外形美观、新颖、操作直观方便,具有数字频率计、计数器及电压显示功能,仪器功能齐全、各端口具有保护功能,有效地防止了输出短路和外电路电流的倒灌对仪器的损坏,大大提高了整机的可靠性。

　　主要特点:

- 频率计和计数器功能(6 位 LED 显示);
- 输出电压指示(3 位 LED 显示);
- 轻触开关、面板功能指示、直观方便;
- 采用金属外壳,具有优良的电磁兼容性,外形美观坚固;
- 内置线性/对数扫频功能;
- 数字频率微调功能,使测量更精确;
- 50Hz 正弦波输出,方便于教学实验;
- 外接调频功能;
- VCF 压控输入;
- 所有端口具有短路和抗输入电压保护功能。

2. 技术指标

2.1　电压输出(VOLTAGE OUT)

频率范围:$0.2\ Hz \sim 2\ MHz$。

频率分档:10 进制,共分为七档。

频率调整率:$0.1 \sim 1$。

输出波形:正弦波、方波、三角波、脉冲波、斜波、50 Hz 正弦波。

输出阻抗:$50\ \Omega$。

输出信号类型:单频、调频、扫频。

扫频类型:线性、对数。

扫频速率:$5\ s \sim 10\ ms$。

VCF 电压范围:$0 \sim 5\ V$,压控比:$\geqslant 100:1$。

外调频电压:$0 \sim 3\ V_{p\text{-}p}$。

外调频频率:$10\ Hz \sim 20\ kHz$。

输出电压幅度:$20\ V_{p\text{-}p}(1M\ \Omega)$;$10\ V_{p\text{-}p}(50\ \Omega)$。

输出保护:短路,抗输入电压:$\pm 35\ V$(1 分钟)。

正弦波失真度:$\leqslant 100kHz$　2%;　$>100kHz$　30dB。

频率响应:$\pm 0.5\ dB$。

三角波线性:$\leqslant 100\ kHz$:98%;　$>100\ kHz$:95%。

对称度调节:20% $\sim$ 80%。

直流偏置:±10 V(1M Ω)，　±5 V(50 Ω)。

方波上升时间:100 ns,5 V$_{p-p}$,1 MHz。

衰减精度:≤±3%。

对称度对频率影响:±10%。

50 Hz 正弦输出:约 2 V$_{p-p}$。

2.2　TTL/CMOS 输出

输出幅度:"0":≤0.6 V;"1":≥2.8 V。

输出阻抗:600 Ω。

输出保护:短路,抗输入电压±35 V(1 分钟)。

2.3　频率计数

测量精度:6 位,±1%,±1 个字。

分辨率:0.1 Hz。

闸门时间:10 s、1 s、0.1 s。

外测频范围:1 Hz～10 MHz。

外测频灵敏度:100 mV。

计数范围:六位(999999)。

2.4　幅度显示

显示位数:三位。

显示单位:V$_{p-p}$或 mV$_{p-p}$。

显示误差:±15%±1 个字。

负载为 1 MΩ 时:直读。

负载电阻为 50 Ω:读数÷2。

分辨率:1 mV$_{p-p}$(40 dB)。

2.5　电源

电压:220±10% V。

频率:50±5% Hz。

视在功率:约 10 VA。

电源保险丝:BGXP-1-0.5 A。

2.6　物理特性

重量:约 3 kg。

外形尺寸:225 W×105 H×285 D(mm)。

2.7　环境条件

工作温度:0～40 ℃。

贮存温度:－40～60 ℃。

工作湿度上限:90%(40 ℃)。

贮存湿度上限:90%(50 ℃)。

其他要求:避免频繁振动和冲击,周围空气无酸、碱、盐等腐蚀性气体。

3. 使用注意事项

3.1　工作环境和电源应满足技术指标中给定的要求。

3.2　初次使用本机或久贮后再用,建议放置通风和干燥处几小时后通电 1～2 小时后再使用。

3.3　为了获得高质量的小信号(mV 级),可暂将"外测开关"置"外"以降低数字信号的波形干扰。

3.4　外测频时,请先选择高量程档,然后根据测量值选择合适的量程,确保测量精度。

3.5　电压幅度输出、TTL/CMOS 输出要尽可能避免长时间短路或电流倒灌。

3.6　各输入端口,输入电压请不要高于±35 V。

3.7　为了观察准确的函数波形,建议示波器带宽应高于该仪器上限频率的二倍。

3.8　如果仪器不能正常工作,重新开机检查操作步骤。

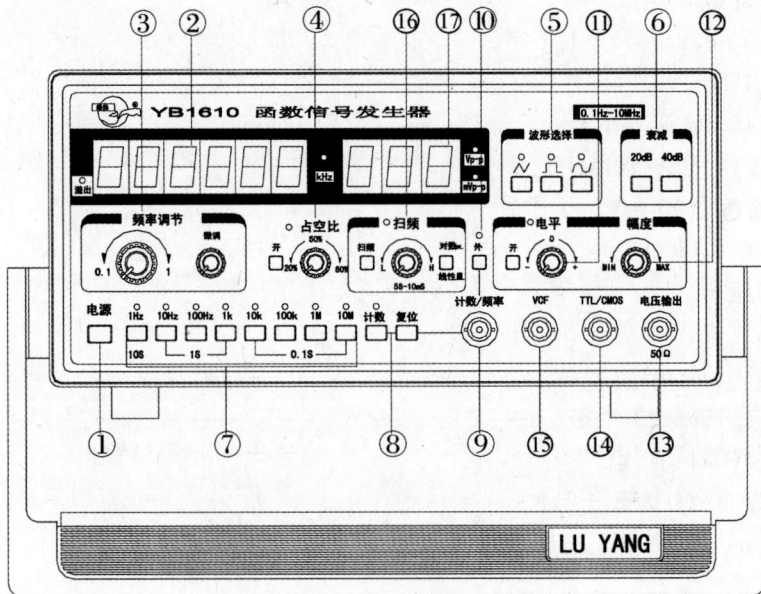

YB1600 系列函数信号发生器前面板

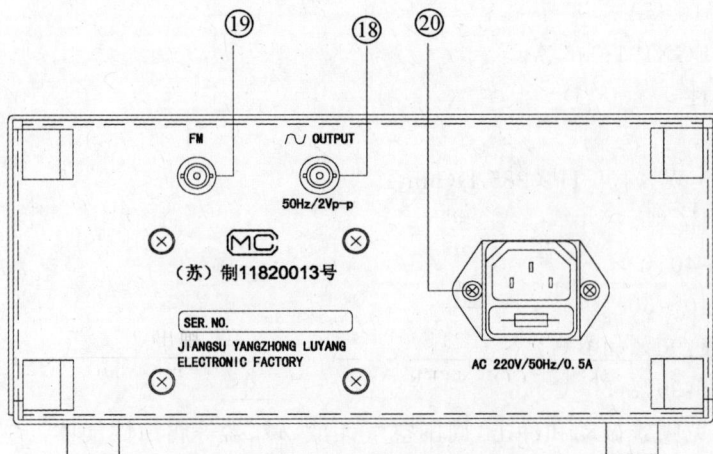

YB1600 系列函数信号发生器后面板

4. 面板操作键作用说明(以下 4.1~4.20 对应图中(1)~(20))

4.1　电源开关(POWER):将电源开关按键弹出即为"关"位置,将电源线接入,按电源开关,以接通电源。

4.2　LED 显示窗口:此窗口指示输出信号的频率,当"外测"开关按入,显示外测信号的频率。如超出测量范围,溢出指示灯亮。

4.3　频率调节旋钮(FREQUENCY):调节此旋钮改变输出信号频率,顺时针旋转,频率增大,逆时针旋转,频率减小,微调旋钮可以微调频率。

4.4　占空比(DUTY):包括占空比开关和占空比调节旋钮。操作时将占空比开关按入,占空比指示灯亮,调节占空比旋钮,可改变波形的占空比。

4.5　波形选择开关(WAVE　FORM):按对应波形的某一键,可选择需要的波形。

4.6　衰减开关(ATTE):电压输出衰减开关,二档开关组合 20 dB、40 dB、60 dB。

4.7　频率范围选择开关(并兼频率计闸门开关):根据所需要的频率,按其中一键。

4.8　计数、复位开关:按计数键,LED 显示开始计数,按复位键,LED 显示全为 0。

4.9　计数/频率端口:计数、外测频率输入端口。

4.10　外测频开关:此开关按入 LED 显示窗显示外测信号频率或计数值。

4.11　电平调节:按入电平调节开关,电平指示灯亮,此时调节电平调节旋钮,可改变直流偏置电平。

4.12　幅度调节旋钮(AMPLITUDE):顺时针调节此旋钮,增大电压输出幅度。逆时针调节此旋钮可减小电压输出幅度。

4.13　电压输出端口(VOLTAGE　OUT):电压输出由此端口输出。

4.14　TTL/CMOS 输出端口:由此端口输出 TTL/CMOS 信号。

4.15　VCF:由此端口输入电压控制频率变化。

4.16　扫频:按入扫频开关,电压输出端口输出信号为扫频信号,调节速率旋钮,可改变扫频速率,改变线性/对数开关可产生线性扫频和对数扫频。

4.17　电压输出指示:3 位 LED 显示输出电压值,输出接 50 Ω 负载时应将读数÷2。

4.18　50Hz 正弦波输出端口:50 Hz 约 2 V_{pp} 正弦波由此端口输出。

4.19　调频(FM)输入端口:外调频波由此端口输入。

4.20　交流电源 220 V 输入插座。

5. 基本操作方法

打开电源开关之前,首先检查输入的电压,将电源线插入后面板上的电源插孔,如下表所示设定各个控制键:

电源(POWER)	电源开关键弹出
衰减开关(ATTE)	弹出
外测频(COUNTER)	外测频开关弹出
电平	电平开关弹出
扫频	扫频开关弹出
占空比	占空比开关弹出

所有的控制键如上设定后,打开电源。函数信号发生器默认 10 K 档正弦波,LED 显示窗

口显示本机输出信号频率。

5.1 将电压输出信号由幅度(VOLTAGE OUT)端口通过连接线送入示波器 Y 输入端口。

5.2 三角波、方波、正弦波产生:

5.2.1 将波形选择开关(WAVE FORM)分别按正弦波、方波、三角波。此时示波器屏幕上将分别显示正弦波、方波、三角波。

5.2.2 改变频率选择开关,示波器显示的波形以及 LED 窗口显示的频率将发生明显变化。

5.2.3 幅度旋钮(AMPLITUDE)顺时针旋转至最大,示波器显示的波形幅度将$\geqslant$20 V_{p-p}。

5.2.4 将电平开关按入,顺时针旋转电平旋钮至最大,示波器波形向上移动,逆时针旋转,示波器波形向下移动,最大变化量$\pm$10 V 以上。注意:信号超过$\pm$10 V 或$\pm$5 V(50 Ω)时被限幅。

5.2.5 按下衰减开关,输出波形将被衰减。

5.3 计数、复位

5.3.1 按复位键、LED 显示全为 0。

5.3.2 按计数键、计数/频率输入端输入信号时,LED 显示开始计数。

5.4 斜波产生

5.4.1 波形开关置"三角波"。

5.4.2 占空比开关按入指示灯亮。

5.4.3 调节占空比旋钮,三角波将变成斜波。

5.5 外测频率

5.5.1 按入外测开关,外测频指示灯亮。

5.5.2 外测信号由计数/频率输入端输入。

5.5.3 选择适当的频率范围,由高量程向低量程选择合适的有效数,确保测量精度(注意:当有溢出指示时,请提高一档量程)。

5.6 TTL 输出

5.6.1 TTL/CMOS 端口接示波器 Y 轴输入端(DC 输入)。

5.6.2 示波器将显示方波或脉冲波,该输出端可作 TTL/CMOS 数字电路实验时钟信号源。

5.7 扫频(SCAN)

5.7.1 按入扫频开关,此时幅度输出端口输出的信号为扫频信号。

5.7.2 线性/对数开关,在扫频状态下弹出时为线性扫描,按入时为对数扫频。

5.7.3 调节扫频旋钮,可改变扫频速率,顺时针调节,增大扫频速率,逆时针调节,减慢扫频速率。

5.8 VCF(压控调频)由 VCF 输入端口输入 0~5 V 的调制信号。此时,幅度输出端口输出为压控信号。

5.9 调频(FM):由 FM 输入端口输入电压为 10 Hz~20 kHz 的调制信号,此时,幅度端口输出为调频信号。

5.10 50 Hz 正弦波:由交流 OUTPUT 输出端口输出 50 Hz 约 2 V_{p-p}的正弦波。

6. 仪器配置

提供标准零部件如下：
(1)函数信号发生器 …………………………………………………………… 1 台
(2)连接线 ………………………………………………………………………… 1 根
(3)使用说明书 …………………………………………………………………… 1 本
(4)保险丝 ………………………………………………………………………… 1 只
(5)电源线 ………………………………………………………………………… 1 根

7. 安全警告

· 仪器交流供电电源必须符合产品给定要求(AC220±10％ V　50 Hz)。
· 仪器交流供电电源必须有安全接地端。
· 更换电源保险丝必须符合产品给定要求。
· 各输出、输入端口,不可触接交流供电电源。
· 各输出、输入端口,不可触接±35 V 以上直流或交流电源。
· 输出端口尽量避免长时间短路(≤1 分钟)。
· 为了确保仪器精度,请避免强磁电场。
· 操作时建议借助一台示波器观察波形。
· 为了确保仪器性能指标,请在规定的工作环境条件中使用。

附录四　YB2172B 数字交流毫伏表

简介

为了确保您正确使用,请在使用前仔细阅读此说明内容。

该毫伏表是根据严格的质量控制标准生产,对元器件进行全面筛选老化。优良的数字交流毫伏表通过了一系列环境测试,在规定的工作环境中能够处于最佳工作状态。

一、使用特性

YB2172B 数字交流毫伏表新颖小巧、造型美观、使用方便,具有以下特点:

(1)仪器采用了先进数码开关代替传统衰减开关,使其轻捷耐用、永无错位、打滑之忧。

(2)每档量程都具有超量程自动闪烁功能。

(3)本仪器采用发光二极管清晰指示量程和状态。

(4)本仪器采用了超 β 低噪声晶体管,采取了屏蔽隔离工艺,提高了线性和小信号测量精度。

(5)测量精度高,频率特性好。

二、技术指标

1. 测量电压范围:100 μV～400 V 分六个量程:

4 mV、40 mV、400 mV;4 V、40 V、400 V。

2. 基准条件下电压的固有误差:(以 1 kHz 为基准)0.5%±2 个字。

3. 测量电压的频率范围:10 Hz～2 MHz。

4. 频率误差:

50 Hz～100 kHz:	±1.5%±6 个字
20 Hz～50 Hz;100 kHz～500 kHz:	±2.5%±8 个字
10 Hz～20 Hz;500 kHz～2 MHz:	±4%±15 个字

5. 分辨力:1 μV。

6. 输入阻抗:输入电阻≥10 MΩ;输入电容≤35 pF。

7. 最大输入电压:DC+ACp−p:500 V。

8. 输出电压:1 V±2%(1kHz 为基准,输入电压为 4 V±0.5%时)。

9. 噪声:输入短路小于 18 个字。

10. 电源电压:交流 220 V±10%　50 Hz±4%。

三、使用注意事项

1. 避免过冷或过热。不可将交流毫伏表长期暴露在日光下,或靠近热源的地方,如火炉。不可在寒冷天气时放在室外使用,仪器工作温度应 0～40 ℃。

2. 避免炎热与寒冷环境的交替。不可将交流毫伏表从炎热的环境中突然转到寒冷的环境或相反进行,这将导致仪器内部形成凝结。

3. 避免湿度、水分和灰尘。如果将交流毫伏表放在湿度大或灰尘多的地方,可能导致仪器操作出现故障,最佳使用相对湿度范围是 35%～90%。

4. 应避免在强烈震动的地方,否则会导致仪器操作出现故障。

5. 注意磁器和存在强磁场的地方。数字交流毫伏表对电磁场较为敏感,不可在具有强烈磁场作用的地方操作毫伏表,不可将磁性物体靠近毫伏表,应避免阳光或紫外线对仪器的直接照射。

6. 贮运

(1)不可将物体放至在交流毫伏表上,注意不要堵塞仪器通风孔。

(2)仪器不可遭到强烈的撞击。

(3)不可将导线或针插进通风孔。

(4)不可用连接线拖拉仪器。

(5)不可将烙铁放在仪器框架或表面。

(6)避免长期倒置存放和运输。

如果仪器不能正常工作,重新检查操作步骤。

7. 使用之前的检查步骤

(1)检查电压

参看下表可知该毫伏表的正确工作电压范围,在接通电源之前应检查电源电压。

额定电压	工作电压范围
交流 220 V	交流 198 V～242 V

(2)为了防止过电流引起电路损坏,请使用指定型号的保险丝。

型号	YB2172B
交流 220 V	0.5 A

如果保险丝熔断,仔细检查原因,修理之后换上规定的保险丝。如果使用的保险丝不当,不仅会导致出现故障,甚至会使故障扩大。

(3)开机后,检查量程是否在最大量程处。若在最大量程处,指示灯"400 V"应亮。如有偏差,请将其调至最大量程处。

(4)注意事项:输入电压不可高于规定的最大输入电压。

四、面板操作键作用说明

(1)电源开关:电源开关按键弹出即为"关"位置,将电源线接入,按下电源开关以接通电源。

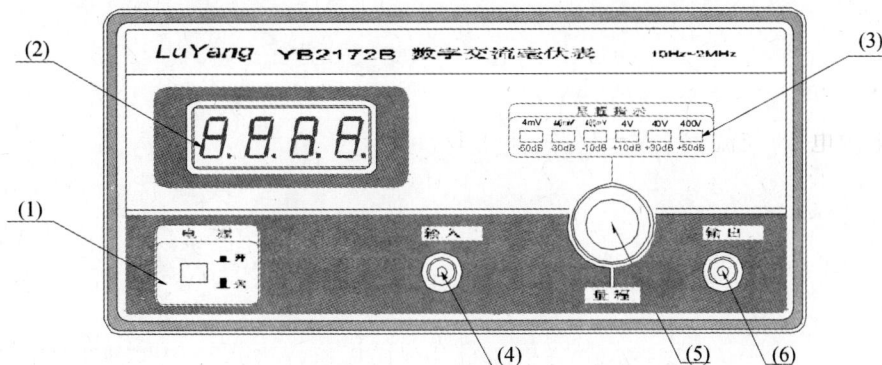

（2）显示窗口：数字面板显示输入信号的幅度。

（3）量程指示：指示灯显示仪器所处的量程和状态。

（4）输入插座：输入信号由此端口输入。

（5）量程旋钮：开机后，在输入信号前，应将量程旋钮调至最大处，即量程指示灯"400 V"处亮，然后，当输入信号送至输入端后，调节量程旋钮，使数字面板显示输入信号的电压值。

（6）输出端口：输出信号由此端口输出。

五、基本操作方法

1. 打开电源开关前，首先检查输入的电源电压，然后将电源线插入后面板上的交流插孔。

2. 电源线接入后，按下电源开关以接通电源，并预热 5 分钟。

3. 将量程旋钮调至最大量程处（在最大量程处时，量程指示灯"400 V"应亮）。

4. 将输入信号由输入端口送入交流毫伏表。

5. 调节量程旋钮，使数字面板显示输入信号的电压值。

6. 将交流毫伏表的输出用探头送入示波器的输入端，当数字面板显示 4 V（±0.5％）时，其输出应满足指标。

7. 在测量输入信号电压时，若输入信号幅度超过满量程的＋14％左右时，仪器的数字面板会自动闪烁，此时请调节量程旋钮，使其处于相应的量程，以确保仪器测量的准确性。（每档量程都具有超量程自动闪烁功能）。

六、仪器配置

提供标准零部件如下：

YB2172B 数字交流毫伏表 ··· 1 台

电源线 ·· 1 根

说明书 ·· 1 本

保险丝 0.5 A ··· 2 只

Q9 双夹线 ·· 1 根

七、保养与维护

1. 本设备由高精度的元器件及精密部件构成，因此在运输和贮存时，须小心轻放。

2. 贮存该设备的最佳室温：－10 ℃～＋60 ℃。

附录五

成绩：
评阅人：

厦门大学电工电路实验报告

实验项目＿＿＿＿＿＿＿＿＿＿＿＿＿＿＿＿＿＿＿＿＿＿＿＿＿

学　　院＿＿＿＿＿＿＿＿＿＿＿＿＿＿＿＿＿＿＿＿＿＿＿＿＿

专　　业＿＿＿＿＿＿＿＿＿＿＿＿＿＿＿＿＿＿＿＿＿＿＿＿＿

年　　级＿＿＿＿＿＿＿＿＿＿＿＿＿＿＿＿＿＿＿＿＿＿＿＿＿

班　　级＿＿＿＿＿＿＿＿＿＿＿＿＿＿＿＿＿＿＿＿＿＿＿＿＿

学生学号＿＿＿＿＿＿＿＿＿＿＿＿＿＿＿＿＿＿＿＿＿＿＿＿＿

学生姓名＿＿＿＿＿＿＿＿＿＿＿＿＿＿＿＿＿＿＿＿＿＿＿＿＿

同　组　人＿＿＿＿＿＿＿＿＿＿＿＿＿＿＿＿＿＿＿＿＿＿＿＿

实验时间＿＿＿＿＿＿＿＿＿＿＿＿＿＿＿＿＿＿＿＿＿＿＿＿＿

实验报告的一般格式、内容及要求

一、实验目的

二、实验设备

1. 电源;2. 实验挂箱的编号;3. 仪器仪表名称和型号;4. 其他部分(应记录型号和编号)。

三、实验电路原理

1. 画出电路图(含参考方向、元件数值等)。

2. 电路原理简述,重点表述实验的理论依据以及理论的计算结果或仿真的结果。

四、实验过程与实验数据

1. 叙述具体的实验过程中的步骤和方法。

2. 记录原始的实验数据。

五、实验数据分析

按指导书每个实验项目后面实验报告的要求用图表或曲线对实验数据处理,对实验结果作出判断。

六、回答问题

1. 回答指导书中要求回答的问题。

2. 实验过程的注意事项。

七、实验小结

1. 自己的体会,包括成功或失败的实验经验。

2. 遇到故障或出现问题时的处理方法。

3. 针对该实验的具体建议,例如实验的参数如何设置更合理、实验内容的难易程度是否合适等。

要求:1. 实验前要求预习实验,预习要求完成上述第一、第二、第三及第四中第 1 项的内容,并画出记录实验数据的表格。

2. 实验中要求完成原始实验数据的记录,要忠实于原始数据,不得随意修改。

3. 实验结束后要求完成上述第五、第六、第七项的内容。

4. 以上各内容组成一份完整的实验报告在下次实验课提交。

参考文献

1)张新喜等编著.Multisim 10 电路仿真及应用.北京:机械工业出版社,2010
2)王冠华编著.Multisim 10 电路设计及应用.北京:国防工业出版社,2008
3)李桂安主编.电工基础实验.南京:南京大学出版社,2009
4)浙江求是科教设备有限公司.MES-Ⅰ现代电工电子实验系统实验指导书